高等教育"十四五"部委级教材

U0163291

物理化学实验（2版）

咸春颖　沈　丽　张　帅　主编

东华大学化学与化工学院物理化学教研室　编著

东华大学出版社·上海

图书在版编目（CIP）数据

物理化学实验／咸春颖，沈丽，张帅主编；东华大学化学与化工学院物理化学教研室编著. —2 版.
—上海：东华大学出版社，2024.1
ISBN 978-7-5669-2298-4

Ⅰ. ①物… Ⅱ. ①咸… ②沈… ③张… ④东… Ⅲ.①物理化学–化学实验 Ⅳ. ①O64-33

中国国家版本馆 CIP 数据核字（2023）第 242164 号

责任编辑：竺海娟
封面设计：魏依东

物理化学实验（2 版）

咸春颖　沈 丽　张 帅　主编
东华大学化学与化工学院物理化学教研室　　编著

出　　　　版：东华大学出版社（上海市延安西路 1882 号　邮政编码:200051）
本 社 网 址：http://dhupress.dhu.edu.cn
天猫旗舰店：http://dhdx.tmall.com
营 销 中 心：021-62193056　62373056　62379558
印　　　　刷：上海锦良印刷厂有限公司
开　　　　本：787 mm×1092 mm　1/16
印　　　　张：15
字　　　　数：350 千字
版　　　　次：2024 年 1 月第 2 版
印　　　　次：2024 年 1 月第 1 次印刷
书　　　　号：ISBN 978-7-5669-2298-4
定　　　　价：58.00 元

前言

　　物理化学实验是高等学校和科研院所为化学、材料和环境等专业学生开设的一门必修课程，学生完成"无机化学实验"、"分析化学实验"和"有机化学实验"后，基本掌握了化学实验的基本操作、常用玻璃仪器的装配及使用方法，在物理化学实验中，将进一步学习借助于物理原理和相关仪器设备，特别是电子仪器解决化学问题的研究方法。

　　全书由绪论、实验、实验技术与仪器、附录和实验报告五个部分组成，绪论部分包括物理化学实验基本要求、实验安全基本知识和实验误差及数据处理；实验部分包括化学热力学、电化学、化学动力学、胶体和界面化学等 27 个实验；仪器部分介绍了常用仪器设备的基本原理和使用注意事项；附录部分收录了常用的物理化学参考数据。

　　物理化学实验不能依靠看，更需要动手做，做好实验，不仅要求一个"勤"字，多动手、多动脑，还要求一个"诚"字，实验报告要真实反映实验情况，正确表述实验结果，培养学生科学实验、实事求是的良好习惯。

　　在实验报告中除了实验目的、实验原理、实验步骤和数据处理等模块，还要求对实验过程和结果进行讨论，认真总结，提出合理的分析和见解。

　　物理化学实验教材是在 1976 年以后历年讲义基础上补充和删减编写而成，本书在此基础上，经过修改而定稿。参加本书编写工作的有咸春颖、沈丽、张帅、赵亚萍、张健和边绍伟，全书由咸春颖、沈丽和张帅审阅。编写过程得到陆兆仁老师、东华大学出版社和化学与化工学院领导的大力支持，对此我们表示衷心的感谢。

　　由于编者水平有限，书中缺点和错误在所难免，恳请读者批评指正。

目录

第一部分 绪 论

一、物理化学实验要求

物理化学实验的教学过程，是学生在教师的指导下利用物理化学基本原理，借助实验室现有条件，选择适当的方法，能动地作用于研究对象，揭示其本质及规律，使学生完成从理性到感性再到理性的认识过程。通过本门课程的训练，既可以加深学生对物理化学基本理论的记忆和理解，又可以培养学生观察实验现象，分析处理实验结果的能力，是提高学生综合运用知识，扩大知识面的重要手段。

1. 预习

（1）实验前做好预习，预习报告需写在实验报告纸上。

（2）预习报告内容包括六个要点：实验题目、实验目的、简明原理、仪器和试剂、主要操作步骤、原始数据记录表格。

（3）实验前交与教师检查，合格后可开始实验。

2. 实验操作

（1）按照分组在指定的实验台进行操作，未经教师检查允许，不得擅自使用或移动仪器设备。

（2）实验过程中应严格控制实验条件并仔细观察实验现象，详细记录原始数据，原始数据记录要求完整规范，应注意以下几点：

①不能用铅笔记录实验数据。

②原始数据应记录在实验记录本上，不能记录在课本或其他纸条上。

③修改数据应在原始数据上划线，在旁边写上最终的数据。

（3）实验过程中要有严谨的科学态度，积极思考，善于发现和解决实验中出现的各种实际问题。

（4）实验结束，将原始实验数据誊写在预习报告表格中，经指导教师检查签字后，方能结束实验。

（5）实验后整理实验台面，关闭仪器并恢复原状，经助教检查确认后方可离开实验室。

3. 撰写实验报告

（1）实验记录与数据处理。

①原始数据书写规范且完整。

②掌握数据处理的原理、方法、步骤及单位制，写出计算公式，并注明公式所用已知常数的数值，详细写出计算过程，正确表达实验结果。

③数据处理应个人独立完成，不得马虎潦草，不得相互抄袭，发现记为零分。

④用坐标纸作图时，注意作图规范以及实验结果的有效数字，图表剪裁美观，粘贴牢固。

（2）思考题与讨论。

①完成实验思考题。

②根据所学知识，对实验结果的精密度与准确性、实验现象和实验误差来源等进行认真分析和讨论。

③就实验的心得体会，重难点问题等提出进一步的改进意见。

4. 其他

值日生需轮流打扫实验室公共区域卫生。

二、实验室安全基本知识

化学实验室的安全非常重要，进入实验室，必须严格遵守实验室的各项规章制度。

1. 实验室区域安全规范

（1）实验室区域禁止吸烟。

（2）熟悉紧急逃生路线、洗眼器、紧急冲淋装置、灭火器材、急救箱的位置。

（3）实验室门口和走道保持畅通，不可穿戴实验用具进入办公室、休息室等公共场所。

（4）不能将食品、饮料等带入实验区域，离开实验室前须洗手。

2. 化学试剂及仪器的使用

取用化学试剂前，应了解所用化学试剂的性质，特别是药品的腐蚀性、毒性和爆炸性等性质，具有一定危险性的试剂需在规定位置（如通风橱）使用，应使用防护装置，避免与皮肤直接接触，不可随意加大试剂用量，化学废液不可直接倒入下水道，破碎的玻璃仪器应冲洗干净后放入专用垃圾桶。

（1）汞的使用规范：物理化学实验室经常使用含汞的仪器或药品，汞的毒性很大，进入人体后不易排出。室温下汞的安全蒸汽压为 0.16 Pa，高于此浓度，会导致慢性汞中毒。

因此，如发生汞泄漏，应及时进行处理。如汞洒落在地面或实验台面，应先用吸管将汞收集在带盖可密封的玻璃瓶中，然后在相应位置撒上硫粉，待充分反应生成 HgS 后收集在废液桶内，同时须保证实验室通风良好。

（2）可燃气体的爆炸极限：许多气体与空气混合物的组成介于一定范围之间，碰到适当的热源会发生爆炸，部分气体的爆炸极限见表 1-1-1。

表 1-1-1 气体与空气混合时的爆炸极限（20 ℃，$p^{\ominus}$）

气体	爆炸高限（体积分数）/%	爆炸低限（体积分数）/%	气体	爆炸高限（体积分数）/%	爆炸低限（体积分数）/%
氢	74.2	4.0	乙酸乙酯	11.4	2.2
一氧化碳	74.2	12.5	乙炔	80.0	2.5
苯	6.8	1.4	乙烯	28.6	2.8
乙醇	19.0	3.3	乙醚	36.5	1.9
丙酮	12.8	2.6	氨	27.0	15.5
乙酸		4.1			

（3）钢瓶的使用。
①钢瓶应存放在阴凉处，远离电源、热源等危险源，直立放置并加以固定。
②严禁油脂等有机物污染钢瓶，防止发生火灾事故。
③操作高压气体减压阀时，应站在侧面，避开瓶口方向，缓慢操作。
④物质接触后可发生反应的钢瓶禁止混放。
⑤钢瓶内气体应保持有 0.05 Mpa 以上的残压，防止空气进入发生危险。
⑥有毒气体或液体钢瓶应单独存放，设置毒气检测装置，并注意室内通风。
⑦钢瓶需定期进行检查和检验，避免发生危险。

表 1-1-2 气体钢瓶的颜色及标识

气体类型	瓶体颜色	标字及颜色
氧气	天蓝色	氧/黑色
氢气	深绿色	氢/红色
氮气	黑色	氮/黄色
氯气	草绿色	氯/白色
氨气	黄色	氨/黑色
二氧化碳	黑色	二氧化碳/黄色
压缩空气	黑色	压缩空气/白色

3. 实验室用电安全

每间实验室均配有总电源控制开关和过载断电保护装置，实验室经常使用 220 V 的单相交流电和 380 V 的三相交流电。将仪器电源插头插入插座时，仪器电源开关应置于"OFF"的位置，插头与插座须匹配，接触牢固，不漏电，有特殊要求的仪器设备，应使用稳压电源。

　　通常人体电阻包括内部组织电阻和皮肤电阻，内部组织电阻约 1 kΩ，皮肤电阻从潮湿皮肤的约一千欧姆到干燥皮肤的几万欧姆。对人体感觉而言，通过的电流强度约为 1 mA 时，有发麻和针刺的感觉；电流强度为 6~9 mA，一触即缩手；电流强度大于 9 mA 时，会使肌肉强烈收缩，抓住带电体后便不能放手；电流强度达到 25 mA 会导致呼吸困难，甚至有生命危险。因此我国规定 36 V，50 Hz 的交流电压为安全电压，超过 45 V 都是危险电压。

　　（1）防止触电及短路。

　　①插电前先检查电源插头是否干燥，切忌带液插电。

　　②不能用潮湿的手接触电器，以免发生触电。

　　③电线接头及裸露部分应进行绝缘处理。

　　④实验结束先切断电源，再拆除线路。

　　⑤如有人触电，应先切断电源再做后续处理。

　　（2）防止火灾发生。

　　①注意防止发生过载，大型仪器设备须使用独立插座。

　　②实验室内严禁私拉电线。

　　③室内有易燃易爆气体时，须避免产生电火花。

　　④如遇电线着火，应立即切断电源，用消防沙或二氧化碳灭火器灭火。

　　（3）灭火器的使用。

　　应根据着火原因选择不同种类的灭火剂进行灭火，常用的灭火剂有以下几种：

　　①水：可用于一般固体物质以及闪点高于 120 ℃，常温下呈凝固状态的重油引起的火灾，喷出的雾状水还可以扑救粉尘、纤维状物质引起的火灾，高压电器装备、高温生产设备、精密仪器等发生的火灾，不能用水扑救。

　　②泡沫灭火剂：凡能与水混溶，并通过化学或机械方法产生灭火泡沫的物质均称为泡沫灭火剂；可通过在燃烧物表面形成泡沫覆盖层，使燃烧物与空气隔绝、遮断火焰的热辐射、降低氧的浓度等方式进行灭火。不适用于水溶性可燃物、易燃液体、遇水燃烧爆炸物质以及带电设备等引起的火灾。

　　③干粉灭火剂：干粉是一种含水量低、流动性好、颗粒度小于 200 μm、具有高比表面积的干燥固体粉末，借助于高压 CO_2 或 N_2 为动力将火扑灭。

　　④二氧化碳灭火剂：二氧化碳可稀释空气中的含氧量，以降低燃烧强度，当二氧化碳在空气中的浓度达到 30%~35% 时，即可灭火。二氧化碳灭火剂适用于易燃液体、易燃气体、易燃固体以及电气设备和精密仪器等发生的火灾。

　　⑤消防沙：通过把燃烧物与空气隔绝达到灭火的目的。适用于钠、钾、锂、氢化钠、钠汞齐、乙胺、乙腈、丁醇、高锰酸钾和高氯酸钾等引起的火灾。

　　因此钠、钾、镁等活泼金属着火，可用消防沙灭火；比水轻的有机物，如苯、丙酮等着火，可用泡沫灭火器灭火；电器设备或带电系统着火，可用二氧化碳灭火器灭火。

4．意外事故处理方法

①如发生触电事故，应立即切断电源，及时进行人工呼吸或送医院处理。

②如遇电器失火，应立即切断电源，用消防沙或二氧化碳灭火器进行灭火，切忌使用水或泡沫灭火器。

③如遇水银泄露，须用吸管吸取大部分水银，置于密封瓶内，然后用硫磺覆盖有水银残留的区域，反复摩擦后进行清理。

三、实验误差及数据处理

1．物理量的测量与误差来源

物理化学实验数据来源于直接测量和间接测量两种方式。前者通过实验仪器直接测得，后者由若干直接测量数据运用公式计算而得。直接测量误差决定间接测量误差的大小。

2．准确度与精密度

准确度表示测量值与真值的接近程度，精密度表示各测量值相互接近的程度，精密度高又称再现性好。因此在一组测量数据中，若准确度好，则精密度一定高，但精密度高，不一定代表准确度好。

3．测量误差及其分类

（1）误差定义。

实验过程中，测量值与客观真值之间的差值，定义为误差，也称为绝对误差。

$$误差值 = 测量值 - 真实值$$

因为测量值可能大于真实值，也可能小于真实值，所以误差值可以为正，也可以为负。

相对误差：指误差在真值中所占百分比。

$$相对误差 = \frac{绝对误差}{真值} \times 100\% \qquad (1\text{-}1\text{-}1)$$

当误差很小时：

$$相对误差 = \frac{绝对误差}{测量值} \times 100\% \qquad (1\text{-}1\text{-}2)$$

对于仪器仪表，其误差常用如下名词表达：

$$示值误差 = 指标值 - 计量检测值$$

$$示值相对误差 = \frac{示值相对误差}{指示值} \times 100\% \qquad (1\text{-}1\text{-}3)$$

绝对误差的单位可能会不同，而相对误差的单位为1，因此不同物理量的相对误差可以相互比较，无论比较测量的精密度，还是评定测量结果的准确度，采用相对误差都更为方便。

（2）直接测量误差。

根据误差的性质，可以把误差分为系统误差、偶然误差和过失误差。

①系统误差。

系统误差是指在相同条件下多次测量同一物理量时，测定值的数学期望值与 n 次测量的平均值之差值。系统误差的绝对值和符号保持恒定，当测量条件改变时，其值按某一确定规律变化。

误差产生的原因：实验方法不完善或实验理论依据本身有近似是系统误差产生的重要原因，系统误差可能是仪器本身的原因导致，比如：仪器结构不完善、仪器未按照要求调整、标准器件未在标准状态下使用等，也可能与周围环境变化或实验人员不同有关。

性质与特点：相同条件下多次测量同一物理量，误差固定不变，其值向同一个方向偏离，误差按一定规律变化，但可以设法消除或修正。

消除系统误差，通常采用下述方法：

（a）纯化样品，校正样品引起的系统误差。

（b）用标准样品校正操作者引入的系统误差。

（c）用标准样品和标准仪器校正仪器引入的系统误差。

②偶然误差。

偶然误差是指由于科学技术水平的限制，以及测试人员的感受等众多无法控制的偶然因素引起的误差，是 n 次测量中各次测量值与测定值的数学期望值之差。

性质与特点：偶然误差通常服从正态分布，相同条件下多次测量，其误差值和符号均不确定，但最大误差一般不会超出某一界限，绝对值小的误差比绝对值大的误差出现的概率大，且大小相同正负误差出现概率相同，测量次数较多时误差出现抵偿性，即测量的平均值在测量次数极大时可接近于真实值。抵偿性是偶然误差最本质的统计特性，凡是具有抵偿性的误差，原则上都可以按照偶然误差处理。

精密度可以反应偶然误差的大小程度。

③过失误差。

由于实验者粗心、不正确操作或测量条件突变等引起的误差，称为过失误差，也叫粗差。过失误差属于实验中出现的错误，完全可以避免。

实验中，系统误差可以设法消除或修正，过失误差不允许存在，但偶然误差很难避免，所以好的测量结果应该只包含偶然误差。

（3）平均误差与标准误差。

物理化学实验中通常采用平均误差或标准误差表示测量的精密度，平均误差计算简便，而标准误差对误差反应比较灵敏，更能说明误差的分散程度，故使用较多。

设有无限个测量结果组成的一个无限总体，d_1、d_2、$\cdots$、d_n 是第 1、2、$\cdots$、n 次

测量结果的绝对误差,则平均误差:

$$\bar{d} = \frac{|d_1| + |d_2| + \cdots + |d_n|}{n} \qquad n \to \infty \qquad (1\text{-}1\text{-}4)$$

标准误差又称为均方根误差,其定义为:

$$\sigma = \sqrt{\frac{d_1^2 + d_2^2 + \cdots + d_n^2}{n}} \qquad n \to \infty \qquad (1\text{-}1\text{-}5)$$

在有限次测量中,设 $\bar{x}$ 是 n 个测量值的算数平均值,标准误差一般按下式计算:

$$\sigma = \sqrt{\frac{\sum (x_i - \bar{x})^2}{n - 1}} \qquad (1\text{-}1\text{-}6)$$

(4)间接测量误差。

物理化学实验中,最终的实验结果通常需要对直接测量值进行数学处理才能获得,每个测量值的准确度均会影响最终结果的准确性。通过误差分析可以了解直接测量误差对实验结果的影响,从而找出影响误差的主要来源,因此误差分析是鉴定实验质量的重要依据。

表 1-1-3 函数误差的传递公式

函数关系	标准误差传递公式
$N = x + y$	$\sigma_N = \sqrt{\sigma_x^2 + \sigma_y^2}$
$N = x - y$	$\sigma_N = \sqrt{\sigma_x^2 + \sigma_y^2}$
$N = xy,\ N = \dfrac{x}{y}$	$E_N = \dfrac{\sigma_N}{N} = \sqrt{\left(\dfrac{\sigma_x}{x}\right)^2 + \left(\dfrac{\sigma_y}{y}\right)^2}$
$N = \dfrac{x^k y^m}{z^n}$	$E_N = \dfrac{\sigma_N}{N} = \sqrt{k^2\left(\dfrac{\sigma_x}{x}\right)^2 + m^2\left(\dfrac{\sigma_y}{y}\right)^2 + n^2\left(\dfrac{\sigma_z}{z}\right)^2}$
$N = kx$	$\sigma_N = |k|\sigma_x \quad E_N = \dfrac{\sigma_N}{N} = \dfrac{\sigma_x}{x}$
$N = \sqrt[k]{x}$	$E_N = \dfrac{1}{|k|}\dfrac{\sigma_x}{x} \quad \sigma_N = E_N \bar{N}$
$N = \sin x$	$\sigma_N = |\cos x|\sigma_x$
$N = \ln x$	$\sigma_N = \dfrac{\sigma_x}{x}$

（5）误差与偏差。

误差与偏差的含义不同，误差表示实验结果与真值之差，偏差表示测定值与测量平均值之差，即误差以真值为标准，偏差以平均值为标准。真值通常无法获得，实验数据处理中通常采用相对真值代替真值，所以严格来讲，实际得到的均为偏差值。

实际工作中往往不严格区分误差与偏差的概念，某些资料中将二者泛称为误差。

4. 数据处理

（1）有效数字及其运算规则。

物理化学实验中，需要正确记录和计算测得的实验数据。分析工作中实际能够测到的所有可靠数字和小于最小分度值的可疑数字，总称为有效数字。在数学中，从该数的第一个非零数字起，直到末尾数字止的数字称为有效数字。

①有效数字的位数：有效数字不仅表明数量大小，也能反应测量的准确度。因此有效数字位数的保留，应根据分析方法和仪器的准确度决定，一般测得的数据中只有最后一位是可疑数字。

例如在分析天平上称取试样 0.5000 g，表明称量误差为 0.0002 g，如称量结果为 0.50 g，则表明试样称量误差为 0.02 g。因此记录数据时有效数字位数不能随意增减。

②有效数字的书写：记录数据时常采用指数形式，如将 0.5000 g 写为 5.000×10^{-1} g，有效数字均为 4 位。但若将 5.0×10^4 g 写为 50000 g，则有效数字由 2 位变成 5 位，容易引起混淆。

对数运算中，有效位数由小数点后面的位数决定，整数部分只表明真数的乘方次数，如 pH=5.2，有效数字只有 2 位。

③有效数字的运算规则：由于与误差传递有关，所以不同运算方法有效数字运算规则不尽相同。

（a）有效数字的保留：采用四舍六入五成双的原则。如：需要保留 n 位有效数字，若第 $n+1$ 位数字小于等于 4，舍掉；若第 $n+1$ 位数字大于等于 6，第 n 位数字进 1；若第 $n+1$ 位数字等于 5，分两种情况讨论，若第 n 位数字为奇数或者第 $n+1$ 位后面还有其他数字，则第 n 位数字进 1，反之舍弃后面的数字。

（b）加减法：运算过程中及最终结果有效数字位数以小数点后位数最少的数据为准。

（c）乘除法、乘方、开方：计算过程中及最终结果均按照有效数字最少的数据保留；在乘方或开方运算中，结果可多保留 1 位。

（d）对数运算：对数中的首数不是有效数字、尾数的位数应与各数值的有效数字相当。

（e）第一位有效数字为 8 或 9 的数字，有效数字可多计 1 位。

（f）复杂运算中，中间数据可多保留 1 位有效数字。

（g）非测量所得的倍数、分数等数据可视为有多位有效数字。

（h）一般保留 1~2 位有效数字表示精密度或准确度。

（i）计算平均值时，若实验数据多于 4 个，最终结果的有效位数可多取一位。

（2）实验数据的表达方法。

实验数据的表达方法主要有列表法、方程式法和作图法。三种方法各有特点，下面逐一加以介绍。

①列表法。

列表法是指将一组实验数据中的自变量、因变量依一定的形式和顺序一一对应列在表格中，不必通过计算即可获得与自变量相对应的函数值。

列表法注意事项：表格应该有表头，表的第一行或第一列给出参量的名称和单位，表中数值的写法应注意整齐统一。

列表法的优点：数据易参考比较、易检查，同一表内可同时表示几个变量间的变化关系。

②方程式法。

方程式法指将实验中的数据变量关系用方程或经验式表示，如最常见的线性关系方程 $y = mx + b$，可将数据直接带入或根据方程的斜率和截距求出所需物理量。

方程式中斜率 m 和截距 b 的求法：

（a）平均法

设实验测得 n 组数据点 (x_1, y_1)，(x_2, y_2)，…，(x_n, y_n)，因各测量值有偏差，任一测量值 y_i 对直线的残差 d_i 为：$d_i = y_i - (mx_i + b)$，因为 $\sum d_i = 0$，将 n 个方程分成数目相等的两组，每组方程的残差各自相加均为 0，可得两个方程：

$$\sum_{i=1}^{n/2} d_i = \sum_{i=1}^{n/2} y_i - (m\sum_{i=1}^{n/2} x_i + \frac{n}{2}b) = 0$$

$$\sum_{i=\frac{n}{2}+1}^{n} d_i = \sum_{i=\frac{n}{2}+1}^{n} y_i - (m\sum_{i=\frac{n}{2}+1}^{n} x_i + \frac{n}{2}b) = 0$$

（1-1-7）

解两个方程可得 m 和 b 值。

也可以对两组数据中每一组数据点的 x 轴坐标和 y 轴坐标分别求平均值，确定出两个平均点 (X_1, Y_1)、(X_2, Y_2)，可得：

$$m = \frac{Y_2 - Y_1}{X_2 - X_1}$$

（1-1-8）

则：
$$b = Y_1 - mX_1$$
或
$$b = Y_2 - mX_2$$

（1-1-9）

在任何情况下，两组数据的平均点分开越远，直线的精度越高，因此分组时应该首先将所有数据点按照 x 或 y 的大小顺序排列，然后分成两组，一组包括前一半数据点，另一组为后一半数据点，两组数据不能交叉排列。如果数据点为奇数，中间点可以分别归入任一数据组。

（b）最小二乘法。

设实验测得 n 组数据点(x_1, y_1)，(x_2, y_2)，…，(x_n, y_n)，当测量数据达到 7 组或 7 组以上，且测量精密度比较高时，可用最小二乘法计算斜率 m 和截距 b 的数值，其基本原理是假定残差的平方和为极小值，求能使标准误差为最小的最佳结果。

通常为了数学上的处理方便，假定误差只出现在因变量 y，且所有的数据点都同样可靠，则对于第 i 个数据点，残差 d_i 为：

$$d_i = y_i - mx_i - b \tag{1-1-10}$$

残差的平方和为：

$$\sum d_i^2 = \sum (y_i - mx_i - b)^2 \tag{1-1-11}$$

将上式分别对 m 和 b 求导，令导数为零，使残差的平方和为最小值，即可求出 m 和 b 的表达式为：

$$m = \frac{\sum x \sum y - n \sum xy}{(\sum x)^2 - n \sum x^2}$$

$$b = \frac{\sum xy \sum x - \sum y \sum x^2}{(\sum x)^2 - n \sum x^2} \tag{1-1-12}$$

③作图法。

作图法是指利用几何图形表示实验数据，其优点是能直观地表达各实验数据间的相互关系、显示数据中的极值点、转折点、周期性以及其他奇异性。如图形足够准确，则不必知道数据间的函数关系式，便可对数据进行微分、积分、求外推值、内插值和函数的极值或转折点等操作。

作图法的基本要求：

（a）作图纸的选择：通常有直角坐标纸、三角坐标纸、半对数坐标纸和对数坐标纸，坐标纸的大小应恰好合适，坐标纸上的最小格子能表示有效数字的最后一位可靠数字。

（b）坐标标度的选择：以方便读数为原则，一般选择单位坐标的 1、2、5 倍（避免选择 3、7、9 倍）为一个基本坐标标度。

（c）起点位置：不一定选择原点(0，0)为起点，可选择略低于最低测量值的某一数值为起点，略高于最高值的某一数值为终点，使图形位于坐标纸的中心并均匀分布。

（d）图形的绘制：要求使用铅笔、尺、规作图，不可随手绘制。应使尽可能多的点落在线上，其他点均匀分布在线的两侧，线条清晰光滑，线条上点的大小可粗略地表示实验的测量误差。如：若纵坐标和横坐标数据的精确度相近，数据点一般用⊙表示，圆心表示数据的正确值，圆的半径表示精确度值。若纵坐标和横坐标的精确度相差较大，一般用矩形符号(□)表示数据点，矩形的中心是数据的正确值，各边长度的一半表示各自的精确度值。

（e）标注及说明：曲线绘好后，需标注图形的名称，横、纵坐标代表的物理量及其单位，注明曲线测定时的温度和压强。

曲线上切线的做法：通常使用镜像法和平行线法。

镜像法：将平面镜垂直通过曲线上一点 p，可以在镜中看到该曲线的镜像，以 p 点为轴旋转平面镜，使镜中曲线的影像与原图像连成一条光滑的曲线，看不到折点，沿镜面所做的直线即为 p 点的法线，做该法线的垂线即为过 p 点的切线。

平行线法：在曲线上做两条平行线段，两线段中点的连线交曲线于点 p，过 p 点做线段的平行线 l，即为过 p 点的曲线的切线。

第二部分　实　验

第一节　化学热力学

实验1　液体饱和蒸气压的测定

⚗ **实验目的**

（1）了解克劳修斯–克拉贝龙方程的使用条件。

（2）掌握静态法测定乙醇饱和蒸气压的实验方法，计算乙醇在实验温度范围内的平均摩尔气化焓和正常沸点。

⚗ **实验原理**

液体的饱和蒸气压是指液体在一定温度下气液两相达到平衡时的蒸气压，是物质自身的特征参数。纯液体的饱和蒸气压随温度的变化而变化，温度升高，蒸气压增大；温度降低，蒸气压减小。液体的蒸气压与外压相等时，开始沸腾，外压改变时，液体的沸点也发生变化，通常把外压为 101.325 kPa 时的沸腾温度定义为液体的正常沸点。

采用克劳修斯–克拉贝龙方程可表示液体的饱和蒸气压随温度的变化关系：

$$\frac{\mathrm{d}\ln p}{\mathrm{d}T} = \frac{\Delta_{\mathrm{vap}}H_m}{RT^2} \tag{2-1-1}$$

式中：p 是液体在温度 T 时的饱和蒸气压（Pa）；T 是热力学温度（K），$\Delta_{\mathrm{vap}}H_m$ 是液体的摩尔气化焓；R 是摩尔气体常数。当温度的变化范围较小时，$\Delta_{\mathrm{vap}}H_m$ 可视为常数，相当于平均摩尔气化焓。将（2-1-1）式积分得

$$\ln p = -\frac{\Delta_{\mathrm{vap}}H_m}{RT} + B \tag{2-1-2}$$

由（2-1-2）式可知，通过实验测定不同温度下液体的饱和蒸气压，以 $\ln p \sim 1/T$ 作图，可得到一条直线。通过此直线的斜率可计算出实验温度范围内液体的平均摩尔气化焓。当外压为 101.325 kPa 时，从图中可求得该液体的正常沸点。

本实验采用静态法，将被测液体置于密闭系统中，测定不同温度下液体的饱和蒸气压，压力测定装置如图 2-1-1 所示。

测定原理：平衡管由三个相连的玻璃管 a、b 和 c 管构成，管中存储有待测液体，b 和 c 管在底部相通。当 a 和 b 管上方充满待测液体的蒸气，且 b 和 c 管的液面相平时，b 管与 c 管液面上方的压力值相等，即 c 管上方的压力值等于该温度下待测液体的饱和蒸气压。

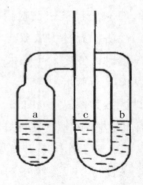

图 2-1-1　平衡管示意图

⚕ **仪器与试剂**

1. 仪器

DP-AF 饱和蒸气压实验装置 1 台，SYP-Ⅲ玻璃恒温水槽 1 个，福廷式大气压力计 1 个，隔膜泵 1 台，150 mL 烧杯 1 个。

2. 试剂

无水乙醇(AR)，冰块(实验室自制)。

⚕ **实验步骤**

1. 装样

向平衡管中加入适量的无水乙醇，使液面高度达到 a 管、b 管和 c 管的一半左右。

2. 气密性检查

按照图 2-1-2 连接实验测量装置。将装有待测液体的平衡管上端与测量装置端口 1 连接，数字压力计与测量装置端口 2 连接，检查阀门 1、2，使之均处于打开状态，打开数字压力计电源，选择单位为 "kPa"，按 "采零键"，使显示数值为零。

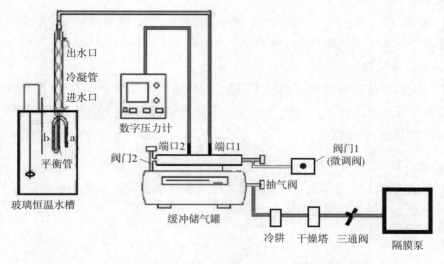

图 2-1-2　静态法测量液体饱和蒸气压的装置示意图

（1）整体气密性检查。

冷阱保温杯中放置少量冰块，确认管路、冷阱、干燥塔等装置连接无误，检查玻璃三通阀，使之处于通大气状态，将阀门 1、缓冲储气罐的抽气阀关闭（阀门 2 处于打开状态），启动隔膜泵。1 min 后关闭玻璃三通阀，缓慢打开抽气阀，抽真空至数字压力计读数为 -93~-94 kPa，关闭抽气阀。观察数字压力计，若读数变化小于 0.01 kPa/3 s，说明整体气密性良好。否则需查找并清除漏气原因，直至达标。

（2）"工作体系"气密性检查。

关闭阀门 2，缓慢打开抽气阀，继续抽气 1 min，数字压力计读数变化值小于 0.01 kPa/2s 即为合格。关闭抽气阀，缓慢打开玻璃三通阀，关闭隔膜泵。

3. 测量

（1）接通冷凝水，插上恒温槽电源插头，将恒温槽"工作/置数"键置于"置数"状态，设置目标温度为 30.00 ℃，按"工作/置数"键，使之置于"工作"状态，恒温槽开始加热。

（2）加热过程中应注意通过阀门 1 和阀门 2 控制平衡管内液体的沸腾程度，保持每秒 1~2 个气泡的鼓泡速率，防止爆沸。

（3）当恒温槽温度达到设定值后，观察 b、c 管的液面高度，若 c 管的液面高于 b 管的液面，可缓缓打开阀门 1，放入适量空气使 c 管液面下降，当 b、c 管液面相平时，关闭阀门 1，记录温度和压力数值。若 b 管液面高于 c 管，则需打开阀门 2 进行调节。

若测定过程中不慎使空气倒灌入 b 管，或调节过程中液柱一直有变化（说明 a、b 管上方的空气未排除干净），则需升温或打开阀门 2 抽真空，使 b 管内空气排干净后方能继续测定。

（4）重复上述实验操作，每次升温 4 ℃，记录 b、c 管液面相平时的平衡温度和液体蒸气压数值。本实验共测量六个实验点。

4. 关闭实验仪器

实验完成后，依次缓慢打开阀门 1、阀门 2，使压力计恢复到零位。关闭冷凝水、恒温槽和数字压力计，拔下所有电源插头，清除冷阱保温杯中的剩余冰块。所有实验设备和器材恢复至初始状态。

⚒ 实验数据处理

（1）绘制 $\ln p$ $1/T$ 图，由直线斜率计算出乙醇在实验温度区间的平均摩尔汽化焓。

（2）求出乙醇的正常沸点。

表 2-1-1　实验数据记录表

编号	压力差 Δp/kPa	沸点 t/ ℃	p = p外 + Δp/kPa	lnp	$\dfrac{1}{T/K}$
1					
2					
3					
4					
5					
6					

思考题

（1）克劳修斯-克拉贝龙方程式的使用条件是什么？气化焓与温度有何关系？

（2）为什么平衡管 a、b 中的空气要排净，如何判断是否排净？

（3）在实验中若有空气倒入 b 管中应如何处理？

实验2　溶液饱和蒸气压、沸点和活度的测定

实验目的

（1）学会使用贝克曼温度计、等张计等仪器测定乙醇水溶液以及无机盐乙醇饱和溶液的沸点及其饱和蒸气压。

（2）掌握图解法求乙醇溶液平均摩尔气化焓、正常沸点和活度的原理和方法。

实验原理

乙醇水溶液与其蒸气呈平衡时，乙醇和水两组分既存在于气相中，又存在于液相中，若考虑乙醇组分的化学势，则有：

$$\mu^l_{乙醇}(T,p,a^l_{乙醇}) = \mu^g_{乙醇}(T,p,a^g_{乙醇}) \tag{2-2-1}$$

式中：T 为温度，p 为压强，$a^g_{乙醇}$，$a^l_{乙醇}$ 分别为乙醇在气相和液相中的组成。

若定压下，溶液浓度发生 $da^l_{乙醇}$ 的变化，与之平衡的气相中，A 的浓度有 $da^g_{乙醇}$ 的变化，沸点由 T 改变到 $T+dT$，才能重建新的平衡，则有：

$$\mu^l_{乙醇} + d\mu^l_{乙醇} = \mu^g_{乙醇} + d\mu^g_{乙醇} \tag{2-2-2}$$

因为

$$\mu^g_{乙醇} = \mu^l_{乙醇}, \quad d\mu^g_{乙醇} = d\mu^l_{乙醇}$$

所以

$$\left(\frac{\partial \mu_{\text{乙醇}}^{\text{l}}}{\partial T}\right)_{p,\,a_{\text{乙醇}}} \mathrm{d}T + \left(\frac{\partial \mu_{\text{乙醇}}^{\text{l}}}{\partial a_{\text{乙醇}}^{\text{l}}}\right)_{T,\,p} \mathrm{d}a_{\text{乙醇}}^{\text{l}} = \left(\frac{\partial \mu_{\text{乙醇}}^{\text{g}}}{\partial T}\right)_{p,\,a_{\text{乙醇}}} \mathrm{d}T + \left(\frac{\partial \mu_{\text{乙醇}}^{\text{g}}}{\partial a_{\text{乙醇}}^{\text{g}}}\right)_{T,\,p_{\text{乙醇}}} \mathrm{d}a_{\text{乙醇}}^{\text{g}}$$

$$(2\text{-}2\text{-}3)$$

式中：$a_{\text{乙醇}}^{\text{l}}$ 为乙醇水溶液中乙醇的活度。假定溶液上方蒸气为理想气体，则：

$$- S_{\text{乙醇},\,m}^{\text{l}} \mathrm{d}T + \frac{RT}{a_{\text{乙醇}}^{\text{l}}} \mathrm{d}a_{\text{乙醇}}^{\text{l}} = - S_{\text{乙醇},\,m}^{\text{g}} \mathrm{d}T + \frac{RT}{x_{\text{乙醇}}^{\text{g}}} \mathrm{d}x_{\text{乙醇}}^{\text{g}}$$

$$(2\text{-}2\text{-}4)$$

式中：$S_{\text{乙醇},m}^{\text{g}}$、$S_{\text{乙醇},m}^{\text{l}}$ 分别为气相中和液相中乙醇的摩尔规定熵。将（2-2-4）式移项积分得：

$$- \int_{1}^{a_{\text{乙醇}}} \frac{\mathrm{d}a_{\text{乙醇}}^{\text{l}}}{a_{\text{乙醇}}^{\text{l}}} + \int_{1}^{a_{\text{乙醇}}^{\text{g}}} \frac{\mathrm{d}x_{\text{乙醇}}^{\text{g}}}{x_{\text{乙醇}}^{\text{g}}} = \int_{T_b^*}^{T_b} \frac{\Delta_r H_m(\text{乙醇})}{RT^2} \mathrm{d}T$$

$$(2\text{-}2\text{-}5)$$

式中：T_b^*、T_b 分别为纯乙醇和乙醇水溶液的沸点，$\Delta_r H_m(\text{乙醇})$ 为溶液中乙醇的摩尔气化焓。

$$\ln \frac{x_{\text{乙醇}}^{\text{g}}}{a_{\text{乙醇}}^{\text{l}}} = \int_{T_b^*}^{T_b} \frac{\Delta_r H_m(\text{乙醇})}{RT^2} \mathrm{d}T$$

$$(2\text{-}2\text{-}6)$$

因温度变化范围较小，$\Delta_r H_m(\text{乙醇})$ 可以看作常数（由实验 1 中测定），$T_b^* \times T_b$ 近似为 $(T_b^*)^2$，则上式简化为：

$$\ln \frac{x_{\text{乙醇}}^{\text{g}}}{a_{\text{乙醇}}^{\text{l}}} = \frac{\Delta_r H_m(\text{乙醇})}{R(T_b^*)^2} \Delta T_b$$

$$(2\text{-}2\text{-}7)$$

对于恒沸点组成已知的乙醇水溶液（标准压力下其组成 $x_{\text{乙醇}} = 0.9557$），利用（2-2-7）式可以求得 $a_{\text{乙醇}}^{\text{l}}$ 或乙醇的活度系数 $\gamma_{\text{乙醇}}$，同理也可以计算溶液中水的活度或活度系数。

对于无水乙醇的无机盐饱和溶液，乙醇活度计算式的推导过程与之类似，推导结果为：

$$- \ln a_{\text{乙醇}}^{\text{l}} = \frac{\Delta_r H_m}{R(T_b^*)^2} \Delta T_b$$

$$(2\text{-}2\text{-}8)$$

♨ 仪器与药品

1. 仪器

加热磁力搅拌器 1 台，等张计与冷凝管 1 套，真空泵 1 台，DP-A 数字压力计 1 台，400 mL 大烧杯 1 个，缓冲瓶 1 个，100 mL 量筒 1 个，水银温度计 1 支，2 000 mL 大烧杯 1 个。

2. 药品

无水乙醇、乙醇和水的恒沸混合物、$MgCl_2$、$CaCl_2$（均为分析纯）。

♨ 实验步骤

1. MgCl₂（CaCl₂）乙醇饱和溶液的配制

用量筒取 200 mL 无水乙醇加入 400 mL 烧杯中，搅拌下分批加入 $MgCl_2$（或 $CaCl_2$）固体适量，直至固体不再溶解，得 $MgCl_2$（或 $CaCl_2$）的乙醇饱和溶液。

2. 装样

将平衡管洗净、烘干，按照图 2-2-1 进行组装。打开冷凝管上方橡皮管，用滴管通过冷凝管加入液体，连接橡皮管，抽气达到一定负压（30~40 mmHg）后，通过稳压瓶放气，将液体压入 a 管。如果一次加入量不足，可同法逐次添加液体，直至 a 管中液体高度约 2/3 为宜。

3. 饱和蒸气压测定

（1）关闭连接测量系统与真空泵的玻璃阀门，打开缓冲瓶上的放空阀，启动真空泵。

（2）检查大烧杯中水的体积，确保平衡管的 a、b 和 c 管全部浸没于水中，打开冷凝水。

（3）打开数字压力计电源开关，选择测量单位为"mmHg"，按"采零"按钮，使显示屏显示的读数为零，即系统压力与大气压的差值为零。

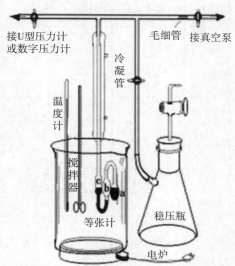

图 2-2-1 饱和蒸气压测量装置

（4）读取当天大气压力数值。

（5）打开加热磁力搅拌器电源，开启加热和搅拌，直至温度接近测量液体沸点（乙醇和水的恒沸混合物：约 78 ℃；$MgCl_2$ 或 $CaCl_2$ 的乙醇饱和溶液：约 82 ℃），停止加热。随着温度升高，b 管液面降低，c 管液面升高，直至有气泡从 c 管溢出。随着气泡产生速度加快，a 管上方的空气逐渐减少。

（6）搅拌器加热电压关闭后，利用余热足以把 a 管和 b 管间空气排尽，只剩余乙醇蒸气。温度开始下降时，气泡产生速度减慢，c 管液面逐渐回落，当 c 管和 b 管液面相平时，记录温度和体系压力数值。

（7）重复测定大气压力下的沸点，若二次结果一致，可以进行下面实验。

（8）关闭缓冲瓶放空阀，打开玻璃阀门开始抽气（注意：应小幅度多次降低压力），系统和大气压相差约 50 mmHg 后关闭玻璃阀门。

由于外压降低，液体的沸点相应降低，液体重新开始沸腾，随着体系温度逐渐降低，气泡产生速度逐渐减慢，当 c 管和 b 管液面再次相平时，记录水银温度计与数字压力计数值。

（9）重复实验操作(8)，每次减压约 50 mmHg，共测量八个实验点（包括大气压下的沸点）。最终数字压力计指示压差（Δp）不可超过 400 mmHg。

♨ 实验结果与数据处理

表 2-2-1 饱和蒸气压实验数据记录表

室温：_____ 大气压力：_____（kPa） 待测液：_____

编号	压力差 $\Delta p/(\text{mmHg})$	沸点 $t/℃$	蒸气压 $p=$ 大气压$+\Delta p/\text{Pa}$	$\ln p$	$\dfrac{1}{T/K}$
1					
2					
3					
4					
5					
6					
7					
8					

（1）作 $\ln p \sim 1/T$ 图，求出待测样品在实验温度范围内的平均摩尔汽化焓和正常沸点；

（2）根据公式(2-2-7)或(2-2-8)求出待测溶液中溶剂的活度及活度系数。

🐌 思考题

（1）除上述（数据记录和处理中）要求外，利用本实验数据还能计算出哪些物理量？

（2）本实验方法能否用来测定不饱和无机盐溶液中乙醇的活度或活度系数？能否用来测定非恒沸物溶液的活度或活度系数？为什么？

参考文献：

[1] 傅献彩，等. 物理化学(上册)[M]. 5 版. 北京：高等教育出版社，2006.

[2] 朱万春，等. 基础化学实验(第二版)：物理化学实验分册[M]. 北京：高等教育出版社，2017.

实验 3 凝固点降低法测溶质的摩尔质量

☉ **实验目的**

（1）掌握溶液凝固点的测定技术与凝固点测定仪的使用方法。

（2）掌握凝固点降低法测定物质摩尔质量的基本原理与方法，加深对稀溶液依数性的理解。

☉ **实验原理**

1. 凝固点降低法测定物质摩尔质量

凝固点降低是稀溶液依数性之一。当溶质和溶剂不形成固溶体，且浓度很稀时，溶液的凝固点降低值 ΔT_f 与溶质的质量摩尔浓度 m_B 成正比。

$$\Delta T_f = T_0 - T_f = K_f m_B = K_f \frac{W_B}{M_B \times (W_A / 1\ 000)} \tag{2-3-1}$$

式中：K_f 为凝固点降低常数（$K \cdot kg \cdot mol^{-1}$）；$M_B$ 为溶质的摩尔质量（$g \cdot mol^{-1}$）；W_B 为溶质的质量（g）；W_A 为溶剂的质量（g）；T_0 为纯溶剂的凝固点（K）；T_f 为稀溶液的凝固点（K）。

K_f 值的大小只与溶剂的性质有关，若已知 K_f、W_A 和 W_B 值，则通过测定溶液的凝固点降低值 ΔT_f，可以由(2-3-1)式求得溶质的摩尔质量 M_B。

严格地讲，上式只有在溶液浓度无限稀时才能成立，即：

$$\lim_{W_B/W_A \to 0} \frac{\Delta T_f}{(W_B/W_A)} = 1000 \frac{K_f}{M_B} \tag{2-3-2}$$

因此实际工作中可配制一系列不同浓度的稀溶液，分别测定其凝固点降低值 ΔT_f，以 $\dfrac{\Delta T_f}{W_B/W_A}$ 对 W_B/W_A 作图，将 W_B/W_A 外推到等于零时，纵坐标值等于 $1\ 000\ K_f/M_B$。若已知 M_B 即可求得 K_f 值，反之，已知 K_f 值则可获得 M_B 的准确值。

2. 溶剂与溶液凝固点的测定

纯液体的凝固点是其液固平衡共存时的温度。将纯液体逐步冷却，其温度随时间匀速下降，开始凝固时由于放出凝固热补偿了热损失，温度将保持不变直到全部凝固后才继续下降。但在实际冷却过程中经常发生过冷现象，如图 2-3-1 所示。

AC 线与 CG 线交于 C 点，该点为纯溶剂的凝固点，此时液态纯溶剂的饱和蒸气压与固体溶剂的饱和蒸气压相等。过冷液体指温度低于凝固点的液体，处于亚稳状态，图中 CH 线即纯溶剂的过冷线，CH 线与 BD 线的交点 H 对应的温度即为过冷状态下的液体与溶剂微小晶粒呈亚稳平衡时的温度。

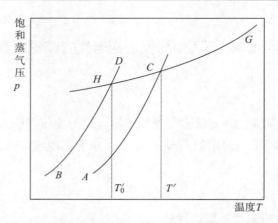

AC：固体溶剂饱和蒸气压—温度曲线
CH：过冷液体饱和蒸气压—温度曲线
CG：液态纯溶剂饱和蒸气压—温度曲线
BD：溶剂微小晶体饱和蒸气压—温度曲线

图 2-3-1　过冷液体产生原理

　　过冷液体产生原因：由于新相形成时晶粒半径很小，由开尔文公式（2-3-3）可知，半径越小，其饱和蒸气压 p_r 越大：

$$\ln \frac{p_r}{p_0} = \frac{2\sigma M}{RTr\rho} \tag{2-3-3}$$

式中：p_r 为微小晶粒的饱和蒸气压，p_0 为大晶粒的饱和蒸气压，σ 为表面张力，M 为摩尔质量，ρ 为密度，r 是微小晶粒的半径。

$$\mu = \mu^\theta + RT\ln \frac{p}{p^\theta} \tag{2-3-4}$$

式中：μ 为化学势；μ^θ 为标准态化学势；p 为液体的蒸气压。

　　由化学势表达式（2-3-4）可知，微小晶粒的化学势高于大晶粒的化学势，而大晶粒的化学势等于与之平衡的液态纯溶剂的化学势，即在凝固点温度时纯溶剂不会自发形成微小晶粒。所以体系温度冷却到 C 点时，如果没有结晶中心加入，温度会继续下降，形成过冷液体，直到体系温度降低到图 2-3-1 中 H 点时，过冷液体的化学势与微小晶粒的化学势相等，才能析出小晶粒新相。

　　过冷液体中一旦有微小晶粒析出，小晶粒会自发长大放出凝固热，使液体温度回升到稳定的平衡温度，待液体全部凝固后，温度又开始逐渐下降，所以测量时若出现过冷现象，取回升的平衡温度作为纯溶剂的凝固点，如图 2-3-2 中 b 所示。

　　溶液的凝固点为溶液与固相溶剂平衡共存时的温度，其步冷曲线（图 2-3-2 中 c，d，e）与纯溶剂（图 2-3-2 中 a，b）不同。当溶液中有溶剂凝固析出时，放出的凝固热使步冷曲线斜率发生改变，转折点对应的温度即为溶液的凝固点。随着溶剂不断凝固析出，剩余溶液的浓度逐渐增大，溶液与溶剂固体的平衡温度也逐渐降低，如图 2-3-2 中 c 所示。若发生过冷现象，过冷程度较低时，析出固体的量较少，溶液浓度变化不大，可以把步冷曲线上转折点回升的最高温度作为溶液的凝固点，对测定结果不会有较大影响，如图 2-3-2 中 d 所示。但如果达到图 2-3-2 中 e 的情况，过冷太甚使溶液浓度发生较大变化，凝固点的测定结果会偏低。

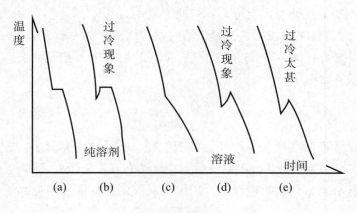

图 2-3-2　冷却曲线图

♨ 仪器与试剂

1. 仪器

SWC—LG$_B$ 自冷式凝固点测定仪 1 台，移液管(25 mL)1 支，分析天平 1 台。

2. 药品

萘(AR)，环己烷(AR)。

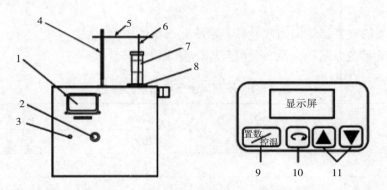

1. 显示屏　2. 搅拌速率调节旋钮　3. 制冷指示灯　4. 搅拌杆　5. 搅拌横杆　6. 搅拌杆　7. 样品管
8. 金属浴　9. 置数/控温转换键　10. 置数循环移位键　11. 数字调节增减键

图 2-3-3　SWC—LG$_B$ 自冷式凝固点测定仪装置图

♨ 实验步骤

（1）仪器装置如图 2-3-3，插入电源线，打开 SWC-LG$_B$ 自冷式凝固点测定仪后面板的电源开关(注意：制冷电源开关保持关闭)，屏幕显示如下：

```
样品值: 15.000 ℃
设定值: 00.0 ℃
状态: 置数 00 s
```

（2）打开制冷电源开关，制冷指示灯亮，此时面板"状态"显示为"置数"，通过调节"◯"和"▲▼"按键，设置仪器的"冷浴值"为"2.5 ℃"，"状态：置数"栏的定时时间设置为"00 s"。按下"置数/控温"键，进入控温状态，仪器自动实施数字控温。显示屏如图所示：

```
样品值: 15.320 ℃
冷浴值: 02.5 ℃
状态: 控温 00 s
```

（3）用移液管准确移取 25 mL 环己烷于洗净、干燥的样品管中，放入带塞搅拌杆和温度传感器，冷浴温度到达设定温度后，将样品管放入金属浴管中。

（4）将搅拌杆插入到搅拌横杆中，用橡胶圈固定搅拌横杆和样品管，搅拌速率置于慢档。

（5）观察温度下降情况，记录液固平衡温度（或回升平台温度）t_0。

（6）停止搅拌，取出样品管。将样品管内固体融化后，再次放入金属浴中，重复步骤（4）、（5），测量平台温度 t_0 共三次（三次测量值相差不超过 0.1 ℃），计算平均值。

（7）准确称取约 0.06 g 萘，加入大试管中，完全溶解后，按照步骤（4）、（5），测量溶液的凝固点 t_f，重复测量三次，计算平均值。

（8）停止搅拌，关闭制冷电源开关，关闭仪器，整理实验仪器和实验台。

♨ 实验数据处理

（1）查表确定环己烷的密度，计算移取环己烷的质量。

（2）计算萘的摩尔质量及实验值与理论值的相对误差。

表 2-3-1　不同温度下环己烷的密度

$t/℃$	$\rho/(g \cdot cm^{-3})$	$t/℃$	$\rho/g \cdot cm^{-3}$
5	0.793	20	0.779
10	0.788	21	0.778
15	0.783	22	0.777
16	0.782	23	0.776
17	0.782	24	0.775
18	0.781	25	0.774
19	0.780	30	0.769

* $\rho_{环己烷} = 0.79768 - 9.51 \times 10^{-4} \, t/℃$

表 2-3-2　溶液和纯溶剂凝固点测量数据记录表

室温：_____　环己烷温度：_____

温度	第一次	第二次	第三次	平均值
t_0/℃				
t_f/℃				
环己烷体积/mL：			萘的质量/g：	

思考题

（1）凝固点降低公式的适用条件是什么？将此公式应用于电解质溶液时，计算结果是否是化学式的摩尔质量？为什么？

（2）为什么会产生过冷现象，溶液冷却时过冷严重会产生什么现象，原因是什么？

（3）本实验在测量过程中，如果溶液中引入电解质等杂质会引起什么后果？

附录 1：

以水为溶剂测定尿素的分子量

（1）仪器装置如图 2-3-3 所示，插入电源线，打开 SWC-LG$_B$ 自冷式凝固点测定仪后面板的电源开关（注意：制冷电源开关保持关闭）。

（2）用移液管准确移取 25 mL 去离子水于洗净、干燥的样品管中，放入带塞搅拌杆和温度传感器，把样品管放入金属浴管中。

（3）打开制冷电源开关，制冷指示灯亮，此时面板"状态"显示为"置数"，通过调节"🔄"和"▲▼"按键，将仪器的"冷浴值"设置为"□2.5 ℃"，将"状态：置数"栏的定时时间设置为"00 s"。按下"置数/控温"按键，进入控温状态，仪器将自动实施数字控温。

（4）将搅拌杆插入到搅拌横杆中，用橡胶圈固定好样品管，将搅拌速率置于慢档。

（5）观察温度下降情况，记录液固平衡温度（或回升平台温度）t_0。

（6）停止搅拌，取出样品管。将样品管内固体融化后，再次放入金属浴中，重复步骤 4、5，测量回升平台温度 t_0 共 3 次（每次相差不超过 0.1 ℃），取平均值。

（7）准确称取尿素约 0.25 g，加入大试管中，等完全溶解后，按照步骤（4）、（5），测量凝固点 t_f，重复测量三次，计算平均值，记录为溶液的凝固点。

（8）停止搅拌，关闭制冷电源开关，关闭仪器并整理实验台。

附录2：

常用分子量测量方法及其应用范围：

线性高聚物相对分子量 Mr 测量有多种方法，适用的相对分子量范围不同。

表 2-3-3　分子量的测定方法与适用范围

方法	分子量范围
端基分析	Mr<3×10^4
沸点上升，凝固点下降	Mr<3×10^4
渗透压	Mr：10^4～10^6
光散射	Mr：10^4～10^7
超离心沉降及扩散	Mr：10^4～10^7
黏度法	不同相对分子量要用不同的经验方程

实验4　溶液偏摩尔体积的测定

♨ 实验目的

（1）掌握用比重瓶测定溶液密度的方法。

（2）加深对偏摩尔量物理意义的理解。

（3）掌握测定乙醇–水溶液中各组分偏摩尔体积的方法。

♨ 实验原理

在多组分体系中，某组分 i 的偏摩尔体积定义

$$V_{i,m} = \left(\frac{\partial V}{\partial n_i}\right)_{T,p,n_{j(j\neq i)}} \tag{2-4-1}$$

若是两组分体系，则有

$$V_{1,m} = \left(\frac{\partial V}{\partial n_1}\right)_{T,p,n_2} \tag{2-4-2}$$

$$V_{2,m} = \left(\frac{\partial V}{\partial n_2}\right)_{T,p,n_1} \tag{2-4-3}$$

体系总体积：

$$V = n_1 V_{1,m} + n_2 V_{2,m} \tag{2-4-4}$$

将(2-4-4)式两边同时除以溶液质量 W

$$\frac{V}{W} = \frac{W_1}{M_1} \cdot \frac{V_{1,m}}{W} + \frac{W_2}{M_2} \cdot \frac{V_{2,m}}{W} \tag{2-4-5}$$

令

$$\frac{V}{W} = \alpha \qquad \frac{V_{1,m}}{M_1} = \alpha_1 \qquad \frac{V_{2,m}}{M_2} = \alpha_2 \qquad (2\text{-}4\text{-}6)$$

式中：α 是溶液的比容；α_1，α_2 分别为组分 1、2 的比容。将 (2-4-6) 式代入 (2-4-5) 式可得：

$$\alpha = \frac{W_1}{W} \cdot \alpha_1 + \frac{W_2}{W} \cdot \alpha_2 = \omega_1\%\alpha_1 + \omega_2\%\alpha_2 = (1 - \omega_2\%)\alpha_1 + \omega_2\%\alpha_2 \qquad (2\text{-}4\text{-}7)$$

将 (2-4-7) 式对 $\omega_2\%$ 微分：

$$\frac{\partial \alpha}{\partial \omega_2\%} = -\alpha_1 + \alpha_2 \quad 即 \quad \alpha_2 = \alpha_1 + \frac{\partial \alpha}{\partial \omega_2\%} \qquad (2\text{-}4\text{-}8)$$

将 (2-4-8) 式代回 (2-4-7) 式，整理得：

$$\alpha = \alpha_1 + \omega_2\% \frac{\partial \alpha}{\partial \omega_2\%} \qquad (2\text{-}4\text{-}9)$$

$$\alpha = \alpha_2 + \omega_1\% \frac{\partial \alpha}{\partial \omega_2\%} \qquad (2\text{-}4\text{-}10)$$

求出不同浓度溶液的比容 α，作 $\alpha \sim \omega_2\%$ 关系图，得曲线 CC'（见图 2-4-1）。欲求某浓度溶液中各组分的偏摩尔体积，可在 M 点曲线上其对应点作切线，此切线在两轴的截距 AB 和 $A'B'$ 分别为 α_1 和 α_2，由关系式 (2-4-6) 可求出 $V_{1,m}$ 和 $V_{2,m}$。

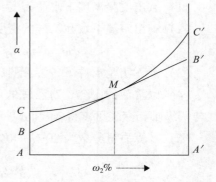

图 2-4-1 溶液的 $\alpha \sim \omega_2\%$ 关系图

仪器与试剂

1. 仪器

恒温设备 1 套，电子天平 1 台，磨口三角瓶（50 mL）6 个，比重瓶 1 个。

2. 药品

无水乙醇（AR），去离子水。

实验步骤

（1）调节恒温槽至指定温度，恒温槽水温高于室温至少 5 ℃。

（2）配制不同组成的乙醇-水溶液：以无水乙醇及去离子水为原液，在 6 个磨口三角瓶中分别配制含乙醇质量百分数约为 0%、20%、40%、60%、80% 和 100% 的乙醇-水溶液，每份溶液的总体积为 50 mL（配制时先加去离子水再加无水乙醇），盖紧瓶塞，以防挥发。表 2-4-1 为 25 ℃时乙醇-水溶液配制计算结果。

表 2-4-1　乙醇–水溶液的配制

乙醇质量分数	0%	20%	40%	60%	80%	100%
水/mL	50	45.5	39.7	31.5	19.5	0
乙醇/mL	0	4.45	10.4	18.5	30.5	50

（3）标定比重瓶体积

①将比重瓶用自来水洗涤干净，再用去离子水润洗 3 遍，烘干。

②称量比重瓶的质量，记录读数。

③将比重瓶中盛满去离子水，盖上瓶塞，使毛细管内液面与管口齐平，比重瓶内不应有气泡，置于恒温槽中恒温 10 min。取出比重瓶，擦干外壁，迅速称重，记录读数。

④溶液比容的测定：将比重瓶用待测溶液润洗 3 次，装满待测溶液，放入恒温槽内恒温 10 min。取出比重瓶，擦干外避，迅速称重，记录读数。

⑤用同样方法测定每份乙醇–水溶液的比容。

☷ 实验数据处理

（1）查出实验温度下水的密度，根据称重结果，计算比重瓶的容积。

（2）查出室温下水和乙醇的密度，计算各溶液中乙醇的质量分数。

$$\omega_{乙醇} = \rho_{乙醇} V_{乙醇} / (\rho_{乙醇} V_{乙醇} + \rho_水 V_水)$$

（3）计算实验条件下各溶液的比容。

（4）以溶液的比容 α 对乙醇的质量分数 $\omega\%$ 作图，用截距法在某浓度溶液处做切线与两纵轴相交，可求得 α_1 和 α_2。

（5）计算质量分数为 20%、40%、60% 和 80% 的乙醇溶液中各组分的偏摩尔体积。

表 2-4-2　实验数据记录表

室温：＿＿＿＿＿＿　$\rho_{无水乙醇}$：＿＿＿＿＿＿　$\rho_水$：＿＿＿＿＿＿

水/mL	50	45	40	30	20	0
乙醇/mL	0	5	10	20	30	50
乙醇质量分数						
α						

🐌 思考题

（1）使用比重瓶应注意哪些问题？

（2）从恒温槽中取出前需用吸水纸吸去毛细管口高出的液体，取出后，温度下降造成液面下降，是否会影响液体密度的测定？

（3）将比重瓶从恒温槽中取出后用分析天平称质量，液体不断从毛细管口蒸发，为了减少该过程中的挥发误差，可采取哪些措施？

参考文献：

[1] 唐林，刘红天，温会玲. 物理化学实验[M]. 2版. 北京：化学工业出版社，2015.

[2] 胡卫兵，聂光华，史伯安，等. 物理化学实验[M]. 北京：科学出版社，2014.

实验5　二元液固平衡相图的绘制

☙ 实验目的

（1）学会运用热分析法绘制 Sn-Bi 二元液固平衡相图。

（2）掌握热分析法的测量技术及金属相图实验装置的使用方法。

（3）了解引起步冷曲线形状差异的原因，掌握确定相变点温度的方法。

☙ 实验原理

研究多相系统的状态随温度、压力和组成等变量的改变而变化的图形，称为相图，多相体系平衡相图的研究在科研和生产中都有重要应用。热分析法是绘制液固平衡相图的常用基本方法之一，是一种根据步冷曲线确定相图形状的分析方法。首先将固体混合物加热熔融，形成均匀的液相，然后让系统缓慢而均匀地冷却，每隔一定的时间记录系统的温度，以温度为纵坐标，时间为横坐标，绘制出温度–时间曲线，称为步冷曲线。

若熔融系统在冷却过程中无相变发生，温度连续均匀下降，步冷曲线呈现平滑的曲线；当熔融系统中有相变发生时，产生的相变热与冷却时系统放出的热量部分或全部抵消，步冷曲线出现转折点或水平线段，转折点或水平线段对应的温度即为系统在该组成时的相变温度，如图 2-5-1 中左图所示。图中依次为纯物质（纯 A）、熔体 X_2（组成为 X_2）、熔体 X_1（组成为 X_1）和熔体 X_E（组成为 X_E）对应的步冷曲线。

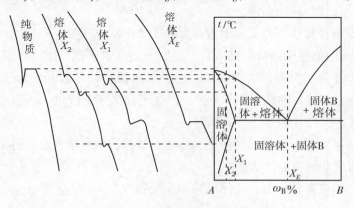

图 2-5-1　二元液固平衡相图与步冷曲线

利用不同组成条件下步冷曲线上的转折温度，可以获得一系列组成与相变温度数据。以系统的组成为横坐标，温度为纵坐标，在图中标出各相变点，绘制二元液固平衡相图（T–x 图），如图 2-5-1 中右图所示。此相图包含一个最低共熔点，以及 A 和 B 形成的固溶体区（B 均匀地溶解在 A 中形成的固态溶液）。常压下 Sn–Bi 液固平衡相图属于此类相图。

由于新相析出困难，冷却过程中可能会产生过冷现象。如果过冷现象发生，一般把步冷曲线回升后的温度作为相变点温度。但是若过冷太甚，则需要对步冷曲线做相应处理后再确定相变点温度。

☺ 仪器与试剂

1. 仪器

KWL–IIIA 金属相图实验装置 1 台，电脑 1 台。

2. 药品

Bi 质量百分数分别为 0%，23%，30%，40%，58%，80%，85% 及 100% 样品一套。

☺ 实验步骤

（1）连接电源，打开电脑和金属相图实验装置。

（2）将装好的样品管按顺序号插入实验装置炉膛内 8 个传感器中，盖好炉盖。1~8 号传感器为测温热电偶，9 号传感器为目标温度/控温温度热电偶。

（3）启动电脑桌面金属相图软件，出现登录窗口，选择"学生端"，"8 探头"，进入软件操作界面。

（4）点击"设置"→"采样速率"→"1 s"设置采样速率。点击"设置"→"寻找通讯口"与通讯口建立连接。点击"设置"→"通讯口选择"→COM3、COM4 或 COM5，使电脑与对应金属相图实验装置建立连接。

（5）在"实验参数"一栏输入样品含量等参数，点击"开始通讯"（9 个窗口均需点击），开始绘制温度-时间曲线。

（6）依次点击金属相图实验装置液晶屏幕上"开始实验"→"工作参数"→"目标温度"，在显示的温度输入框中键入目标温度，点击"确认"键完成温度设置。

（7）点击"主屏键"返回主页面，点击"加热器"使仪器开始加热。待 8 个样品温度均达到目标温度后，继续保温 5 分钟，以保证样品完全熔化。点击"加热器"，切换到停止加热状态，打开炉盖，开始降温。

（8）记录步冷曲线上转折点的温度，待所有数据读取完毕，点击各窗口的"停止"键，停止绘制曲线并保存实验数据。

（9）待炉体温度降至室温，关闭电脑和实验装置。

☺ 实验数据处理

（1）记录样品的组成以及步冷曲线上转折点的温度。（固溶体 α 区的组成与平衡温度数据由实验室提供。）

表 2-5-1　实验数据记录表

室温：＿＿＿＿＿＿℃

编号	Bi 百分含量/%	第一转折温度/℃	第二转折温度/℃	第三转折温度/℃
1	0		/	/
2	23			/
3	30			/
4	40			/
5	58	/		/
6	80			/
7	85			/
8	100		/	/
9	5.3	225	205	60
10	11.6	216	189	100
11	21.0	202	135	/

（2）绘制 Sn–Bi 二元液固平衡相图（用坐标纸绘制）。

备注：

样品配制方法：将含 Bi 质量百分数为 0%，23%，30%，40%，58%，80%，85% 及 100% 的 Sn、Bi 金属混合物各 100 g，分别装入不锈钢试管中，样品上方加少量石墨或石蜡使之与空气隔绝，防止氧化产生热量影响测量。

图 2-5-2　二元液固平衡相图测量装置实物图

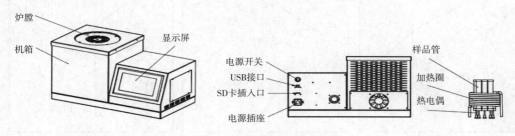

图 2-5-3　二元液固平衡相图测量装置整机示意图

思考题

（1）绘制二组分金属相图可采用哪些方法？
（2）为什么混合物步冷曲线有两个转折点，而纯物质只有一个？
（3）样品降温时若冷却速度过快会带来什么影响？
（4）步冷曲线各段的斜率和水平段的长短和哪些因素有关？

实验6　二元液系平衡相图的绘制

实验目的

（1）了解阿贝折光仪的原理和使用方法。
（2）掌握二元液系 $T\sim x$ 相图的绘制方法。
（3）掌握用液体折光率确定混合物组成的原理和方法。

实验原理

通过完全互溶双液系的沸点–组成图可以了解气液两相平衡时，沸点与气液两相组成的关系，有助于了解体系的性质以及蒸馏、精馏过程。

恒压下完全互溶双液系的 $T\sim x$ 图分为三种类型：（1）溶液沸点介于两纯组分沸点之间，如苯与甲苯（图 2-6-1（A））；（2）具有最高恒沸点的相图，如卤化氢和水混合体系（图 2-6-1（B））；（3）具有最低恒沸点的相图，如苯和乙醇混合体系（图 2-6-1（C））。

图 2-6-1（B）和图 2-6-1（C）中出现的极值点，称为恒沸点，处于恒沸点组成的混合物，称为恒沸混合物。具有该点组成的体系，蒸馏达平衡时气相组成和液相组成完全相同，蒸馏过程中，沸点也恒定不变。对于此种类型的双液系，不能通过简单的精馏过程同时获得两种纯组分。

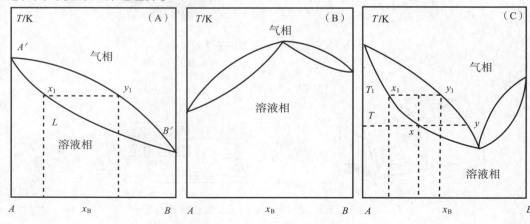

图 2-6-1　完全互溶的双液系沸点–组成图

双液系沸点–组成图的绘制原理说明如下：以图 2-6-1（C）为例，将组成为 x 的溶液加热，体系温度沿着虚线上升，温度达到 T 时（即虚线和液相线相交时）溶液开始沸腾，平衡时溶液组成为 x，气相组成为 y。若温度升高至 T_1，平衡后液相组成为 x_1，气相组成为 y_1。

根据 Gibbs 相率：

$$f = C - \Phi + n \tag{2-6-1}$$

式中：f 为自由度，Φ 为相数，C 为独立组分数，n 为影响系统平衡状态的外界条件。

本实验中 $C = 2$，$n = 1$，在气液两相平衡区 $\Phi = 2$，所以条件自由度 $f^* = 1$。因此，若温度恒定不变，气液相组成均为定值，气液两相的相对数量亦不可变（服从杠杆规则）；反之，若气液相组成一定，沸点也随之确定。

乙醇–乙酸乙酯双液系是具有最低恒沸点的体系。实验时将不同组成的双液系加热至沸腾，达到平衡状态后，分别测定体系的沸点及气液两相的组成，即可绘制其 $T \sim x$ 图。

本实验中使用温度温差仪测定体系的沸点，用阿贝折光仪测定样品的折光率，进而得到样品的组成。折光率是物质的一种特征性质，溶液的折光率与温度和组成有关，因此在某温度下测定一系列已知浓度溶液的折光率，绘制出该溶液的折光率–组成工作曲线，根据未知溶液的折光率，即可得到该溶液的组成。

☙ 仪器与试剂

1. 仪器

数字恒流电源 1 台，温度温差仪 1 台，沸点仪 1 套，阿贝折光仪 1 套，漏斗 1 个，带盖样品管 8 只，长滴管 1 支，短滴管 4 支，量筒（50 mL，10 mL，5 mL）各 1 个。

2. 药品

无水乙醇（AR），乙酸乙酯（AR）。

☙ 实验步骤

1. 安装沸点仪

按图 2-6-2 安装沸点仪。检查瓶口橡皮塞是否塞紧，确保温度温差仪传感器与电热丝没有接触。

2. 绘制工作曲线

准确配制乙醇摩尔分数为 0.0、0.1、0.2、0.3、0.4、0.5、0.6、0.7、0.8、0.9 和 1.0 的乙醇–乙酸乙酯标准溶液。设定恒温

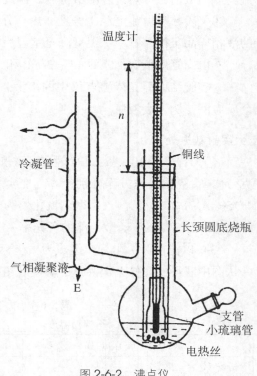

图 2-6-2　沸点仪

温度计

n

铜线

冷凝管

长颈圆底烧瓶

气相凝聚液

E

支管

小琉璃管

电热丝

槽温度为 25.0 ℃，用阿贝折光仪测定标准溶液的折光率，绘制乙醇-乙酸乙酯的折光率-组成工作曲线。

3. 测定沸点与气液相组成（两组同学合作一张相图）

（1）组一：

①从沸点仪支管口加入 30 mL 无水乙醇和 5 mL 乙酸乙酯，打开冷凝水。

②将数字恒流电源的"电流调节"旋钮逆时针旋转到底，电源夹子分别夹在加热电阻丝的两根铜棒上。打开电源开关，顺时针旋转"电流调节"旋钮，调节加热电流至适当数值，加热至溶液沸腾，温度温差仪读数稳定后，记录沸点温度。

③关闭数字恒流电源，停止加热。体系适当冷却后，分别用滴管吸取 E 处的气相冷凝样品和瓶中的液相样品至样品管中，温度降至室温后测其折光率。

④由支管口依次加入 7 mL、9 mL 和 11 mL 乙酸乙酯，重复步骤②和③。

⑤实验结束后，待沸点仪中的溶液自然冷却至室温，关闭冷凝水，用吸管取出剩余溶液，倒入废液瓶。

（2）组二：

①自支管口加入 30 mL 乙酸乙酯和 1 mL 无水乙醇，打开冷凝水。

②将数字恒流压电源的"电流调节"旋钮逆时针旋转到底，电源夹子分别夹在加热电阻丝的两根铜棒上。打开电源开关，顺时针旋转"电流调节"旋钮，调节加热电流至适当数值，加热直至溶液沸腾，温度温差仪读数稳定后，记录沸点温度。

③关闭数字恒流电源，停止加热，分别用滴管吸取 E 处的气相凝聚液样品和瓶中的液相样品至样品管中，温度降至室温后测其折光率。

④由支管口依次加入 2 mL、3 mL 和 5 mL 乙醇，重复步骤②和③。

⑤实验结束后，待沸点仪中的溶液自然冷却至室温，关闭冷凝水，用吸管取出剩余反应液，倒入废液瓶。

♨ 实验数据处理

（1）外压 $p = 101.325$ kPa 时，乙醇和乙酸乙酯沸点分别为 78.5 ℃ 和 77.0 ℃，由克劳修斯-克拉贝龙方程分别计算其在实验压力下的沸点。（已知乙醇的摩尔汽化焓为 41.50 kJ·mol^{-1}，乙酸乙酯摩尔汽化焓为 32.29 kJ·mol^{-1}。）

（2）绘制乙醇-乙酸乙酯的折光率-组成工作曲线，计算机辅助作图方法见附录。

（3）以温度为纵坐标，组成为横坐标绘制乙醇-乙酸乙酯二元体系的沸点-组成图，并从图中获得二元体系恒沸点的温度及组成。

表 2-6-1　标准曲线绘制数据表

室温：＿＿＿＿　　　　恒温槽温度：＿＿＿＿

$x_{乙醇}$	0.0	0.1	0.2	0.3	0.4	0.5	0.6	0.7	0.8	0.9	1.0
折光率											

表 2-6-2　乙醇—乙酸乙酯双液系沸点-组成表

室温：_____　　恒温槽温度：_____　　大气压力：_____

序号	原液组成		沸点温度 /℃	气相（冷凝液）		液相	
	$V_{乙醇}$/mL	$V_{乙酸乙酯}$/mL		折光率	组成	折光率	组成
1	1	30					
2	3	30					
3	6	30					
4	11	30					
5	30	32					
6	30	21					
7	30	12					
8	30	5					

思考题

（1）加入沸点仪中的乙醇或乙酸乙酯，加入量是否需要非常准确？为什么？

（2）如何判定气液相已达平衡状态？

（3）使用阿贝折光仪测折光率的样品，应具备那些条件？

（4）影响气液平衡数据测定的主要因素有哪些？试加以讨论。

附录：

一、标准曲线绘制

1. 标准曲线数据输入

打开 Origin 软件后，其默认打开一个 worksheet 窗口，该窗口显示为 A、B 两列。A 列输入标准曲线表格中的乙醇摩尔分数 $x_{乙醇}$，B 列输入对应的折光率。

2. 实验数据非线性拟合

选中 A 列右键 "Set as" → "Y"，选中 B 列右键 "Set as" → "X"，同时选中 A、B 列数据后，选择菜单【Plot】→【Symbol】→【Scatter】，绘制散点图。选择菜单【Analysis】→【Fitting】→【Polynomial Fit】，如图 2-6-3（a）所示，在 "Polynomial Fit" 对话框中设置 "Polynomial Order" 为 2，确定后获得标准曲线方程 $y = A + Bx + Cx^2$，拟合程度可根据相关系数 R^2（$R^2 > 0.99$ 为佳）确定，拟合曲线如图 2-6-3（b）所示。

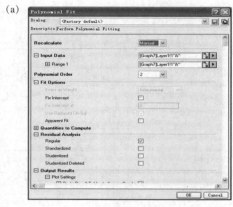 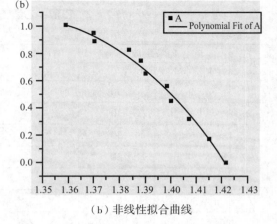

（a）非线性拟合设置对话框　　　　　　　（b）非线性拟合曲线

图 2-6-3　计算机辅助绘制标准曲线

二、相图的绘制

1. 通过折射率确定气液相组成

启动新的 Origin 文件或者表格，选中 B 列，右键点击"Insert"，可添加新列 C1、D1、E1、F1 四列，在 A 列输入液相组成折射率，C1 列输入气相组成折射率，选中 D1 列右键选中"Set column values"后，在对话框中编辑公式"A+B*col（A）+C*col（A）*col（A）"（A、B、C 为标准曲线方程中的系数）。同样，F1 列数据通过编辑公式"A+B*col（C1）+C*col（C1）*col（C1）"得到。如图 2-6-4 所示。

	A(Y)	B(X)
Long Name		
Units		
Comments		
F(x)		
1	0	1.3684
2	0.1	1.3678
3	0.2	1.3671
4	0.3	1.3663
5	0.4	1.3653
6	0.5	1.3644
7	0.6	1.3634
8	0.7	1.3623
9	0.8	1.3612
10	0.9	1.3599
11	1	1.3585

	A(X1)	C1(Y1)	D1(X2)	E1(Y2)	F1(X3)	B(Y3)
Long Name						
Units						
Comments						
F(x)	1	0				
1	1.3884	1.3684	0.03813	7716	0.03813	7716
2	1.3878	1.3669	0.11849	74.86	0.23399	74.86
3	1.367	1.3669	0.2214	72.59	0.35501	72.59
4	1.3662	1.3637	0.43526	71.7	0.59477	71.7
5	1.3639	1.364	0.57448	71.59	0.56423	71.59
6	1.3631	1.3639	0.6538	72.53	0.57448	72.53
7	1.3622	1.3638	0.73726	72.53	0.58466	72.53
8	1.3512	1.363	0.8228	73.77	0.66338	73.77
9	1.3601	1.3618	0.90817	75.3	0.77238	75.3
10	1.3585	1.3585	1.016	78.63	1.016	78.63

图 2-6-4　通过折射率确定气液相组成

2. 线–散点图的绘制

选中 D1、F1 列右键 "Set as" → "X"。在 E1、B 列中均输入沸点 t，同时选中右键 "Set as" → "Y"，选中 D1、E1、F1、B 四组数据后，选择菜单【Plot】→【Symbol】→【Line+Symbol】，绘制线–散点图，如图 2-6-5(a)所示。双击曲线，出现对话框【Plot Details】，如图 2-6-5(b)所示，点击【Line】→【Connect】→【B-Spline】，得到平滑的近似样条曲线。

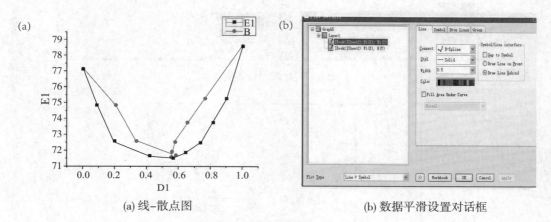

(a) 线–散点图　　　　　　　　　　　　(b) 数据平滑设置对话框

图 2-6-5　　线–散点图的绘制

3. 图形美化并绘制相图

双击横坐标，出现对话框【Axis Dialog–Layer1】，点击 "X Axis"，在 Scale 选项下设置 "From" → "0"，"To" → "0"，在 Major Ticks 选项下 Value 设置 0.1，Manor Ticks 选项下 Count 设置 4；点击 "Y Axis"，在 Scale 选项下设置 "From" → "70"，"To" → "80"，Major Ticks 选项下 Value 设置 1，Manor Ticks 选项下 Count 设置 1。在 X Axis 选项下点击 Line and Ticks，在右边勾选 "Show Major Labels on Bottom Axis" 和 "Show Major Labels on Top Axis"，并在 Top 选项中 Ticks 下设置 "Major Ticks" → "None"，"Minor Ticks" → "None"；在 Y Axis 选项下点击 Line and Ticks，在右边勾选 "Show Major Labels on Left Axis" 和 "Show Major Labels on Right Axis" 并在 Right 选项中 Ticks 下设置 "Major Ticks" → "None"，"Minor Ticks" → "None"。全部设置好以后点击下面的 "OK"。

参考设置和最终得到的相图如图 2-6-6 所示。

（a）美化图形设置对话框

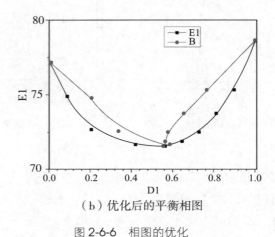

（b）优化后的平衡相图

图 2-6-6　相图的优化

实验7　色谱法测定无限稀释溶液的活度系数

🌡 **实验目的**

（1）了解气相色谱的原理和使用方法。

（2）掌握使用气相色谱法测定苯和环己烷在邻苯二甲酸二壬酯中无限稀释活度系数的方法。

🌡 **实验原理**

电解质活度系数测定可使用电化学方法，非电解质溶液活度系数测定虽然较为复杂，但是利用气相色谱测定非电解质溶液活度系数却简单快速，是一种比较理想的方法。

所有的色谱技术均涉及两个相：固定相和流动相。在气相色谱中，固定相是液体，涂渍在固体载体上，载体填充在色谱柱中，流动相是气体。

色谱具有分离样品的功能，当载气输送某一气体组分通过色谱柱时，根据该组分与固定液相互作用的强弱，经过一定时间分别流出色谱柱(见图2-7-1)。

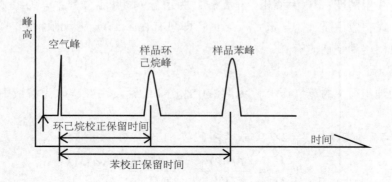

图 2-7-1 气相色谱流动曲线记录图

其保留时间表示为

$$t_i' = t_s - t_0 \tag{2-7-1}$$

式中：t_0 为进样时间，t_s 为样品出峰时间。

而校正保留时间：

$$t_i = t_i' - t_a \tag{2-7-2}$$

式中：t_a 为随样品带入空气的出峰时间。

气相组分 i 的校正保留体积为：

$$V_i = t_i \bar{F} \tag{2-7-3}$$

式中：$\bar{F}$ 为校正到柱温柱压下的载气平均流速。

校正保留体积与液相体积的关系为：

$$V_i = K V_1 \tag{2-7-4}$$

而

$$K = \frac{C_i^l}{C_i^g} \tag{2-7-5}$$

式中：V_1 为液相体积，K 为分配系数，C_i^l 为溶质在液相中的浓度，C_i^g 为溶质在气相中的浓度。

从(2-7-4)、(2-7-5)式可得：

$$\frac{C_i^l}{C_i^g} = \frac{V_i}{V_1} \tag{2-7-6}$$

设气相为理想气体，则：

$$C_i^g = \frac{p_i}{RT_c} \tag{2-7-7}$$

T_c 为柱温。而 i 在液相中的体积摩尔浓度定义为：

$$C_i^l = \frac{n_i^1}{V_1} = \frac{n_{total} \times x_i^1}{V_1} \approx \frac{n_1^1 x_i^1}{V_1} = \frac{w_1^1 x_i^1}{M_1 V_1} = \frac{\rho_1 x_i^1}{M_1} \tag{2-7-8}$$

式中：ρ_1 为液相密度；M_1 为液相分子量；x_i^1 为组分 i 的摩尔分数；p_i 为组分 i 的分压；注意上式中应用了 $n_{total} = n_1 + n_2 \approx n_1$；即只有在 $n_1 >> n_2$，无限稀释时才成立。

气液两相达到平衡时有：

$$p_i = p_i^0 \gamma_i x_i^1 \tag{2-7-9}$$

式中：p_i^0 为纯组分 i 的蒸气压，γ_i 为溶液中组分 i 的活度系数，x_i^1 为溶液中组分 i 的摩尔分数；

将（2-7-7）、（2-7-8）、（2-7-9）式代入（2-7-6）式得：

$$V_i = V_l \frac{C_i^l}{C_i^g} = \frac{V_1 \rho_1 x_i^1 / M_1}{p_i / RT_c} = \frac{V_1 \rho_1 x_i^1 RT_c}{p_i M_1} = \frac{V_1 \rho_1 x_i^1 RT_c}{p_i^0 \gamma_i x_i^1 M_1}$$

$$V_1 \rho_1 = W_1$$

$$V_i = \frac{W_1 RT_c}{p_i^0 \gamma_i M_1} \tag{2-7-10}$$

式中：W_1 为色谱柱中液相质量。

上式右端除 γ_i 外均可测定，因此只要测出校正保留体积 V_i 即可按（2-7-10）式算出 i 组分的活度系数 γ_i。

为了求得 V_i，需要测定下列参数：

（1）载气柱后流量 F；

（2）校正保留时间 t_i；

（3）柱后压力 p_0（通常为大气压）；

（4）柱前压力 p_b；

（5）柱温 T_c；

（6）环境温度 T_a（通常即室温）；

（7）T_a 时水的饱和蒸气压 p_w。

需要对柱后流速进行压力、温度和扣除水蒸气压的校正，得到载气平均流速 $\bar{F}$：

$$\bar{F} = \frac{3}{2} \left[\frac{(p_b/p_0)^2 - 1}{(p_b/p_0)^3 - 1} \right] \left[\frac{p_0 - p_w}{p_0} \times \frac{T_c}{T_a} \times F \right] \tag{2-7-11}$$

将（2-7-11）式代入（2-7-3）式，再代入（2-7-10）式即得：

$$\gamma_i = \frac{W_1 RT_c}{p_i^0 M_1 \bar{F} t_i} \tag{2-7-12}$$

将准确称重的溶剂作为固定液涂渍在载体上，装入色谱柱中，进样后测得各参数，即可按（2-7-2）式计算溶质 i 在溶剂中无限稀释时活度系数 γ_i。已知溶剂邻苯二酸二壬酯的分子量 M_l 为 418.6。

◎ 仪器与试剂

1. 仪器

气相色谱仪 1 台，10 微升注射器 1 个，秒表 1 个。

2. 药品

苯（AR），环己烷（AR），邻苯二甲酸二壬酯（AR），101 白色载体。

◎ 实验步骤

（1）用 40-60 目 101 白色载体制备邻苯二甲酸二壬酯色谱柱，柱内径 4 mm，长 1 m。固定液需准确称重，约占总质量的 25%。将制备好的色谱柱，在 70 ℃通载气老化 4 h。

（2）采用热导池检测器，氢气作为载气，将色谱仪调整到下述操作条件：

柱温 53 ℃，气化室温度 160 ℃，检测室温度 80 ℃，载气流速约 80 mL·min⁻¹，桥电流 150 mA，衰减 1。

（3）开启计算机，基线稳定后，用 10 μL 注射器取苯和环己烷混合物 0.2 μL，吸入空气 5 μL，进样，测定环己烷的校正保留时间 $t_{环己烷}$ 和苯的校正保留时间 $t_苯$。

◎ 实验数据处理

（1）使用实验室常用的三参数安托因经验公式计算该柱温下液体的饱和蒸气压：

$$\lg p = A - \frac{B}{(C + t)} \qquad\qquad (2\text{-}7\text{-}13)$$

式中：p 单位 mmHg，t 为摄氏温度，A，B，C 值如表 2-7-1 所示：

表 2-7-1　三参数安托因经验公式参数表

化合物	25 ℃蒸气压/mmHg	温度范围/℃	A	B	C
苯	95.18		6.90565	1211.033	220.790
环己烷		−20～142	6.84498	1203.526	222.86

（2）室温下水的饱和蒸气压表。

表 2-7-2　室温下水的饱和蒸气压表　　　　　（单位：mmHg）

温度/℃	0	1	2	3	4	5	6	7	8	9	10
0	4.579	4.926	5.294	5.685	6.101	6.543	7.013	7.513	8.045	8.609	9.209
10	9.209	9.844	10.052	11.23	11.99	12.79	13.63	14.53	15.48	16.48	17.54
20	17.54	18.65	19.83	21.03	22.38	23.76	25.21	26.74	28.35	30.04	31.82
30	31.82	33.70	35.66	37.73	39.90	42.18	44.56	47.07	49.69	52.44	55.32

（如 25 ℃为 23.76 mmHg；30 ℃为 31.82 mmHg）

（3）由式 2-7-11 计算平均流速。

（4）由式2-7-12分别计算苯和环已烷在邻苯二甲酸二壬酯中无限稀释时活度系数 γ_i。

表2-7-3　实验数据记录表

室温：_____℃　大气压力：_____ kPa　固定液重：_____ g

名称	$t_i/$ min	$T_c/$ K	$p_b/$ mmHg	$p_0/$ mmHg	$p_i^0/$ mmHg	$p_w/$ mmHg	$F/$ （m·min^{-1}）	$\bar{F}/$ （mL·min^{-1}）	γ_i
苯									
环已烷									

思考题

（1）为什么本实验中所得数据是无限稀活度系数？

（2）进样太多有何后果？

（3）通过实验结果分析说明苯和环已烷在邻苯二甲酸二壬酯中的溶液对拉乌尔定律是正偏差还是负偏差？哪一个活度系数较小？

实验8　燃烧热的测定

实验目的

（1）了解量热卡计的原理、构造和使用方法。

（2）学会氧气钢瓶及热敏电阻的使用方法。

（3）掌握用氧弹量热卡计测定萘的燃烧热的原理和方法。

实验原理

适当条件下，几乎所有的有机物都能迅速而完全地进行氧化反应，为准确测定它们的燃烧热创造了条件。

为使被测物质能迅速而完全地燃烧，需要强有力的氧化剂，实验室中经常使用25~30个大气压的氧气作氧化剂。用氧弹式量热卡计（图2-8-1）进行实验时，氧弹放置在装有一定量水的镀铬铜制水桶中。水桶外依次为空气隔热层及温度恒定的水夹套层。样品在体积固定的氧弹中燃烧，金属引火丝和棉线燃烧、氧气中微量氮气氧化成硝酸均会放出热量，这些热量大部分被水桶中的水吸收，另一部分被氧弹、水桶、搅拌器及温度计等吸收。

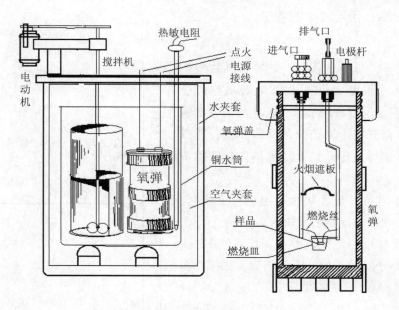

图 2-8-1　氧弹式量热卡计

量热计与环境没有热交换时，可写出如下热量平衡式：

$$Q_v \cdot a + q_1 \cdot b + q_2 \cdot c + 5.9834d = W \cdot h \cdot \Delta t + C_{total} \cdot \Delta t \qquad (2\text{-}8\text{-}1)$$

式中：Q_v 为被测物质定容燃烧热（$J \cdot g^{-1}$）；a 为被测物质的质量（g）；q_1 为金属引火丝的燃烧热（$J \cdot g^{-1}$）；b 为烧掉的金属引火丝质量（g）；q_2 为棉线的燃烧热（16 736 $J \cdot g^{-1}$）；c 为燃烧掉棉线的质量（g）；d 为滴定生成的硝酸时，耗用 0.100 mol $\cdot dm^{-3}$ NaOH 溶液的体积（mL）；W 为水桶中水的质量（g）；h 为水的比热（$J \cdot g^{-1} \cdot ℃^{-1}$）；$C_{total}$ 为氧弹和铜水桶等总比热（$J \cdot ℃^{-1}$）；Δt 为体系与环境无热交换时的真实温差（℃）；5.9834 表示用 0.100 mol $\cdot dm^{-3}$ NaOH 滴定生成的 HNO_3 时，1 mL NaOH 相当于 5.983 4 J；（铁丝 q_1 为 6 694.7 $J \cdot g^{-1}$，镍丝为 3 243 $J \cdot g^{-1}$）

如实验时保持水桶中水量一定，将(2-8-1)式右端常数合并得下式：

$$Q_V \cdot a + q_1 \cdot b + q_2 \cdot c + 5.9834d = k\Delta t \qquad (2\text{-}8\text{-}2)$$

式中：$k = (W \cdot h + C_{total})$，其单位为 $J \cdot K^{-1}$，称为仪器热容，此数值除以水的比热即得仪器的水当量，水当量的物理意义为用水的质量表示的仪器热容。测定燃烧热时需用到仪器的热容 C_{total}，但不同仪器的热容不同，所以须事先测定 k 值。

实际上，氧弹式量热计不是严格的绝热系统，而且由于传热速度的限制，燃烧后由最低温度达到最高温度需一定的时间，这段时间内系统和环境难免发生热交换，因而从温度计上读得的温差值不是真实温差 Δt，必须进行校正。

本实验中用热敏电阻和电子电位差计代替贝克曼温度计测量体系温度的变化，设温度变化 Δt 时，电子电位差计记录的读数差为 Δx，以长度来表示，因为 $\Delta t \propto \Delta x$，

令 $\Delta t = k_1 \Delta x$，代入（2-8-2）式得：

$$Q_v \cdot a + q_1 \cdot b + q_2 \cdot c + 5.9834d = k'\Delta x \qquad (2\text{-}8\text{-}3)$$

式中：$k' = k \cdot k_1$，为量热计热容，其物理意义可理解为体系温度变化 Δt 时吸收或放出的热量。k_1 为使记录仪读数增加单位长度所需要的温度，k 为使仪器升温 1 ℃ 需要的吸收热量，所以 k' 为量热计升温导致记录仪上增加单位长度需要吸收的热量。

用即电子电位差计和热敏电阻进行测量时，用下述方法对 Δx 进行校正，如图 2-8-2 所示。

分别将反应前后的线段外延，作直线 EF 使其围成的两部分曲线三角形面积相等，如图 2-8-2 中阴影部分所示，EF 线段的长度即 Δx 校正值。

实验室中通常使用已知 Q_v 的物质标定仪器的 k'。各物质的热化学数据在不同文献中往往略有不同，但苯甲酸的数据比较一致，所以通常选用苯甲酸作标准物，用同样的方法可测定待测物质的燃烧热。

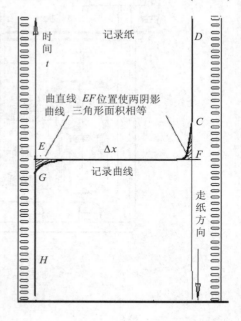

图 2-8-2　燃烧热数据处理

♨ 仪器与试剂

1. 仪器

氧弹式量热卡计（附压片机）1 台，电子电位差计 1 台，点火器 1 台，容量瓶（1 000 mL）3 个，容量瓶（500 mL）1 个，烧杯（250 mL）1 个，电子分析天平 1 台，10 mL 量筒 1 个，金属引火丝，棉线，热敏电阻。

2. 药品

苯甲酸（AR），萘（AR），酚酞指示剂，0.1 mol·dm^{-3} NaOH 溶液。

♨ 实验步骤

（1）称取约 0.4 g 苯甲酸，0.38 g 萘，分别用压片机压成片，放在干燥器中备用。剪取长度约 5 cm 引火丝，8 cm 棉线各两根备用。

（2）将铜水桶和空气夹套分别擦拭干净，打开氧弹盖，放置在弹头座支架上，将氧弹弹筒擦拭干净，加入 10 mL 去离子水。

（3）称量金属引火丝和棉线总质量，用棉线将苯甲酸压片缚牢，再将金属引火丝从棉线和样品间穿过后称重，计算样品质量。将金属引火丝两端分别挂在电极杆上（见图 2-8-1），注意引火丝不能与氧弹外壳接触，以免短路，用万用表欧姆档测试电极杆和充气口，确保电路连通。

（4）旋紧氧弹盖，关闭放气阀，打开进气口，连接铜管充氧气至低压表指示值约为 $10\ kg\cdot cm^{-2}$，关闭氧气减压阀，取下氧弹，将氧弹固定在铜制水桶中。加入约 $3.5\ L$ 自来水，水量可根据铜水筒大小调整，但需将氧弹浸没。将点火器的"点火/振动"转换开关预先拨在振动档，连接火器的引火线接头和氧弹电极，开动搅拌器。

（5）盖好塑料盖，插入热敏电阻，注意热敏电阻不能和水桶或氧弹接触。打开电子电位差计开关，调节热敏电阻桥式测量电路中电位器，使指针在适当位置（记录仪读数约为 1.0），记录纸走纸速度调节为 $10\ mm\cdot min^{-1}$。

（6）仪器稳定 10 min 后，切换"点火/振动"转换开关至点火档。点火后记录仪笔会缓慢向右移动，表示已经燃烧，有热量放出，待点火指示灯熄灭后，再将此开关转向振动档备用。

（7）待体系温度恒定 10 min 后，切断电源，小心取出氧弹，缓慢打开放气阀，称量残余金属引火丝质量。将氧弹内溶液倒入干净的烧杯，用少量去离子水清洗氧弹，洗涤液也倒入烧杯。将此溶液加热至沸腾，赶走溶解的 CO_2，加 2～3 滴酚酞，用 $0.100\ mol\cdot dm^{-3}$ NaOH 溶液滴定至终点。

（8）用萘代替苯甲酸重复上述操作。

实验数据处理

（1）在记录纸上用直尺量出校正后的 $\Delta x=$ _____。
（2）根据苯甲酸燃烧热 $Q_V=26\ 460\ J\cdot g^{-1}$，计算量热计热容 k'。
（3）由萘的实验数据和 Δx 计算出萘的燃烧热 Q_V 和 Q_p（$Q_p=Q_V+\Delta nRT$）。
（4）计算实验相对误差：_____。（文献值：25 ℃时萘的燃烧热 Q_P：$5\ 150.7\ kJ\cdot mol^{-1}$）

注意：

（1）为了减少热交换损失，通常铜制水桶内水温应比夹套水温低 1～1.5 ℃，夹套水温比室温高 0.5 ℃左右，燃烧后水温大致和室温相当，温差小，体系与环境热交换也较小。

（2）燃烧结束后，应检查氧弹内是否有碳黑生成，若有碳黑生成，需检查原因并重做实验。

思考题

（1）使用氧气钢瓶和氧气减压阀时，应注意哪些问题？
（2）写出萘的燃烧反应方程式，如何根据实验测得的 Q_V 求出 Q_P？
（3）为什么要测定真实温差，如何测定真实温差？
（4）何谓水当量，为什么要测水当量，为什么两次实验所加水的数量需相等？

（5）为什么反应结束若发现有碳黑生成，实验必须重做？

实验9　差热分析

☙ **实验目的**

（1）了解差热分析的实验方法。

（2）掌握差热分析的原理与用途。

☙ **实验原理**

化学反应和相变化都伴随有热效应。根据国际热分析协会的定义，差热分析是指在程序控温条件下，被测物质与参比物之间温度差随温度变化的分析技术，其中参比物在所测定的温度范围内不发生任何变化。

从差热曲线可获得有关热力学和热动力学的相关信息，结合其他测试手段，如热重分析，即可对物质的结构、组成及热效应的变化机理等进行进一步研究。

常用的热分析方法有多种，如表2-9-1所示。

表 2-9-1　常用的热分析方法简介

类别	有关技术的名称		简称	变化参数
	中文	英文		
质量	热重量法 导数热重量法	Thermogravimetry Derivative Thermo-gravimetry	TG DTG	质量（M） 质量变化率
热能	差热分析 差示扫描量热法	Differential Thermal Analysis Differential Scanning Calorimetry	DTA DSC	温差（dataT） 热量差
机械能	热膨胀法 热机械分析	Thermodilatometry Thermomechanical Analysis	TD TMA	尺寸 尺寸
磁性质	热磁法	Thermomagnetometry	TM	磁化率
联用	热重—气相色谱 差热—质谱	Tg-Gas Chromatography DTA-Mass Spectroscopy	TG-GC DTA-MS	

差热分析（DTA）是指通过测量升温过程中样品与参照物的温差曲线，来分析物系的物理变化与化学变化的分析方法。如果在升温电炉中放置两个样品，一个为参照物（如 γ-Al_2O_3），另一个为待测样品，如图2-9-1和图2-9-2所示。γ-Al_2O_3 熔点极高，在升温过程中没有相变化和化学变化，如果升温时待测样品也没有相变化和化学变化，则

两者温度相同，温差为零。反之，如果样品发生了化学反应或相变化，则伴随的热效应会使两个样品温度产生差异，如样品放热，温度会高于 $\gamma\text{-Al}_2\text{O}_3$；样品吸热会使温度低于 $\gamma\text{-Al}_2\text{O}_3$。从差热谱图上可以清楚地看到差热峰的数目、位置、方向、高度、对称性等信息。峰的个数指示样品在测定中发生变化的次数，峰的位置表示样品发生变化的温度范围，峰的方向表明系统发生热效应的正负性等。差热分析大多和计算机联机使用，可自动采样。

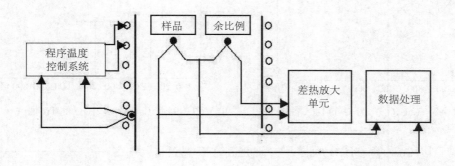

图 2-9-1　差热分析原理图

图 2-9-2　热分析仪

与差热分析(DTA)类似的差示扫描量热法(Differential Scanning Calorimetry，简称DSC)是指在程序控制温度下，用量热补偿器测量使两者温度差保持为零所必需的热量对温度(或时间)的变化关系的一种技术。DSC 与 DTA 在仪器结构上最主要的区别在于DSC 仪器中增加了差动补偿单元以及补偿加热丝。1963 年美国 Perkin-Elmer 公司首先研制成功了差示扫描量热计，从根本上解决了差热分析(DTA)的定量问题。

物系在加热过程中可能发生吸热反应，也可能发生放热反应，温差小于零说明样品吸热，大于零为放热，如草酸钙的升温过程，如图 2-9-3 和图 2-9-4 所示。DAT 曲线上第一个峰为吸热峰，；第二个峰为放热峰。结合 TG 曲线可确定两种变化分别为：

$CaC_2O_4 \cdot 2H_2O \rightarrow CaC_2O_4 + 2H_2O$ 和 $CaC_2O_4 + 1/2O_2 \rightarrow CaCO_3 + CO_2$。

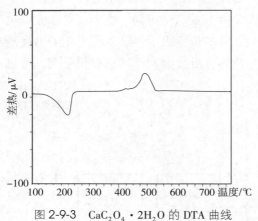

图 2-9-3　$CaC_2O_4 \cdot 2H_2O$ 的 DTA 曲线

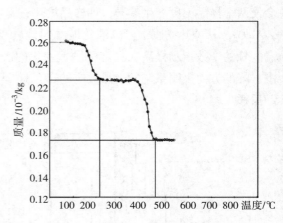

图 2-9-4　$CaC_2O_4 \cdot 2H_2O$ 的 TG 曲线

　　本实验以 $CuSO_4 \cdot 5H_2O$ 为样品，研究其在升温过程中的失水反应。已知在加热过程中，$CuSO_4 \cdot 5H_2O$ 分三步失去结晶水，如图 2-9-5 所示。

$CuSO_4 \cdot 5H_2O \rightarrow CuSO_4 \cdot 3H_2O + 2H_2O$

$CuSO_4 \cdot 3H_2O \rightarrow CuSO_4 \cdot H_2O + 2H_2O$

$CuSO_4 \cdot H_2O \rightarrow CuSO_4 + H_2O$

　　结合差热分析谱图可确定上述失水反应的分解温度。为避免出峰温度相近产生重叠，测量时可减缓升温速度，减少样品质量并提高分辨率。

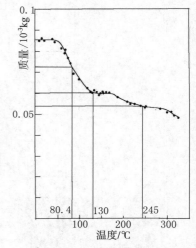

图 2-9-5　$CuSO_4 \cdot 5H_2O$ 的
TG 曲线

☙ **仪器与试剂**

1. 仪器

CDR-1 型热分析仪 1 台，计算机 1 台，打印机 1 台。

2. 药品

$CuSO_4 \cdot 5H_2O(AR)$，$\gamma\text{-}Al_2O_3(AR)$。

☙ **实验步骤**

　　（1）在两个坩埚中分别加入 20~25 mg 的 $\gamma\text{-}Al_2O_3$ 和 $CuSO_4 \cdot 5H_2O$。

　　（2）摇动电炉摇柄使炉体上升到最高端，向内推开炉体，用镊子将两坩埚小心放入坩埚座中，右边放参照物（$\gamma\text{-}Al_2O_3$），左边放样品 $CuSO_4 \cdot 5H_2O$，将炉体位置复原。

　　（3）摇动摇柄，使炉体下降，直至最底部。

　　（4）打开冷却水，依次打开四个仪表箱电源，其中差动补偿单元：将"准备/工作"开关拨向"工作"，量程指向 40 mV。差热放大单元：量程取 100%，斜率取 8 或 6。

（5）开启计算机，设置升温程序：初始温度略低于室温，终止温度为 450 ℃，升温速率为 10 ℃/min。

（6）点击"数据采集"：运行"RUN"和"采样"，程序设置结束。

（7）在"温控单元"箱中按下自动控制按钮，电炉开始升温。

（8）设置采样参数，自动采样和绘图，采样结束，保存数据。

（9）实验结束关闭计算机，关闭仪表箱电源，关闭冷却水。

实验数据处理

（1）进入数据处理主菜单，主菜单条包括"调用文件""处理设置""平滑曲线""局部放大""查询""返回"。

主菜单条的下方和窗口底部为状态条，包括"调用文件""平滑曲线""起点位置""终点位置""放大""缩小""查询"。

（2）点击"调用文件"调入曲线。

（3）点击"平滑曲线"，对曲线进行平滑处理。

（3）点击"处理设置"，确定起始温度、终点温度。

（4）点击"峰处理"，可确定峰顶温度、外延起始温度、熔变值等。

（5）点击"放大功能"按钮，曲线放大后可进行数据处理。

（6）"查询"功能是查询所保存样品曲线的数据处理结果。查询前，先调入被查询的样品曲线，然后点击此键。

实验要求

根据给出的 $CuSO_4 \cdot 5H_2O$ 的热重谱图和本次实验得到的差热谱图，分析 $CuSO_4 \cdot 5H_2O$ 在升温过程中的反应历程，并写出相应的过程方程式。

思考题

（1）由差热分析可以得到哪些信息？

（2）根据 $CuSO_4 \cdot 5H_2O$ 的结构，试讨论其脱水机理。

（3）样品加入量过多对测试结果有什么影响？

参考文献：

[1] 钟山，朱绮琴. 高等无机化学实验[M]. 上海：华东师范大学出版社，1994.

实验10 热重分析

♨ 实验目的
（1）掌握热重分析原理、测量及数据处理的方法。
（2）掌握热分析仪的结构及使用方法。

♨ 实验原理

热重分析（TG）是热分析方法中的一种，它利用升温过程中样品质量的变化，获得温度与样品质量的关系曲线，进而分析样品发生的化学变化。通常和差热（DTA）或差动扫描热分析（DSC）配套使用，以提供更多的信息，如：DTA 或 DSC 有峰出现，但热重图上无变化，则可判断为样品发生晶型转变或相变化，因为在晶型转变和相变化过程中，样品质量不发生改变，却伴随有热效应（相变热）。

以草酸钙（$CaC_2O_4 \cdot 2H_2O$）为例，其 TG 和 DTA 曲线如图 2-10-1 所示：

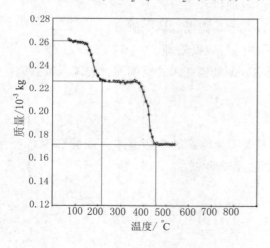
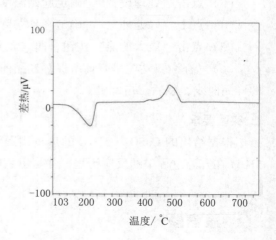

图 2-10-1　$CaC_2O_4 \cdot 2H_2O$ 的 TG（左图）与 DTA（右图）曲线

在 0~800 ℃ 范围内 DTA 曲线有两个峰，一个是吸热峰，另一个是放热峰，在此温度范围内，热重曲线上也出现两个平台。温度低于 100 ℃ 时，样品质量减小的原因是草酸钙粉末吸附的少量水份随着温度升高逐渐释放出来，使样品质量减轻。温度继续升高，样品中的结晶水也会释放出来，到达一定温度（即 $CaC_2O_4 \cdot 2H_2O$ 的分解温度）结晶水释放完毕，温度继续升高，质量不发生改变，TG 曲线出现第一个平台，对应于 DTA 上第一个吸热峰，分解温度即峰顶部温度，由于草酸钙中结晶水的脱离需外界提供能量，所以 DTA 曲线上为吸热峰。

在 TG 图上，设样品 $CaC_2O_4 \cdot 2H_2O$ 的质量为 W_0，失去结晶水后质量为 W_1，如果不考虑草酸钙粉末物理吸附的少量水份，则应有：

$$\frac{W_0 - W_1}{W_0} = \frac{M_{CaC_2O_4 \cdot 2H_2O} - M_{CaC_2O_4}}{M_{CaC_2O_4 \cdot 2H_2O}}$$ （2-10-1）

式中：$M_{CaC_2O_4 \cdot 2H_2O}$ 和 $M_{CaC_2O_4}$ 分别为带结晶水草酸钙与无水草酸钙的摩尔质量，从上式可计算出样品失去结晶水后的质量 W_1。

TG 图上第一个平台和第二个平台之间的失重为草酸钙在空气中被氧化生成碳酸钙，是放热反应，对应于 DTA 曲线的第二个峰。设 W_2 和 M_{CaCO_3} 分别为生成碳酸钙的质量和碳酸钙的摩尔质量，W_2 可由式 2-10-2 求得：

$$\frac{W_0 - W_2}{W_0} = \frac{M_{CaC_2O_4 \cdot 2H_2O} - M_{CaCO_3}}{M_{CaC_2O_4 \cdot 2H_2O}}$$ （2-10-2）

根据 TG 图中对应位置的横坐标，可确定反应温度。此温度和 DTA 中第二个放热峰顶点温度一致。草酸钙分解还有第三个平台，对应于 DTA 中第三个峰，为碳酸钙分解生成氧化钙和二氧化碳，温度超过 1 000 ℃。

本实验以 $CuSO_4 \cdot 5H_2O$ 为样品，在加热过程中，反应如下：

$$CuSO_4 \cdot 5H_2O \rightarrow CuSO_4 \cdot 3H_2O + 2H_2O$$
$$CuSO_4 \cdot 3H_2O \rightarrow CuSO_4 \cdot H_2O + 2H_2O$$
$$CuSO_4 \cdot H_2O \rightarrow CuSO_4 + H_2O$$

用 TG 法确定上述反应的温度（即分解温度）。

♨ 仪器与试剂

1. 仪器

TG 209 F1 热重分析仪 1 台，恒温水浴器 1 台，电脑 1 台。

2. 药品

$CuSO_4 \cdot 5H_2O$（AR）。

♨ 实验步骤

1. 开机

（1）打开氮气发生器电源开关，将氮气发生器输出压力调节至 0.4~0.5 bar。

（2）打开热重分析仪、恒温水浴器和电脑电源开关。为保证测试精度，热重分析仪需预热 1 h 以上。

2. 样品准备

（1）检查测试用坩埚是否与仪器设置中所选用的坩埚类型相同。

（2）检查并保证测试样品及其分解物不与坩锅、样品支架、热电偶发生反应。

（3）检查炉子内部温度并保证恒定于室温，称量约 0.08 g 的 $CuSO_4 \cdot 5H_2O$。

3. 测量

（1）选择 File 菜单中的 New 进入编程文件，如图 2-10-2 所示。

（2）选择 Sample 测量模式，常规选择。

（3）输入样品名称、样品编号、样品重量等。点击 Continue，进入下一步。

（4）打开文件"TG温度校正.tdd"，进入温度控制编程界面。

（5）设置起始温度为室温，结束温度为500 ℃，升温速度为每分钟 5 ℃，采样速率可取默认值。

4. 关机

（1）测试过程完成后，待仪器温度降至300 ℃以下方可取出样品坩埚。

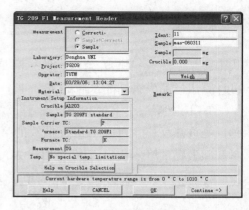

图 2-10-2　软件操作界面示意图

（2）将样品坩埚放到煤气灯上灼烧，使残余样品在高温下分解完全后，将坩埚放回仪器。

（3）关闭仪器电源、恒温水浴器、电脑和氮气发生器。

☙ **实验数据处理**

（1）按原理部分所述方法找出三个反应的分解温度。

（2）计算三个反应的失重率，并与理论值相比较。

注意事项（热重法的误差来源于多方面）：

（1）当温度升高时，空气密度变小，引起浮力减小使样品表观质量增大。

（2）天平通常在常温下操作，温度升高和天平炉内气体的对流都是天平零点易漂移的原因。所以天平与加热炉位置应保持较大距离。

（3）样品量增多或反应时间增加，会使热重曲线清晰度变差且向高温方向移动，在热天平的灵敏度范围内应选择适宜的样品数量，太少则零点漂移造成相对误差偏大。样品量应由实验确定。

🐌 思考题

（1）从热重曲线可以得到什么信息？

（2）影响热重曲线的因素有哪些？

参考文献：

［1］刘振海. 热分析导论［M］. 北京：化学工业出版社，1991：33-50.

［2］蔡正千. 热分析［M］. 北京：高等教育出版社，1993：34-54.

第二节 电化学

实验 11 电导率法测醋酸电离反应的平衡常数

☙ 实验目的

（1）了解 DDSJ-308F 型电导率仪的使用方法。

（2）掌握电导池常数的标定方法。

（3）掌握电导率法测定醋酸溶液电离平衡常数的原理和方法。

☙ 实验原理

AB 型弱电解质在溶液中电离达到平衡时，假设 AB 初始浓度为 c mol·dm^{-3}，解离度为 α，以 HAc 为例，电离平衡关系如下：

$$\text{HAc} \rightleftharpoons \text{H}^+ + \text{Ac}^-$$

$t=0$	c	0	0
$t=t$	$c(1-\alpha)$	$c\alpha$	$c\alpha$

电离平衡常数 K_c 与 HAc 溶液初始浓度 c 和解离度 α 有以下关系：

$$K_c = \frac{c\alpha^2}{1 - \alpha} \tag{2-11-1}$$

弱电解质在不同浓度时的 α 值可用下式求出：

$$\alpha = \frac{\Lambda_m}{\Lambda_m^\infty} \tag{2-11-2}$$

式中：Λ_m 是溶液的摩尔电导率，其数值为将含有 1 mol 电解质的溶液置于相距为 1 m 的电导池两平行板电极之间的电导，国际单位为 S·m^2·mol^{-1}。Λ_m^∞ 是溶液在无限稀释时的摩尔电导率，可通过查表或计算得到。摩尔电导率与电导率 κ 的关系如下：

$$\Lambda_m = \frac{\kappa}{c} \tag{2-11-3}$$

式中：c 为待测液的浓度，国际单位为 mol·m^{-3}，常用单位为 mol·dm^{-3}。

电导率仪的电导电极为铂黑电极，镀铂黑的目的是增加电极表面积，减小极化。电极长时间使用后，铂黑可能会有脱落，电导池常数也会随之改变，因此测定溶液电导率前需标定铂黑电极的电导池常数。

☙ 仪器与试剂

1. 仪器

DDSJ-308F 电导率仪 1 台，铂黑电导电极 1 支，容量瓶（250 mL）1 个，容量瓶

（100 mL）4 个，小烧杯（50 mL）2 个，滴定管 1 支，移液管（1 mL、5mL、10 mL）各 1 支。

2. 药品

0.01 mol·dm^{-3} KCl 溶液，NaOH 标准溶液，冰醋酸（AR），酚酞指示剂。

♨ **实验步骤**

1. 配制不同浓度的 HAc 溶液

用 5 mL 移液管移取 1.5 mL 冰醋酸于 250 mL 容量瓶中，加去离子水至刻度线，摇匀。分别用移液管移取此 HAc 溶液 1 mL、5 mL、10 mL 于 100 mL 容量瓶中，加去离子水至刻度线，摇匀待用。

2. 标定 HAc 溶液浓度

从 250 mL 容量瓶中移取 HAc 溶液 10 mL，滴加 1~2 滴酚酞指示剂，用 NaOH 标准溶液标定其准确浓度。

3. 标定电导池常数 K

（1）按开机键打开电导率仪，屏幕显示型号、名称、软件版本号等信息，完成自检后，进入起始界面。

（2）按软功能键【F1】进入"测量参数设置"，选择"电导率"，按"确认"键完成设置，按"取消"键回到起始界面。

（3）取下电极保护瓶，清洗电导电极，滤纸吸干表面水分，再用 KCl 标准溶液润洗后，放入装有 KCl 标准溶液的小烧杯中。

（4）按软功能键【F2】进入标定"参数设置"，设置标定方式为"用溶液标定"，识别类型为"自动识别"，电极类型为"常数为 1 的电极"，参比温度为"25 ℃"，补偿模式为"线性补偿"，温补系数为"2.00%/ ℃"，按"确认"键完成设置。

（5）待仪器读数稳定后，按"开始标定"键进行标定，标定完成后，按"确认"键保存标定结果并结束标定，回到起始界面。

（6）记录屏幕上显示的电导池常数 K。

4. 测量 HAc 溶液的电导率

（1）按软功能键【F1】进入"参数设置"，设置读数方式为"连续读数方式"，设置完成后，按"取消"键回到起始界面。

（2）清洗电导电极，滤纸吸干表面水分，用待测溶液润洗后，放入装有待测溶液的小烧杯中，按软功能键【F4】进入测量界面，仪器读数稳定后（数据稳定标志满格），进行读数。

（3）使用完毕，关闭仪器。

♨ **实验数据处理**

（1）计算无限稀释的 HAc 溶液摩尔电导率：

$$\Lambda_m^\infty = 40.9 + 349.82 \times \left[1 + 0.0142(t/℃ - 25)\right] \text{S} \cdot \text{cm}^2 \cdot \text{mol}^{-1} \quad (2\text{-}11\text{-}4)$$

（2）计算原始 HAc 溶液的浓度。

表 2-11-1　实验数据记录表 1

室温：_____　$c_{NaOH 标准溶液}$：_____

$V_{待测液}/\text{mL}$			
$V_{NaOH 标准溶液}/\text{mL}$			

（3）计算待测液的浓度和电离平衡常数。

表 2-11-2　实验数据记录表 2

电导池常数 K：_____

$c_{HAc}/(\text{mol} \cdot \text{dm}^{-3})$			
电导率 $\kappa/(\mu\text{S} \cdot \text{cm}^{-1})$			

思考题

（1）在本实验中，如需准确配制 1 L 0.001 mol·dm⁻³ HAc 溶液，能否通过直接称取冰醋酸稀释后得到？为什么？

（2）温度相同时，实验所得三个溶液的电离平衡常数结果不同，是否仅由实验误差造成？为什么？

附录：

DDSJ-308A 型电导率仪使用说明

1. 电导池常数 K（电极常数）的档位设置

（1）插上电源，按"ON/OFF"键，仪器将显示厂标、仪器型号、名称，即"DDSJ-308A 型电导率仪"。几秒后进入电导率测量工作状态，按"电极常数"键，仪器显示箭头的光标处于"调节"档位，如图 2-11-1（a）所示。

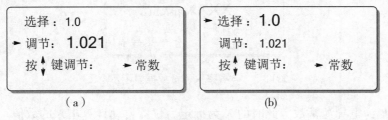

（a）　　　　　（b）

图 2-11-1　电导率仪屏幕显示示意图

（2）按"电极常数"键，光标换至"选择"档位，如图 2-11-1（b）所示；

（3）按"▲"或"▼"键将电极档位调整至 1.0；

（4）按"电极常数"键；

（5）按"▲"或"▼"键修改到：1.000；

（6）按"确认"键，仪器自动将电极常数值 1.000 存入并返回测量状态。

2. 电导池常数 K 标定

（1）用 50 mL 小烧杯取适量 0.01 mol·dm^{-3} KCl 溶液，用温度计测量其温度 t，代入式 2-11-5 中计算 0.01 mol·dm^{-3} KCl 溶液电导率数值。

$$\kappa = 1408 + (t/\,^\circ\!C - 25) \times 29.52 \ \mu S \cdot cm^{-1} \qquad (2\text{-}11\text{-}5)$$

（2）用去离子水清洗电导电极 3 次，再用 KCl 溶液润洗 3 次，将电导电极浸入 KCl 标准溶液中，待仪器读数稳定后，按"标定"键，仪器显示如图 2-11-2 所示。

图 2-11-2　电导率仪电导池常数标定显示示意图

（3）按"▲"或"▼"键，使仪器显示值为由（2-11-5）式计算所得 0.01 mol·dm^{-3} KCl 溶液的电导率值（单位 $\mu S \cdot cm^{-1}$），按"确认"键，仪器自动计算出电导池常数值并贮存，然后返回到测量状态；若按"取消"键，仪器不作电极常数标定并返回测量状态。

（4）记录屏幕上显示的电导池常数 K。

3. 测量 HAc 溶液的电导率

（1）先用去离子水清洗电导电极 3 次，然后用待测溶液润洗电极 3 次。

（2）取一小烧杯，加入待测样品，插入电导电极，待仪器稳定后，读取仪器读数，如图 2-11-3 所示。

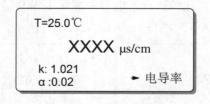

图 2-11-3　电导率仪测量数据显示示意图

其中：K 为电导池常数，此时的 K 为标定后仪器自动计算出来的数值。α 为温度系数，一般水溶液电导率值测量的温度系数 α 选择 0.02，因此本实验过程中 α 保持不变。

（3）测量结束后，按"ON/OFF"键，仪器关机。

实验 12　电池电动势的测定与应用

♨ 实验目的
（1）掌握补偿法测定电池电动势的基本原理与方法。
（2）学会几种电极的使用和预处理方法以及盐桥的使用方法。
（3）掌握数字电位差计综合测试仪的工作原理和使用方法。

♨ 实验原理
电池电动势的测定在物理化学实验中占有重要地位，应用十分广泛，如平衡常数、活度系数、溶解度、络合常数及某些热力学函数的改变量等均可通过电动势求得。电池的电动势不能用伏特计或万用表测量，因为电池存在内阻，若回路电阻为 R，电池内阻为 r，伏特计中通过的电流为 I，伏特计读数为 V，电池电动势为 E，则：

$$E = IR + Ir \qquad V = IR = E - Ir$$

因为 I 不等于零，所以 V 不等于 E，即当电路中有电流通过时测得的端电压 V 不是电池的电动势 E。

补偿法（又称对消法）则不同，可以使电池在 I →0 的状态下，测得电池两极间的电位差，此电位差即为该电池的电动势。图 2-12-1 为补偿法测量电池电动势的原理图。

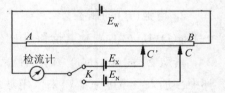

图 2-12-1　补偿法测电动势原理图

图中，AB 为均匀电阻，E_X 为待测电池，E_N 为标准电池，E_W 为工作电池，可提供回路标准电流，产生的电位差用来对消待测电池或标准电池的电动势。

测量时，先将换向开关 K 拨向 E_N 档，调节滑线电阻器至 C 点，使检流计中无电流通过，因 AB 为均匀电阻，可得

$$\frac{E_N}{V_{AB}} = \frac{AC}{AB} \qquad (2\text{-}12\text{-}1)$$

然后把 K 拨向 E_X 档，调节滑线电阻器至 C' 点，使检流计中无电流通过，可得

$$\frac{E_X}{V_{AB}} = \frac{AC'}{AB} \qquad (2\text{-}12\text{-}2)$$

将两式相除，可得

$$\frac{E_X}{E_N} = \frac{AC'}{AC} \qquad (2\text{-}12\text{-}3)$$

通常使用 Westen 电池作为标准电池，其标准电池电动势 E_N 已知，从而由 AC 和 AC' 长度可求得待测电池电动势。

☝ 仪器与试剂

1. 仪器

SDC-Ⅱ数字电位差综合测定仪 1 台，锌片 1 块，饱和甘汞电极 1 支，U 型盐桥 1 个，铂电极 1 支，外盐桥玻璃管 1 个，银电极 1 支，玻璃棒 1 根，铜棒 1 根，50 mL 烧杯 3 只。

2. 药品

$0.01\ mol \cdot kg^{-1} AgNO_3$，$0.2\ mol \cdot kg^{-1} HAc$，$0.2\ mol \cdot kg^{-1} NaAc$，$0.1\ mol \cdot kg^{-1} ZnSO_4$，$0.1\ mol \cdot kg^{-1} CuSO_4$，$KNO_3$，醌氢醌（$Q \cdot QH_2$ 商品名：苯醌合苯二酚），$Hg_2(NO_3)_2$ 和 KCl。

☝ 实验步骤

1. 电池（A）的制备

$$(-)Hg(l)-Hg_2Cl_2(s)\,|\,KCl(饱和)\,\|\,AgNO_3(0.01\ mol \cdot kg^{-1})\,|\,Ag(s)\,(+)$$

将银电极用砂纸打磨光亮，清洗干净备用。将饱和甘汞电极清洗干净，插入装有饱和 KNO_3 溶液的外盐桥玻璃管内（双盐桥饱和甘汞电极），在 50 mL 烧杯中加入约 30 mL 浓度为 $0.01\ mol \cdot kg^{-1}$ 的 $AgNO_3$ 溶液。插入双盐桥饱和甘汞电极和银电极。

2. 电池（B）的制备

$$(-)Hg(l)-Hg_2Cl_2(s)\,|\,KCl(饱和)\,\|\,H^+(0.1\ mol \cdot kg^{-1}\ HAc,0.1\ mol \cdot kg^{-1}\ NaAc),Q,QH_2\,|\,Pt(s)\,(+)$$

量取 20 mL $0.2\ mol \cdot kg^{-1}$ HAc 和 20 mL $0.2\ mol \cdot kg^{-1}$ NaAc 水溶液，置于 50 mL 烧杯中，加入少量醌氢醌粉末，用玻璃棒搅拌直至溶液成淡茶褐色饱和溶液，插入铂电极和双盐桥饱和甘汞电极。

3. 电池（C）的制备

$$(-)Zn(s)\,|\,ZnSO_4(0.1\ mol \cdot kg^{-1})\,\|\,CuSO_4(0.1\ mol \cdot kg^{-1})\,|\,Cu(s)\,(+)$$

将铜电极和锌电极用砂纸打磨、清洗干净，将锌电极一端插入 $Hg_2(NO_3)_2$ 中保持 3~4 s，取出擦拭干净。在烧杯中放入约 30 mL $0.1\ mol \cdot kg^{-1} ZnSO_4$ 溶液，插入锌电极，另一烧杯中放入约 30 mL $0.1\ mol \cdot kg^{-1} CuSO_4$ 溶液，插入铜电极，两烧杯间放置 U 型盐桥（见图 2-12-2）。

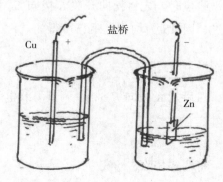

图 2-12-2　丹尼尔电池

4. 电动势的测量

（1）打开电位差计电源，预热 5~10 min。

（2）校准标准工作电流：

（a）采用内标时，将"测量选择"旋钮置于"内标"位置，调节"×10^0 V"~"×10^{-4} V"和"补偿"六个旋钮，使"×10^0 V"旋钮为 1，其余旋钮逆时针旋转到底，电位指示窗口显示"1.00000" V。待"检零指示"稳定后，按"采零"键，使"检零指示"显示"0000"，校准完成后将"测量选择"旋钮置于"断"档位，调节"×10^0 V"旋钮读数为 0。

（b）采用外标时，将外标准电池正负极与"外标"端子连接，"测量选择"旋钮置于"外标"，调节"×10^0 V"~"×10^{-4} V"和"补偿"六个旋钮，使指示数值与外标电池值相同。待"检零指示"数值稳定后，按"采零"键，使"检零指示"显示"0000"。校准完成后将"测量选择"旋钮置于"断"档位，调节六个旋钮读数为 0。

（3）将待测电池按正负极与测量端子连接，"测量选择"旋钮置于"测量"档位，依次调节"×10^0 V"~"×10^{-4} V"五个旋钮使"检零指示"数值为负，且绝对值最小，然后调节"补偿"旋钮使"检零指示"数值为零，此时的电位指示数值即待测电池的电动势。

如测量过程中"电位显示"值与被测电动势相差过大，"检零指示"将显示"OUL"溢出信号。

♨ 实验数据处理

（1）每个电池电动势测量三次，取平均值。

（2）计算实验温度下三个电池的理论电动势值，求出测量值与理论值的相对误差。

表 2-12-1　实验数据记录表

室温：_____　电解质溶液温度：_____

电池电动势	E_1/V	E_2/V	E_3/V	平均值/V
电池（A）				
电池（B）				
电池（C）				

🐌 思考题

（1）参比电极应具备什么条件，它有什么作用？

（2）盐桥有什么作用？以什么为原则选用可以作为盐桥的物质？

（3）可逆电池应满足什么条件？应如何操作才能做到？

（4）长时间接通测量线路，对标准电池的标准性以及待测电池的电动势值有无影响？

附录 1：电池电动势理论值的计算

可逆电池的电动势可看作正负极的电级电势之差，$E = \varphi_+ - \varphi_-$，所以有：

$E_A = \varphi(\text{银电极}) - \varphi(\text{饱和甘汞})$

$E_B = \varphi(\text{醌氢醌}) - \varphi(\text{饱和甘汞})$

$E_C = \varphi(\text{铜电极}) - \varphi(\text{锌电极})$

电极电势理论值计算（F 为法拉第常数，

$F = 96\,485\ \text{C} \cdot \text{mol}^{-1}$）：

（1）饱和甘汞电极：

电极反应：$\frac{1}{2}\text{Hg}_2\text{Cl}_2(\text{s}) + \text{e} \rightarrow \text{Hg}(\text{l}) + \text{Cl}^-(a_{\text{Cl}^-})$

电极电势：

$$\varphi_{\text{甘汞}} = \varphi^\theta - \frac{RT}{F}\ln a_{\text{Cl}^-} \qquad (2\text{-}12\text{-}4)$$

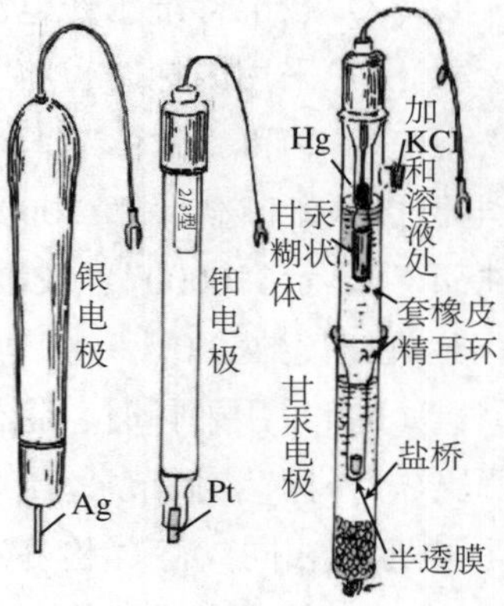

图 2-12-3 常用电池

因饱和 KCl 溶液中氯离子的活度仅与溶液温度 t 有关，所以饱和甘汞电极电势可用经验式 2-12-5 计算：

$$\varphi = 0.2415 - 0.00065(t/℃ - 25) \qquad (2\text{-}12\text{-}5)$$

（2）银电极：

电极反应：$\text{Ag}^+(a_{\text{Ag}^+}) + \text{e} \rightarrow \text{Ag}(\text{s})$

电极电势：

$$\varphi = \varphi^\theta - \frac{RT}{F}\ln\frac{1}{a_{\text{Ag}^+}} = \varphi^\theta + \frac{RT}{F}\ln a_{\text{Ag}^+} \qquad (2\text{-}12\text{-}6)$$

式中：标准电极电势 $\varphi^\theta = 0.799 - 0.00097(t/℃ - 25)$ $\qquad (2\text{-}12\text{-}7)$

$a_{\text{Ag}^+} = \gamma_\pm m$，$\gamma_\pm$ 为硝酸银的平均活度系数，m 为硝酸银的浓度，具体数值见表 2-12-2。

（3）醌氢醌电极

电极反应：$\text{C}_6\text{H}_4\text{O}_2(a) + 2\text{H}^+(a_{\text{H}^+}) + 2\text{e} \rightarrow \text{C}_6\text{H}_4(\text{OH})_2(a)$

电极电势：

$$\varphi = \varphi^\theta - \frac{RT}{F}\ln a_{\text{H}^+}^{-1} = \varphi^\theta - \frac{2.303RT}{F}\text{pH} \qquad (2\text{-}12\text{-}8)$$

式中：$\qquad\qquad \varphi^\theta = 0.6994 - 0.00074(t/℃ - 25) \qquad (2\text{-}12\text{-}9)$

缓冲溶液的 pH 值可计算如下：

$$\text{HAc} = \text{H}^+ + \text{Ac}^-$$

平衡时　0.1−α　　　α　　　0.1+α

所以有：

$$K_a = \frac{a_{\text{H}^+}\,a_{\text{Ac}^-}}{a_{\text{HAc}}} = \frac{(0.1 + \alpha)\gamma_{\text{Ac}^-}\,\alpha_{\text{H}^+}}{(0.1 - \alpha)\gamma_{\text{HAc}}} \approx \frac{\gamma_{\text{Ac}^-}\,\alpha_{\text{H}^+}}{\gamma_{\text{HAc}}} \qquad (2\text{-}12\text{-}10)$$

HAc 呈分子状态，浓度很小，$\gamma_{HAc} \approx 1$，所以有：

$$K_a \approx \frac{\gamma_{Ac^-} \alpha_{H^+}}{\gamma_{HAc}} \approx \gamma_{Ac} - \alpha_{H^+} \approx \gamma_{\pm NaAC} \alpha_{H^+} \qquad (2\text{-}12\text{-}11)$$

$$pH = -\lg a_{H^+} = -\lg K_a + \lg \gamma_{NaAc} \qquad (2\text{-}12\text{-}12)$$

已知醋酸电离常数 $K_a = 1.75 \times 10^{-5}$；醋酸钠溶液的浓度及平均活度系数值见表 2-12-2；可计算出氢离子的浓度，从而得到 pH 值，代入式 2-12-8 可得醌氢醌电极的电极电势。

表 2-12-2　电解质的浓度和平均活度系数

电解质溶液	AgNO₃	NaAc	KCl	CuSO₄	ZnSO₄
浓度 $m/(\text{mol} \cdot \text{kg}^{-1})$	0.01	0.1	0.01	0.1	0.1
平均活度系数 $\gamma_\pm$	0.902	0.79	0.901	0.16	0.150

电池（C）可直接用电池的 Nernst 方程来计算：

$$Zn(s) + CuSO_4(a_{CuSO_4}) \rightarrow Cu(s) + ZnSO_4(a_{CuSO_4})$$

$$E = E^\theta - \frac{RT}{2F} \ln \frac{\gamma_\pm m_\pm (ZnSO_4)}{\gamma_\pm m_\pm (CuSO_4)} = E^\theta - \frac{RT}{2F} \ln \frac{\gamma_\pm m(ZnSO_4)}{\gamma_\pm m(CuSO_4)}$$

$$E^\theta = 1.0998V(25\ ℃)$$

附录 2：Westen 标准电池

实验室常用标准电池为 Westen 标准电池，结构如图 2-12-4 所示。在 H 形管正极装入 Hg 和 Hg_2SO_4 糊状体，负极装入 Hg 和镉汞齐，上方为 $CdSO_4 \cdot \frac{8}{3}H_2O$ 晶体与 $CdSO_4$ 饱和溶液。$CdSO_4$ 溶液与 $CdSO_4 \cdot \frac{8}{3}H_2O$ 晶体保持接触，所以即使温度略有变

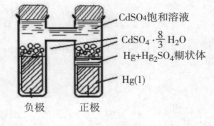

图 2-12-4　Westen 电池

化，溶液也总是保持饱和状态；负极镉汞齐糊状体下面放汞的目的是使导线与镉汞齐糊状体接触紧密。

电池表示式为：

$(-)Cd(Hg)(a) | CdSO_4 \cdot \frac{8}{3}H_2O(固体)，CdSO_4(饱和溶液)，Hg_2SO_4(糊状体) | Hg(l)(+)$

电池反应为：$Cd(Hg)(a) + Hg_2SO_4(s) + \frac{8}{3}H_2O(l) \rightarrow 2Hg(l) + CdSO_4 \cdot \frac{8}{3}H_2O(s)$

电池进行的反应完全可逆，若放电时间较短，使用后电池电动势仍很稳定。293.15K 时电池电动势 $E_N = 1.01845V$，其他温度时：

$$E_T/V = 1.01845 - 4.05 \times 10^{-5}(T - 293.15) - 9.5 \times 10^{-7}(T - 293.15)^2$$
$$+ 1 \times 10^{-8}(T - 293.15)^3$$

式中：T 为热力学温度。

实验 13　电动势法测定化学反应的 $\Delta_r G_m$、$\Delta_r H_m$ 和 $\Delta_r S_m$

☙ **实验目的**

（1）掌握用电动势法测定化学反应热力学函数变化值的原理和方法。

（2）加深对可逆电池概念的理解。

☙ **实验原理**

如果一个化学反应通过可逆电池的形式实现，等温等压条件下，电池所做的可逆电功等于电池反应吉布斯自由能的减少值 $\Delta_r G_m$。因此测定出电池电动势 E 即可求得反应的 $\Delta_r G_m$，$\Delta_r G_m$ 与 E 的关系为：

$$\Delta_r G_m = -zFE \tag{2-13-1}$$

式中：F 为法拉第常数（$F = 96\ 485\ \mathrm{C \cdot mol^{-1}}$）；$z$ 为参与电极反应的电子的物质的量（mol）。

根据吉布斯–赫姆霍兹方程：

$$\Delta_r G_m = \Delta_r H_m + T\left(\frac{\partial \Delta_r G_m}{\partial T}\right)_p$$

又

$$\Delta_r G_m = \Delta_r H_m - T\Delta_r S_m$$

比较上述二式，可得：

$$\Delta_r S_m = -\left(\frac{\partial \Delta_r G_m}{\partial T}\right)_p$$

即

$$\Delta_r S_m = zF\left(\frac{\partial E}{\partial T}\right)_p \tag{2-13-2}$$

式中 $\left(\frac{\partial E}{\partial T}\right)_p$ 称为电动势的温度系数。

同理

$$\Delta_r H_m = \Delta_r G_m + T\Delta_r S_m = -zEF + zFT\left(\frac{\partial E}{\partial T}\right)_p \tag{2-13-3}$$

因此，在一定压强下，测得不同温度时可逆电池的电动势 E。以电动势 E 对温度 T 作图，根据曲线斜率 $\left(\frac{\partial E}{\partial T}\right)_p$ 值和电动势 E 值，即可求得某温度下电池反应的 $\Delta_r G_m$，$\Delta_r H_m$ 和 $\Delta_r S_m$。

本实验选择下述氧化还原反应作为待测反应：

$$C_6H_4O_2(a)+2HCl(a_{HCl})+2Hg(l)=Hg_2Cl_2(s)+C_6H_4(OH)_2(a)$$

醌(Q)   氢醌(QH₂)

将此反应设计成如下电池

$$(-)Hg(l)|Hg_2Cl_2(s)|KCl(饱和)\|H^+, C_6H_4(OH)_2, C_6H_4O_2|Pt(s)(+)$$

电极反应为：

$$(-)2Hg(l)+2Cl^-(a_{Cl^-})=Hg_2Cl_2(s)+2e$$
$$(+)C_6H_4O_2(a)+2H^+(a_{H^+})+2e=C_6H_4(OH)_2(a)$$

本实验使用的缓冲溶液由 0.2 $mol \cdot dm^{-3}$ HAc 与 0.2 $mol \cdot dm^{-3}$ NaAc 溶液等体积混合而成，使用饱和 KNO_3 溶液制备盐桥。

♨ 仪器与试剂

1. 仪器

恒温槽 1 套，SDC-Ⅱ数字电位差综合测定仪 1 台，烧杯(150 mL)1 个，饱和甘汞电极 1 支，铂电极 1 支。

2. 药品

醌氢醌(Q·QH₂ 商品名：苯醌合苯二酚)，KNO_3(AR)，0.2 $mol \cdot dm^{-3}$ HAc 溶液，0.2 $mol \cdot dm^{-3}$ NaAc 溶液。

♨ 实验步骤

1. 电极的制备和预处理

(1) 本实验使用商品铂电极和饱和甘汞电极。饱和甘汞电极的外盐桥电解质为饱和 KNO_3 溶液。

(2) 将 HAc 和 NaAc 溶液等体积混合，加入少量醌氢醌(Q·QH₂)溶解达到饱和后，插入光亮的 Pt 电极即构成醌氢醌电极。

2. 电池制作

$$(-)Hg(l)|Hg_2Cl_2(s)|KCl(饱和)\|H^+(0.1\ mol \cdot dm^{-3}\ HAc,0.1\ mol \cdot dm^{-3}\ NaAc), Q, QH_2|Pt(s)(+)$$

分别移取 20 mL 0.2 $mol \cdot dm^{-3}$ HAc 溶液、20 mL 0.2 $mol \cdot dm^{-3}$ NaAc 溶液，加入 100 mL 烧杯中，加入少量醌氢醌粉末，用玻璃棒搅拌直至溶液呈淡茶褐色饱和溶液。插入铂电极和双盐桥饱和甘汞电极。

注意：醌氢醌溶解度非常小，且溶解很慢，需充分搅拌。

3. 电动势的测量

(1) 打开电位差综合测定仪电源，预热 5~10 min。

(2) 将"测量选择"旋钮置于"内标"位置，调节"×10⁰V"~"×10⁻⁴V"和"补偿"六个旋钮。使"×10⁰V"旋钮为 1，其余旋钮逆时针旋转到底，"电位指示"窗口显示"1.00000"V。待"检零指示"稳定后，按"采零"键，使"检零指示"显示"0000"。然后将"测量选择"旋钮置于"断"或"外标"档位，调节"×10⁰ V"旋钮读数为0。

（3）将待测电池按正负极与测量端子连接，"测量选择"旋钮置于"测量"档位，依次调节"×10⁰ V"～"×10⁻⁴ V"五个旋钮使"检零指示"数值为负，且绝对值最小，调节"补偿"旋钮使"检零指示"数值为零，此时电位指示数值即为待测电池的电动势。

如果测量过程中"电位指示"值与被测电动势相差过大，"检零指示"将显示"OUL"溢出信号。

（4）在室温至45 ℃之间每隔4~5 ℃测量待测电池电动势值，每个温度下恒温搅拌15~20 min，电池电动势测量3次，取平均值，平行测定值之差应小于0.002 V。

♨ 实验数据处理

（1）记录电池在不同温度时的电动势。

（2）绘制E-T曲线，根据曲线求得30 ℃时电池电动势E和$\left(\dfrac{\partial E}{\partial T}\right)_P$值。

（3）计算30 ℃时电池理论电动势，与实验值进行比较，求出相对误差。

（4）计算30 ℃时反应的$\Delta_r G_m$，$\Delta_r H_m$和$\Delta_r S_m$。

表 2-13-1　实验数据记录表

室温：＿＿＿＿＿＿＿＿

序号	水浴温度/℃	E_1/V	E_2/V	E_3/V	平均值/V
1					
2					
3					
4					
5					
6					
7					
8					

思考题

（1）用此方法测定反应的热力学函数变化值时，为什么电池内进行的化学反应必须是可逆的？

（2）如何将一个化学反应设计成电池？

实验 14　　希托夫法测定离子迁移数

☽ **实验目的**

（1）了解迁移数的物理意义。

（2）掌握希托夫（Hittorf）法测定离子迁移数的原理和方法，利用希托夫法测定 Cu^{2+} 和 SO_4^{2-} 的迁移数。

☽ **实验原理**

电解质溶液导电时，溶液中正负离子各自定向迁移，由于正负离子的运动速度不同，所以它们输送的电荷也不同。正、负离子输送的电量与总电量之比分别称为正、负离子的迁移数。

$$t_+ = \frac{Q_+}{Q_+ + Q_-} \quad t_- = \frac{Q_-}{Q_+ + Q_-} \qquad (2\text{-}14\text{-}1)$$

如果将溶液分为三个区域：阳极区、阴极区和中部区，在通电前后，中部区电解质溶液浓度不变化，而阳极区和阴极区电解质溶液浓度将分别发生改变，如果知道了通过电路的总电量（可用串联在回路的铜电量计获得），和阳极区或阴极区的电解质溶液浓度改变值，就可计算出正负离子的迁移数。

以 $CuSO_4$ 溶液和两铜电极组成的电解池为例：以 Cu^{2+} 离子物质的量作物料衡算，一个极区的 Cu^{2+} 在通电前后变化来自两部分：①从中部区迁入或迁出的量 $n_{迁}$；②由于电极反应引起 Cu^{2+} 的改变量 $n_{电}$。计算处理过程如下：

（1）设串联在回路中铜电量计的阴极质量增加 W_{Cu} 克，Cu 的分子量（$M_{Cu} = 63.546$）。

回路中通过的总电量：

$$n_{电} = \frac{W_{Cu}}{M_{Cu}} \qquad (2\text{-}14\text{-}2)$$

（2）通过分析可得阳极区或阴极区通电前、后 $CuSO_4$ 溶液浓度：分别为 $c_{前}$ 和 $c_{后}$（单位 mol/L），可计算通电前、后溶液中 Cu^{2+} 离子的物质的量 $n_{前}$ 和 $n_{后}$。

①由阳（阴）极区溶液重量 W 和 $CuSO_4$ 溶液密度可知溶液的体积 V，即可计算 $n_{后}$。（浓度 $0.05\ mol \cdot dm^{-3}$ 左右的溶液密度 $\rho = 1.008\ g \cdot cm^{-3}$）

$$n_{后} = c_{后}V = \frac{c_{Na_2S_2O_3} \times V_{Na_2S_2O_3}}{10} \times \frac{W_{CuSO_4,阳（阴）极区}}{\rho} \qquad (2\text{-}14\text{-}3)$$

②设水在通电时不迁移，即通电前后 $CuSO_4$ 溶液中水的质量保持恒定。所以由通电后水的质量和通电前水和 $CuSO_4$ 质量比值，即可计算通电前 $CuSO_4$ 的物质的量 $n_{前}$。（$CuSO_4$ 的分子量为 159.60）

$$n_{前} = \frac{c_{前}}{1008 - c_{前} M_{CuSO_4}} \times (W_{阳（阴）极区} - c_{后} V M_{CuSO_4}) \qquad (2\text{-}14\text{-}4)$$

(3) 可由阳极区或阴极区的数据计算出迁移数:

①阳极区。由于金属阳极溶解,且 Cu^{2+} 离子带正电向阴极移动,所以有:

$$n_{后} = n_{前} + n_{电} - n_{迁} \tag{2-14-5}$$

$$t_{Cu^{2+}} = \frac{n_{迁}}{n_{电}}; \qquad t_{SO_4^{2-}} = 1 - t_{Cu^{2+}} \tag{2-14-6}$$

②阴极区。可作类似计算:Cu^{2+} 离子还原为金属 Cu,且 Cu^{2+} 离子从中部区迁进阴极区,所以有:

$$n_{后} = n_{前} - n_{电} + n_{迁} \tag{2-14-7}$$

$$t_{Cu^{2+}} = \frac{n_{迁}}{n_{电}}; \qquad t_{SO_4^{2-}} = 1 - t_{Cu^{2+}} \tag{2-14-8}$$

♨ 仪器与试剂

1. 仪器

离子迁移数测定装置 1 套,烧杯(100 mL)3 个,容量瓶(100 mL)3 个,移液管(10 mL)2 根,分析电子天平 1 台,吹风机 1 个,洗瓶 1 个,砂纸。

2. 药品

0. 2500 $mol \cdot dm^{-3}$ $CuSO_4$ 溶液,0. 05 $mol \cdot dm^{-3}$ $CuSO_4$ 溶液(1 000 mL),1. 0 $mol \cdot dm^{-3}$ HNO_3 溶液,无水乙醇(AR),电量计镀铜液(组成:100 mL 蒸馏水+15 g $CuSO_4 \cdot 5H_2O$+5 mL 浓硫酸+5 mL 乙醇)

♨ 实验步骤

1. 铜电量计的准备

(1) 把铜电量计阴极铜片从瓶盖上按逆时针方向旋转拆开,将阴极铜片先用砂纸打磨,再用 1. 0 $mol \cdot dm^{-3}$ 硝酸溶液润洗,再用蒸馏水冲洗后,再用无水乙醇浸洗片刻,最后用电吹风热空气吹干(温度不可过高,使用电吹风中档即可),冷却至室温,用电子天平精确称重至 0. 0001 g。

(2) 把电量计阴极重新装好,盖在铜电量计上,使 3 个电极(中间一个阴极,边上两个阳极,阳极只需使用任一个) 插入溶液中。

2. 迁移管中装液

(1) 取出迁移管中阳极和阴极进行处理,处理方法同第一步。

(2) 用少量 $CuSO_4$ 电解液洗涤迁移管 3 次。

(3) 加入 $CuSO_4$ 电解液,溶液加到略高于接三通的玻璃管。注意三通管位置左右玻璃管中不能有气泡。如有气泡,转动玻璃阀门,用洗耳球排除气泡。如图 2-14-1 中所示。

3. 电路测试

(1) 将吹干后的阴极和阳极分别小心插入阳极管和阴极管,注意插入后液面既不能与电极塞接触，也不能低于连接三通的玻璃管。

（2）按图 2-14-1 接好电路。检查后再打开电源开关通电。调节电流粗调和细调旋钮，使电流在 20 mA 左右，按下计时开关，通电约 60 min（注意：关闭电源前不可与电路接触，注意安全）。

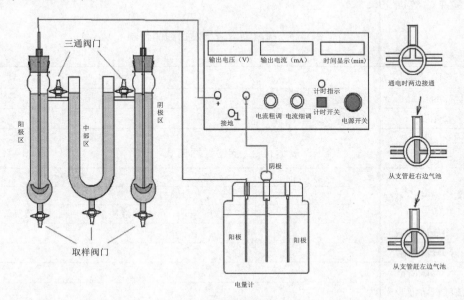

图 2-14-1　离子迁移数测定装置（含铜电量计）

4. 硫酸铜溶液的浓度测定

（1）利用通电这段时间，做 $CuSO_4$ 电解液精确浓度的标定。（方法见附录）

（2）取三个 100 mL 烧杯，分别贴上中部区和阳极区和阴极区标签，将阳极区和阴极区烧杯在电子天平上精确称重。

（3）通电 60 min 后，关闭电源并立即关闭两个三通阀门，将阳极区和阴极区的溶液从取样阀门放入相应烧杯并精确称重。

（4）将中部区溶液放入另一个烧杯，利用分光光度计测定中部区、阳极区和阴极区 Cu^{2+} 离子的浓度。

（5）拆下铜电量计的阴极，并用蒸馏水冲洗再用乙醇浸洗后吹干，冷却至室温后精确称重。

♨ 实验数据处理

（1）根据分光光度计测得的吸光度，求得阳极区（或阴极区）通电前后 Cu^{2+} 的浓度 $c_前$ 和 $c_后$。

（2）根据阳极区（或阴极区）测得的相关数据，计算出通电后阳极区（或阴极区）溶液中 $CuSO_4$ 的质量 W 和 Cu^{2+} 离子的物质的量 $n_后$。

（3）计算出阳极区（或阴极区）溶液所含水量，可得到通电后阳极区（或阴极区）溶

液中 Cu^{2+} 的物质的量 $n_{前}$。

（4）由库仑计阴极铜片的增量 W_{Cu}，求出通入溶液的总电量 $n_{电}$。

（5）由阳极区（或阴极区）数据计算 $t_{Cu^{2+}}$ 和 $t_{SO_4^{2-}}$。

♨ 实验原始数据记录

表 2-14-1　硫酸铜溶液标准曲线的绘制

室温：_____

序号	1	2	3	4	5
浓度/（mol·dm^{-3}）					
吸光度 A					

表 2-14-2　实验数据记录

阴极铜片质量/g	实验前	实验后	增重	
	空瓶/g	总重/g	溶液质量/g	溶液吸光度
阳极区溶液				
阴极区溶液				
中部区溶液				
原硫酸铜溶液吸光度				
硫酸根迁移数				
铜离子迁移数				

◉ 思考题

（1）希托夫法、界面移动法和电动势法测得的 $CuSO_4$ 正负离子迁移数不相同，为什么？

（2）因时间所限，本实验未要求测量通电前后的 $CuSO_4$ 溶液的密度，如果要测量，按照本实验上面提供的仪器和设备，如何设计步骤来获得密度数值。

附录：

硫酸铜分析具体步骤：

（1）取精确配制的 0.2500 mol·dm^{-3} 的硫酸铜溶液 1 mL、3 mL、5 mL、7 mL 和 10 mL，分别稀释至 100 mL，计算精确浓度。

（2）固定吸收波长 750 nm，分别测试五个样品的吸光度，以此五个样品的吸光度做标准曲线。

（3）在波长 750 nm 下测试迁移前 $CuSO_4$ 电解液的吸光度，以及迁移后阴极区、阳极区溶液的吸光度，由标准曲线得到其精确浓度。

实验 15　电位-pH 曲线的测定

☙ 实验目的

（1）绘制 Fe^{3+}-Fe^{2+}-EDTA 络合体系电位-pH 曲线。

（2）掌握测定电位-pH 曲线的原理和方法。

☙ 实验原理

某些氧化还原反应的电极电位不仅与溶液的浓度和离子强度有关，还与溶液的 pH 值有关。对于此类体系，有必要考查其电极电位与 pH 变化的关系。本实验讨论 Fe^{3+}-Fe^{2+}-EDTA 络合体系的电位-pH 曲线。

根据能斯特方程式，溶液的平衡电极电位与浓度的关系为：

$$\varphi = \varphi^{\theta} - \frac{RT}{zF}\ln\frac{a_{\text{red}}}{a_{\text{ox}}} = \varphi^{\theta} - \frac{RT}{zF}\ln\frac{\gamma_{\text{red}}}{\gamma_{\text{ox}}} - \frac{RT}{zF}\ln\frac{c_{\text{red}}}{c_{\text{ox}}} \tag{2-15-1}$$

式中：a_{ox}，c_{ox} 和 γ_{ox} 分别为氧化态离子的活度、浓度和活度系数；a_{red}，c_{red} 和 γ_{red} 分别为还原态离子的活度、浓度和活度系数。当温度和溶液离子强度均保持不变时，式子的中间项 $\frac{RT}{zF}\ln\frac{\gamma_{\text{red}}}{\gamma_{\text{ox}}}$ 也为一常数，用 b 表示。则：

$$\varphi = \varphi^{\theta} - \frac{RT}{zF}\ln\frac{c_{\text{red}}}{c_{\text{ox}}} - b \tag{2-15-2}$$

即一定温度下，体系的电极电位与溶液中氧化态和还原态离子浓度比的对数值呈线性关系。

本实验所讨论的 Fe^{3+}-Fe^{2+}-EDTA 络合体系中，用 Y^{4-} 代表 EDTA 酸根离子，假设体系的基本电极反应为：

$$FeY^{-}\,(c_{\text{Fe}Y^{-}}) + e = FeY^{2-}\,(c_{\text{Fe}Y^{2-}})$$

则其电极电位

$$\varphi = \varphi^{\theta} - \frac{RT}{zF}\ln\frac{c_{\text{Fe}Y^{2-}}}{c_{\text{Fe}Y^{-}}} - b \tag{2-15-3}$$

事实上，FeY^{-} 和 FeY^{2-} 两个络合物都很稳定，其 $\lg K^{\theta}_{稳}$ 分别为 25.1 和 14.33，因此在 EDTA 过量的情况下，所生成络合物的浓度近似等于配制溶液时铁离子的浓度，即：

$$c_{\text{Fe}Y^{-}} = c^{0}_{\text{Fe}^{3+}} \qquad c_{\text{Fe}Y^{2-}} = c^{0}_{\text{Fe}^{2+}} \tag{2-15-4}$$

式中 $c^{0}_{\text{Fe}^{3+}}$ 和 $c^{0}_{\text{Fe}^{2+}}$ 分别代表 Fe^{3+} 和 Fe^{2+} 的初始配制浓度，式 2-15-3 可以化为：

$$\varphi = \varphi^{\theta} - \frac{RT}{zF}\ln\frac{c^{0}_{\text{Fe}^{2+}}}{c^{0}_{\text{Fe}^{3+}}} - b \tag{2-15-5}$$

式中：b 项在一定温度下随溶液中离子强度的改变而改变。本实验中虽未严格控制溶液的离子强度恒定不变，但 b 的数值在整个实验过程中变化不大，故 b 项仍可近似地看作常数。

如果上述设想合理，由式 2-15-5 可知，实验测得 Fe^{3+}–Fe^{2+}–EDTA 络合体系的电极电位应该只随着溶液中 $c^0_{Fe^{3+}}/c^0_{Fe^{2+}}$ 比值变化，而与溶液的 pH 值无关。对具有某一定 $c^0_{Fe^{3+}}/c^0_{Fe^{2+}}$ 比值的溶液而言，其电位–pH 曲线应表现为水平线。

Fe^{3+} 和 Fe^{2+} 除能与 EDTA 在一定 pH 范围内生成 FeY^- 和 FeY^{2-} 外，低 pH 时 Fe^{3+} 还能与 EDTA 生成 $FeHY^-$ 型的含氢络合物，高 pH 时 Fe^{3+} 则能与 EDTA 生成 $Fe(OH)Y^{2-}$ 型的羟基络合物。

假设低 pH 时基本电极反应为：

$$FeY^-(c_{FeY^-}) + H^+(c_{H^+}) + e = FeHY^-(c_{FeHY^-})$$

按照上述假设：

$$\varphi = \varphi^\theta - b' - \frac{RT}{F}\ln\frac{c_{FeHY^-}}{c_{FeY^-}} - \frac{2.303RT}{F}pH = \varphi^\theta - b' - \frac{RT}{F}\ln\frac{c^0_{Fe^{2+}}}{c^0_{Fe^{3+}}} - \frac{2.303RT}{F}pH \quad (2\text{-}15\text{-}6)$$

高 pH 时有：

$$Fe(OH)Y^{2-} + e = FeY^{2-} + OH^-$$

$$\varphi = \varphi^\theta - b'' - \frac{RT}{F}\ln K_w^\theta - \frac{RT}{F}\ln\frac{c_{FeY^{2-}}}{c_{Fe(OH)Y^{2-}}} - \frac{2.303RT}{F}pH$$

$$= \varphi^\theta - b'' - \frac{RT}{F}\ln K_w^\theta - \frac{RT}{F}\ln\frac{c^0_{Fe^{2+}}}{c^0_{Fe^{3+}}} - \frac{2.303RT}{F}pH \quad (2\text{-}15\text{-}7)$$

式中：K_w^θ 为 H_2O 的离子积常数。

由式 2-15-6 和式 2-15-7 可知，低 pH 和高 pH 时，Fe^{3+}–Fe^{2+}–EDTA 络合体系的电极电位 φ 不仅与 $c^0_{Fe^{3+}}/c^0_{Fe^{2+}}$ 比值有关，还与溶液的 pH 值有关。对具有一定 $c^0_{Fe^{3+}}/c^0_{Fe^{2+}}$ 比值的溶液而言，φ–pH 曲线应表现为斜线，其斜率为 $-\dfrac{2.303RT}{F}$。

Fe^{3+}–Fe^{2+}–EDTA 络合体系的 φ–pH 曲线可以分为三段：中段是水平线，称为电位平台区；低 pH 和高 pH 时都是斜线，符合（2-15-5）、（2-15-6）和（2-15-7）三式所表示的关系。

☸ 仪器与试剂

1. 仪器

电位差计 1 台，电磁搅拌器 1 台，pH 计 1 台，电炉 1 台，饱和甘汞电极 1 支，铂电极 1 支，250 mL 烧杯 1 个。

2. 药品

$FeCl_3 \cdot 6H_2O$（AR），$FeCl_2 \cdot 4H_2O$（AR），EDTA 二钠盐二水合物（AR），36% HCl（AR），NaOH（AR），KNO_3（AR）。

实验步骤

（1）溶液配制：配制 1.0 mol·dm^{-3} NaOH 溶液 200 mL，4.0 mol·dm^{-3} 盐酸 50 mL，称取 7.0035 g EDTA 二钠盐二水合物放入 250 mL 烧杯中用少量去离子水加热溶解，冷却至室温。

（2）将待测电池中饱和甘汞电极和玻璃电极的导线分别接到 pH 计的"+""−"两端，以测定溶液的 pH 值。迅速称取 1.7209 g FeCl$_3$·6H$_2$O 及 1.1751 g FeCl$_2$·4H$_2$O 倾入烧杯中，快速搅拌下用滴管缓慢滴加 1.0 mol·dm^{-3} NaOH 溶液直至溶液 pH 值达到 8 左右。

（3）将饱和甘汞电极连接到直流电位差计测量端子的"+"端，铂电极接"−"端，测定电池的电动势，此电动势值即为溶液相对于饱和甘汞电极的电极电位。用滴管滴加 4.0 mol·dm^{-3} 盐酸，充分搅拌，滴加量以 pH 值改变 0.3 左右为限，测定溶液 pH 值和电池的电动势。

（4）重复操作（3），测定一组 pH 值和电动势，直至溶液浑浊为止。

（5）称取 1.7209 g FeCl$_3$·6H$_2$O 及 0.5875 g FeCl$_2$·4H$_2$O，重复操作（2）、（3）和（4）。

（6）称取 1.7209 g FeCl$_3$·6H$_2$O 及 0.3917 g FeCl$_2$·4H$_2$O，重复操作（2）、（3）和（4）。

实验数据处理

记录电池电动势 E 和 pH 值数据，以 E 为纵坐标，pH 值为横坐标，绘制 Fe^{3+}–Fe^{2+}–EDTA 络合体系的 E–pH 曲线。从所得曲线水平段确定出 FeY$^-$ 和 FeY^{2-} 稳定存在的 pH 范围。

表 2-15-1　实验数据记录表

室温：_____

第一组		第二组		第三组	
$W_{\text{FeCl}_3 \cdot 6H_2O} =$		$W_{\text{FeCl}_3 \cdot 6H_2O} =$		$W_{\text{FeCl}_3 \cdot 6H_2O} =$	
$W_{\text{FeCl}_2 \cdot 4H_2O} =$		$W_{\text{FeCl}_2 \cdot 4H_2O} =$		$W_{\text{FeCl}_2 \cdot 4H_2O} =$	
E/V	pH	E/V	pH	E/V	pH

思考题

（1）请问在 E–pH 图上，电势较高的物质与电势较低的物质有什么特点？

（2）E–pH 图在金属腐蚀、湿法冶金等方面有哪些应用？

实验 16　极化曲线的测定

⚛ **实验目的**

（1）掌握阳极极化曲线测定的基本原理和方法。

（2）了解 Cl^- 对镍电极阳极极化曲线的影响。

（3）理解电极钝化与活化过程。

⚛ **实验原理**

1. 极化现象与极化曲线

为了探索电极过程机理及影响电极过程的各种因素，必须对电极过程进行研究，其中极化曲线的测定是重要方法之一。研究可逆电池的电位和电池反应时，电极上几乎没有电流通过，电极反应在接近于平衡状态下进行，因此电极反应是可逆的。当有电流通过电池时，电极的平衡状态被破坏，电极电位偏离平衡值，电极反应处于不可逆状态，而且随着电极上电流密度的增加，电极反应的不可逆程度也随之增大。由于电流通过电极导致电极电位偏离平衡值的现象称为电极的极化。描述电流密度与电极电位之间关系的曲线称作极化曲线。

2. 极化曲线的测定

（1）恒电流法。

恒电流法是指控制研究电极上的电流密度依次恒定在不同的数值，测定相应的稳定电极电位值。采用恒电流法测定极化曲线时，给定电流后电极电位往往不能立即达到稳态。不同的体系，电位趋于稳态需要的时间也不相同，因此实际测量时一般电位接近稳定（如 1~3 min 内无大的变化）即可读数，也可以自行规定电流恒定的时间。

（2）恒电位法。

恒电位法是指将研究电极的电位依次恒定在不同数值，测定相应的电流值。测量极化曲线时体系应尽可能接近于稳态。稳态体系指被研究体系的极化电流、电极电位、电极表面状态等基本不随时间改变。在实际测量中，常用的控制电位测量方法有静态法和动态法两种。

静态法是将电极电位恒定在某一数值，测定相应的稳定电流值。逐点测量一系列稳定电流值，即可获得完整的极化曲线。对于达到稳态需要很长时间的体系，为节省时间并提高测量重现性，可以自行规定电位恒定的时间。

动态法是控制电极电位以一定的速度连续地改变，测量对应电位下的瞬时电流值，以瞬时电流与对应的电极电位作图，获得整条极化曲线。电极表面建立稳态的速度愈慢，电位扫描速度也应愈慢。因此对于不同的电极体系，扫描速度也不相同。为测得稳态极化曲线，人们通常依次减小扫描速度测定若干条极化曲线，当极化曲线不再明显变化时，可确定此扫描速度下测得的极化曲线即为稳态极化曲线。为了节省时间，对于只是用于比较不同因素对电极过程影响的极化曲线，选取适当的扫描速度绘制准稳态极化曲线即可。

动态法和静态法都已经获得了广泛应用。由于动态法可以自动测绘，扫描速度可控制，因而测量结果重现性好，特别适用于对比实验。

（3）线性电位扫描法。

线性电位扫描法是动态法的一种，该方法中电极电位在一定范围内以一定的速度连续均匀变化，电位是自变量，电流密度是因变量，极化曲线表示稳态电流密度与电位之间的函数关系：$i = f(\psi)$。线性电位扫描法既可测定阴极极化曲线，也可测定阳极极化曲线。特别适用于测定电极表面状态有特殊变化的极化曲线，如测定具有阳极钝化行为的阳极极化曲线，如图 2-16-1 所示，曲线可分为四个区域。

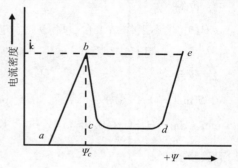

图 2-16-1　阳极极化曲线

ab 段为活性溶解区，金属进行正常的阳极溶解，阳极电流随电位改变服从 Tafel 公式的半对数关系；bc 段为过渡钝化区，由于金属开始发生钝化，随电极电位正移，金属的溶解速度反而减小；cd 段为稳定钝化区，在该区域中金属的溶解速度基本不随电位改变；de 段为过度钝化区，由于氧的析出或高价金属离子的生成，金属溶解速度随电位的正移而增大。

从阳极极化曲线上可以得下列参数：ψ_c（临界钝化电位），i_c（临界钝化电流密度）。从极化曲线可以看出，具有钝化行为的阳极极化曲线存在所谓的"负坡度"区域，即曲线的 bcd 段。由于极化曲线上每一个电流值对应着几个不同的电位值，具有这样特性的极化曲线无法用恒电流法测定，因而线性电位扫描法是研究金属钝化的重要手段，用线性电位扫描法测得的阳极极化曲线可以研究影响金属钝化的各种因素。

影响金属钝化的因素：

①溶液的组成。

溶液中存在的 H^+、卤素离子以及某些具有氧化性的阴离子，对金属的钝化行为有显著的影响。如在酸性和中性溶液中随着 H^+ 浓度的降低，临界钝化电流密度减小，临界钝化电位负向移动。卤素离子（尤其是 Cl^-）会妨碍金属的钝化过程，破坏金属的钝化状态，使溶解速率大大增加，而某些具有氧化性的阴离子（如 CrO_4^-）则可以促进金属的钝化。

②金属的组成和结构。

金属的钝化能力各不同。如铁族金属，钝化能力顺序为 Cr > Ni > Fe。在金属中加入其他组分可以改变金属的钝化行为，如在铁中加入镍和铬可以大大提高铁的钝化倾向及钝态的稳定性。

③外界条件。

温度、搅拌对钝化有影响。一般情况下，提高温度和加强搅拌都不利于钝化过程的发生。

☞ 仪器与试剂

1. 仪器

CHI 电化学工作站 1 台，硫酸亚汞电极 1 支，铂电极 1 支，镍电极（单位表面积为 $1\ cm^2$，另一个用石蜡封住）1 支，电解池 1 个。

2. 药品

$0.5\ mol \cdot dm^{-3}\ H_2SO_4$ 溶液，$0.5\ mol \cdot dm^{-3}\ H_2SO_4 + 0.005\ mol \cdot dm^{-3}$ KCl 溶液，$0.5\ mol \cdot dm^{-3}\ H_2SO_4 + 0.05\ mol \cdot dm^{-3}$ KCl 溶液，丙酮，乙醇。

☞ 实验步骤

（1）配制待测溶液。

① $0.5\ mol \cdot dm^{-3}\ H_2SO_4$ 溶液；

② $0.5\ mol \cdot dm^{-3}\ H_2SO_4 + 0.005\ mol \cdot dm^{-3}$ KCl 溶液；

③ $0.5\ mol \cdot dm^{-3}\ H_2SO_4 + 0.05\ mol \cdot dm^{-3}$ KCl 溶液；

（2）采用线性电位扫描法测量镍在三种溶液中的极化曲线。

①将待测镍电极的一面用金相砂纸打磨，除去氧化膜，用丙酮洗涤除油，再用脱脂棉蘸乙醇擦洗，去离子水冲洗，最后用滤纸吸干水份，放入电解池。电解池中注入 $0.5\ mol \cdot dm^{-3}\ H_2SO_4$ 溶液，辅助电极为铂电极，参比电极为硫酸亚汞电极。

②启动工作站，运行 CHI 测试软件。点击 Setup 菜单中 "Technique" 选项。在弹出菜单中选择 "Liner Sweep Voltammetry" 测试方法，点击 OK 按钮。

③点击 Setup 菜单中 "Parameters" 选项，在弹出菜单中输入测试条，Init E 为 -0.2 V，Final E 为 1.6 V，Scan Rate $0.005\ V \cdot s^{-1}$，Sample Interval 为 0.001 V，Quiet Time 2 s，Sensitivity 为 1×10^{-6}，选择 Auto-sensitivity，点击 OK 按钮。

④点击 Control 菜单中 "Run Experiment" 选项，进行极化曲线的测定。

⑤改变溶液组成，测试镍电极在 $0.005\ mol \cdot dm^{-3}$ KCl + $0.5\ mol \cdot dm^{-3}\ H_2SO_4$ 溶液中的阳极进化曲线，测试条件同上。

⑥改变溶液组成，测试镍电极在 $0.05\ mol \cdot dm^{-3}$ KCl + $0.5\ mol \cdot dm^{-3}\ H_2SO_4$ 溶液中的阳极进化曲线，测试条件同上。

（3）实验完毕，关闭仪器，清洗电极。

实验数据处理

（1）以电流密度为纵坐标，电极电位为横坐标，绘制极化曲线。

（2）讨论所得实验结果与曲线的意义，指出三个体系的临界钝化电位和临界钝化电流密度。

（3）对比不同溶液中的三条极化曲线，分析 Cl^- 对镍阳极极化曲线的影响。

思考题

（1）测定阳极极化曲线为何要使用恒电位法？

（2）恒电流法和恒电位法测定的极化曲线有何异同？

参考文献：

[1] 李楠，宋建华. 物理化学实验[M]. 2版. 北京：化学工业出版社，2016.

[2] 唐林，刘红天，温会玲. 物理化学实验[M]. 2版. 北京：化学工业出版社，2015.

[3] 王军，杨冬梅，张丽君，等. 物理化学实验[M]. 2版. 北京：化学工业出版社，2009.

实验 17　循环伏安法测定电极反应参数

实验目的

（1）了解循环伏安法测定电极反应参数的基本原理。

（2）掌握循环伏安法的实验技术。

（3）掌握用循环伏安法判断电极过程可逆性的方法。

实验原理

循环伏安法（CV）是最重要的电分析化学研究方法之一，该方法使用仪器简单、操作方便、图谱解析直观，在电化学、无机化学、有机化学、生物化学等研究领域得到了广泛应用。循环伏安法通常采用三电极系统，一支工作电极，一支参比电极，一支辅助（对）电极。外加电压加在工作电极与辅助电极之间，可调控通过工作电极与辅助电极之间的电流。通过测量工作电极与参比电极之间的电压可得到工作电极的相对电极电位，从而得到电极电位和电流之间的函数关系曲线。

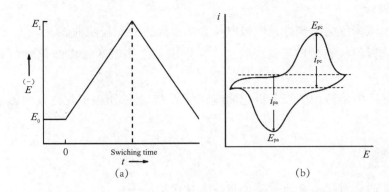

图 2-17-1　循环伏安法的工作电压及氧化-还原循环波形图

　　循环伏安法施加电压的方式如图 2-17-1(a)所示。在工作电极上施加对称的三角波扫描电位，即从起始电位 E_0 开始扫描到终止电位 E_1 后，再回扫至起始电位 E_0，得到相应的电流-电位(i-E)曲线，如图 2-17-1(b)所示。图中表明：三角波扫描的前半部记录了峰形的阴极波，后半部记录了峰形的阳极波。完成一次三角波电位扫描，电极上发生一个还原-氧化循环过程。图中 E_{pc} 和 E_{pa} 分别为阴极峰电势和阳极峰电势，i_{pc} 和 i_{pa} 为阴极峰电流和阳极峰电流，从循环伏安图的波形及其峰电势和峰电流可以判断电极反应的机理。

　　如某条件下的 $Fe(CN)_6^{3-}$|$Fe(CN)_6^{4-}$ 氧化还原体系，电位负向扫描时，$Fe(CN)_6^{3-}$ 在电极上发生还原反应，反应为：$Fe(CN)_6^{3-} + e \quad Fe(CN)_6^{4-}$，循环伏安图上得到一个还原电流峰。正向扫描时，$Fe(CN)_6^{4-}$ 在电极上被氧化，反应为 $Fe(CN)_6^{4-} - e \quad Fe(CN)_6^{3-}$，得到一个氧化电流峰。完成一次循环扫描后，将获得如图 2-17-1(b)所示的氧化还原曲线。

　　循环伏安法能够迅速提供电活性物质的吸咐、化学反应历程、电极反应的可逆性等多种信息。阳极峰电流 i_{pa}、阴极峰电流 i_{pc}、阳极峰电位 E_{pa}、阴极峰电位 E_{pc} 以及 i_{pa}/i_{pc}、$\Delta E_p(E_{pa}-E_{pc})$ 是最为重要的参数。

　　如对于可逆过程，有如下结论：

　　(1) 25 ℃时：

$$\Delta E_p/\ mV = E_{pa} - E_{pc} \approx (57 \sim 63)/n \qquad (2\text{-}17\text{-}1)$$

一般情况下，25 ℃时 ΔE_p 约为 $59/n$ mV，$i_{pa}/i_{pc} \approx 1$。

　　(2) 正向扫描的峰电流 i_p：

$$i_p = 2.69 \times 10^5 n^{3/2}AD^{1/2}v^{1/2}c \qquad (2\text{-}17\text{-}2)$$

　　式中各参数的意义为：i_p 为峰电流，单位 A；n 为电子转移数，单位 mol；A 为电极面积，单位 cm^2；D 为扩散系数，单位 cm^2/s；v 为扫描速度，单位 V/s；c 为溶液浓度，单位 $mol \cdot dm^{-3}$。

从 i_p 的表达式看，$i_p/v^{1/2}$ 与 v 无关，且 i_p 与 $v^{1/2}$ 和 c 都呈线性关系，这些性质对研究电极过程具有重要意义。

（3）标准电动势：

$$E^\theta = (E_{pa} + E_{pc})/2 \qquad\qquad (2\text{-}17\text{-}3)$$

对可逆过程，循环伏安法是一种非常方便的测量标准电极电位的方法，各参数与电极反应可逆性的关系详见表 2-17-1。

表 2-17-1 电极反应可逆性的判据

	可逆	准可逆	不可逆
电位响应的性质	E_p 与 v 无关 25 ℃时，$\Delta E_p = 59/n$ mV，与 v 无关。	E_p 随 v 移动 低速时，$\Delta E_p \approx 60/n$ mV，但随着 v 的增加而增加，接近于不可逆。	v 增加 10 倍，E_p 移向阴极向 $30/\alpha n$ mV。
电流函数的性质	$(i_p/v^{1/2})$ 与 v 无关	$(i_p/v^{1/2})$ 与 v 无关	$(i_p/v^{1/2})$ 与 v 无关
阳极电流与阴极电流比的关系	$i_{pa}/i_{pc} \approx 1$，与 v 无关。	仅在 $\alpha = 0.5$ 时，$I_{pa}/I_{pc} \approx 1$。	反扫或逆扫时没有相应的氧化或还原电流。

仪器与试剂

1. 仪器

CHI 电化学工作站 1 台，铂盘电极 1 支，饱和甘汞电极 1 支，铂丝电极 1 支，容量瓶（50 mL）5 个，移液管（10 mL）2 支。

2. 药品

1.00×10^{-2} mol·dm^{-3} K$_3$Fe(CN)$_6$ 溶液，2.0 mol·dm^{-3} KNO$_3$ 溶液。

实验步骤

1. 溶液配制

用移液管移取 2.0 mol·dm^{-3} KNO$_3$ 溶液 5.0 mL 放入 50 mL 容量瓶中，用去离子水定容后浓度为 0.2 mol·dm^{-3}。用移液管分别移取 1.00×10^{-2} mol·dm^{-3} K$_3$Fe(CN)$_6$ 溶液 0.5 mL、1.0 mL、2.5 mL、4.0 mL、5.0 mL 放入 50 mL 容量瓶中，用去离子水定容后浓度依次为 1.00×10^{-4} mol·dm^{-3}、2.00×10^{-4} mol·dm^{-3}、5.00×10^{-4} mol·dm^{-3}、8.00×10^{-4} mol·dm^{-3}、1.00×10^{-3} mol·dm^{-3}。

2. 工作电极预处理

用抛光粉 Al$_2$O$_3$（200~300 目）将铂盘电极抛光，分别在 1∶1 乙醇、1∶1 HNO$_3$ 和去离子水中超声波清洗。

3. 测量前准备

在电解池中加入待测溶液，插入工作电极、参比电极、辅助电极。将电极电缆连接到三支电极上，电缆标识如下：

辅助电极—红色；参比电极—白色；工作电极—绿色；

为防止溶液中的 O_2 干扰测量，可通 N_2 除 O_2。

4. 循环伏安法测量

待测溶液：5.00×10^{-4} mol·dm^{-3} $K_3Fe(CN)_6$ 溶液、0.20 mol·dm^{-3} KNO_3 溶液。

参数设定：静置时间（s）：10；起始电位（V）：−0.2；终止电位（V）：0.6；扫描速率（V/S）：0.05；采样间隔（V）：0.001。

启动运行，记录循环伏安曲线，观察峰电位和峰电流，判断电极活性。如果峰电位差过大，需重新处理工作电极。

量程依据电极面积及扫描速率不同而异。以扫描曲线不溢出、能占到坐标系 Y 方向的 1/3 以上为宜。选择合适的量程，有助于减小量化噪声，提高信噪比。

5. 扫描速率对循环伏安的影响

待测溶液：2.00×10^{-4} mol·dm^{-3} $K_3Fe(CN)_6$ 溶液、0.20 mol·dm^{-3} KNO_3 溶液。

参数设定：静置时间（s）：10；起始电位（V）：−0.2；终止电位（V）：0.6；采样间隔（V）：0.001；

分别设定如下扫描速率进行实验：

①扫描速率（V/s）：0.05；②扫描速率（V/s）：0.1；③扫描速率（V/s）：0.2；④扫描速率（V/s）：0.3；⑤扫描速率（V/s）：0.5。

实验运行：将 5 条实验曲线分别保存。

6. 铁氰化钾浓度对循环伏安曲线的影响

在电解池中分别放入不同浓度的 $K_3Fe(CN)_6$ 溶液进行测量。

①$1.00 \times 10^{-4}$ mol·dm^{-3}；②$2.00 \times 10^{-4}$ mol·dm^{-3}；③$5.00 \times 10^{-4}$ mol·dm^{-3}；④$8.00 \times 10^{-4}$ mol·dm^{-3}；⑤$1.00 \times 10^{-3}$ mol·dm^{-3}。其中支持电解质为 0.20 mol·dm^{-3} KNO_3 溶液。

参数设定：静置时间（s）：10；起始电位（V）：−0.2；终止电位（V）：0.6；扫描速率（V/s）：0.05；采样间隔（V）：0.001。

实验运行：将 5 条循环伏安曲线存盘保存。

7. 其他测量

（1）数据测量：点击菜单"图形测量"－"测量图形数据"，或工具钮，选择半峰法，可测出曲线的峰电流、峰电位，并可随文件一起保存。

（2）图形叠加：用图形叠加功能可将多条曲线放在同一画面中进行比较观察。

（3）数值分析：用软件自带的定量分析功能——标准曲线法，可找出峰电流和浓度的线性方程和相关系数。

☽ **实验数据处理**

1. 分析不同浓度 $K_3[Fe(CN)_6]$ 溶液的循环伏安曲线，列表总结 $Fe(CN)_6^{3-}|Fe(CN)_6^{4-}$ 的测试结果(E_{pa}，E_{pc}，i_{pa}，i_{pc})，以扫描速度的二分之一次方($v^{1/2}$)为横坐标，峰电流为纵坐标，绘制曲线考察其线性关系。

2. 分析不同扫描速率的循环伏安曲线，列表总结 $Fe(CN)_6^{3-}|Fe(CN)_6^{4-}$ 的测试结果(E_{pa}，E_{pc}，i_{pa}，i_{pc})，以 $K_3[Fe(CN)_6]$ 溶液浓度为横坐标，峰电流为纵坐标，绘制曲线考察其线性关系。

3. 由 $Fe(CN)_6^{3-}|Fe(CN)_6^{4-}$ 的循环伏安图解释其在电极上的可能反应机理。

🐌 **思考题**

(1) 为什么使用三电极系统?

(2) 峰电流 i_p 与铁氰化钾浓度是什么关系? 而峰电流与扫描速度又是什么关系?

(3) 循环伏安法如何判断电极过程是否可逆?

参考文献:

[1] 李楠，宋建华. 物理化学实验[M]. 2版. 北京：化学工业出版社，2016.

[2] 郑新生，王辉宪，王嘉讯. 物理化学实验[M]. 2版. 北京：化学工业出版社，2016.

[3] 王军，杨冬梅，张丽君，等. 物理化学实验[M]. 2版. 北京：化学工业出版社，2009.

第三节 化学动力学

实验 18 过氧化氢催化分解反应速率常数的测定

☽ **实验目的**

(1) 了解过氧化氢催化分解反应装置的设计原理及使用方法。

(2) 了解准一级反应的特点及催化剂对反应速率的影响。

(3) 掌握图解法求过氧化氢催化分解反应速率常数的原理及活化能的计算方法。

☽ **实验原理**

过氧化氢催化分解反应是准一级反应。未加入催化剂时，分解反应速率缓慢，加入催化剂后，反应速率加快，总反应方程为：

$$H_2O_2 \rightarrow H_2O + \frac{1}{2}O_2 \tag{2-18-1}$$

H$_2$O$_2$ 在 KI 作用下催化分解反应机理如下所示：

$$KI + H_2O_2 \rightarrow KIO + H_2O(慢)\tag{2-18-2}$$

$$KIO \rightarrow KI + \frac{1}{2}O_2(快)\tag{2-18-3}$$

由于反应(2-18-2)的速率慢于反应(2-18-3)，因此分解反应速率取决于慢反应(2-18-2)，反应速率方程可用下式表示：

$$-\frac{dc_{H_2O_2}}{dt} = kc_{KI}c_{H_2O_2}\tag{2-18-4}$$

由于反应中催化剂 KI 的浓度保持不变，上式可简化为：

$$-\frac{dc_{H_2O_2}}{dt} = k'c_{H_2O_2} \quad (k' = kc_{KI})\tag{2-18-5}$$

将上式积分得

$$\ln\frac{c_0}{c_t} = k't\tag{2-18-6}$$

式中：c_0 为 H$_2$O$_2$ 的初始浓度；c_t 为反应时间为 t 时 H$_2$O$_2$ 的浓度。

在 H$_2$O$_2$ 催化分解过程中，生成 O$_2$ 的摩尔数与发生反应的 H$_2$O$_2$ 的摩尔数成正比。如果系统体积不变，在温度恒定的情况下，系统压力的增加值 Δp 与生成 O$_2$ 的摩尔数成正比，即与发生分解的 H$_2$O$_2$ 的浓度成正比。设 Δp_∞ 为 H$_2$O$_2$ 分解完全时释放出 O$_2$ 的总压力，Δp_t 表示 H$_2$O$_2$ 在反应时间为 t 时放出的 O$_2$ 压力值，则有：

$$\Delta p_\infty \propto c_0 \qquad \Delta p_\infty - \Delta p_t \propto c_t$$

将上述关系式代入 (2-18-6) 式，得：

$$\ln\frac{c_0}{c_t} = \ln\frac{\Delta p_\infty}{\Delta p_\infty - \Delta p_t} = k't$$

即

$$\ln(\Delta p_\infty - \Delta p_t) = -k't + \ln\Delta p_\infty\tag{2-18-7}$$

以 $\ln(\Delta p_\infty - \Delta p_t)$ 对 t 作图得到一条直线，由直线的斜率$(-k')$可求出反应速率常数 k'。

Δp_∞ 可在反应第一阶段测量结束后，将体系升温至 60 ℃ 放出全部 O$_2$ 后，测量得到。

测定不同温度条件下的反应速率常数 k，根据阿累尼乌斯公式可计算反应的活化能 E_a。本实验中，两个温度条件下催化剂浓度相同，故 $k_1'/k_2' = k_1/k_2$，所以有：

$$\ln\frac{k_1'}{k_2'} = \ln\frac{k_1}{k_2} = \frac{E_a}{R}\left(\frac{1}{T_2} - \frac{1}{T_1}\right)\tag{2-18-8}$$

♨ 仪器与试剂

1. 仪器

SLGF–过氧化氢分解实验装置 1 套，反应瓶 2 个，移液枪 1 套，样品管 2 根，试管架 1 个，烧杯 3 个，秒表 1 个，洗瓶 1 个，搅拌子 2 个，磁棒 1 根，镊子 2 个。

2. 试剂

10% H_2O_2 水溶液，0.15 mol·dm^{-3} KI 水溶液。

☸ **实验步骤**(实验装置图见附录 1)

1. 实验前准备工作

(1) 将反应瓶固定在恒温槽内。

(2) 检查恒温槽内水位，要求淹没至反应瓶颈，拧紧反应瓶盖。

(3) 设置恒温槽温度为 30.00 ℃，加热选择开关为"弱"，切换为"工作"状态。

(4) 恒温槽温度达到 30.00 ℃后，观察系统压力变化，如果压力基本不变，可视为系统不漏气，如果系统压力持续下降，则需寻找漏气原因，合格后进行下一步实验。

2. Δp_n 和 t_n 的测定

(1) 将 10% H_2O_2 水溶液、0.15 mol·dm^{-3} KI 水溶液各约 15 mL 分别倒入样品管内，样品管置于恒温槽边缘圆孔内，恒温 5 min。

(2) 打开反应瓶盖，加入搅拌子，搅拌选择开关置于"手动"，调节搅拌速度至中等，切换为"自动"状态，搅拌停止。

(3) 将"定时/置数"键置于"置数"状态，按"Δ"键设置定时时间为 1 min。

(4) 用移液枪依次移取 10 mL KI 水溶液、10 mL H_2O_2 水溶液加入反应瓶，立即旋紧瓶盖，迅速按下"定时/置数"键，切换至"定时"状态，系统压力自动采零，搅拌和定时器开启(移液枪使用说明见附录 2)。

(5) 观察系统压力变化，计时蜂鸣器鸣响时，记录反应时间和压力数值，连续记录 10 min，获得 10 组实验点 t_n 和 Δp_n。

3. Δp_∞ 的测定

(1) 将搅拌选择开关置于"手动"，按"定时/置数"键，使之处于"置数"状态。

(2) 设定恒温槽温度为 60.00 ℃，加热选择开关选择为"强"，按"工作/置数"键，切换为"工作"状态，采用高功率加热使系统迅速升温至 60 ℃，恒温 5 min，使 H_2O_2 完全分解。

(3) 将恒温槽切换为"置数"状态，设置温度为 30.00 ℃，加热选择开关设置为"弱"，打开冷凝水，系统开始降温。

(4) 系统降温至 29.00 ℃时(比预设温度低 1 ℃)，关闭冷凝水，按"工作/置数"键，将恒温槽切换为"工作"状态，恒温槽开始加热。温度达到预设温度后，读取压力显示值，即为 Δp_∞。

4. 反应活化能的测定

将恒温槽温度调节到 35.00 ℃，重复实验步骤 2、3，测定 35 ℃时反应速率常数 k_2'。

实验数据处理

（1）根据作图法求算 30.00 ℃时反应速率常数 k'_1（单位：$[时间]^{-1}$）。

（2）同法求得 35.00 ℃时反应速率常数 k'_2。

（3）计算反应的实验活化能 E_a。

表 2-18-1 实验数据记录表格

室温：_____ 水浴温度：_____ Δp_∞：_____

时间/min	$\Delta p_t / kPa$	$\Delta p_\infty - \Delta p_t / kPa$	$\ln(\Delta p_\infty - \Delta p_t)$

思考题

（1）KI 溶液初始浓度对反应速率常数 k' 和活化能 E_a 是否有影响，如何影响？

（2）反应过程中，有时发现溶液变成淡黄色，说明什么问题？

（3）实验开始前，H_2O_2 已分解释放一部分氧气，所以最终得到的 p 小于理论值，是否会影响实验结果？

附录 1：实验装置图

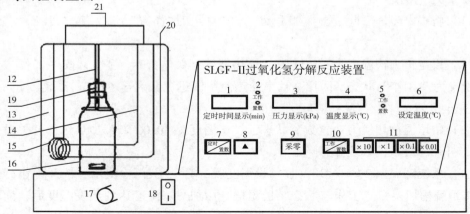

1—定时时间显示窗口；2—定时/置数指示灯；3—压力显示窗口；4—温度显示窗口；5—工作/置数指示灯；6—设定温度显示窗口；7—定时/置数转换键；8—定时时间设置键；9—采零键；10—工作/置数转换键；11—温度设置键；12—搅拌器；13—玻璃水槽；14—加热管；15—冷凝管；16—反应瓶；17—搅拌速率旋钮；18—手动/自动搅拌选择开关；19—反应器压力接口；20—温度传感器；21—加热搅拌电机

图 2-18-1 过氧化氢催化分解反应装置图

附录 2：移液枪使用说明

（1）装配吸头：旋转移液枪的"移液体积控制按钮"，设置移液量为 10.0 mL，将移液枪吸嘴对准吸头管口，轻轻用力垂直下压，可完成吸头装配。

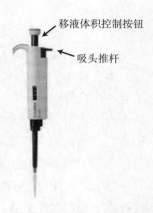

（2）取液：将"移液体积控制按钮"下压至第一停点，吸头浸入液体中，浸入倾斜度控制在 20 ℃ 之内，保持竖直为佳，慢慢松开按钮回原点，松开时需保持平稳，速度适中，并静置 2~3 s。

（3）排液：先将按钮按压至第一停点排出液体，稍停片刻继续按压至第二停点吹出残余的液体，松开按钮。

（4）放置移液枪：使用完毕后，下压"吸头推杆"，退下吸头，将移液枪悬挂在移液枪架上。

图 2-18-2　移液枪示意图

实验 19　乙酸乙酯皂化反应速率常数的测定

☺ 实验目的

（1）了解电导率的测量原理，掌握电导率仪的使用方法。

（2）了解二级反应的特点。

（3）掌握图解法求二级反应速率常数的原理及反应活化能的计算方法。

☺ 实验原理

乙酸乙酯皂化反应是一个典型的二级反应：

$$CH_3COOC_2H_5+OH^- \rightarrow CH_3COO^-+C_2H_5OH$$

其反应速率方程可用下式表示：

$$\frac{dx}{dt} = k(a-x)(b-x) \tag{2-19-1}$$

式中：a 和 b 分别表示两个反应物的初始浓度；x 为 t 时刻反应物浓度的减少值；k 为反应的速率常数。

将上式积分后得：

$$k = \frac{1}{t(a-b)} \cdot \ln \frac{b(a-x)}{a(b-x)} \tag{2-19-2}$$

当反应物初始浓度相同，即 $a=b$ 时，反应速率方程简化为

$$\frac{dx}{dt} = k(a-x)^2$$

积分上式得：

$$k = \frac{1}{t \cdot a} \frac{x}{(a-x)} \qquad (2\text{-}19\text{-}3)$$

根据 2-19-2 和 2-19-3 式可以计算得到反应的速率常数 k 值。

本实验中，反应物（OH^-）具有较强的导电能力，随着皂化反应的进行，OH^- 逐渐被消耗，生成导电能力较弱的 CH_3COO^- 和 C_2H_5OH，溶液电导逐渐降低。反应中使用同一个电导电极，电导池常数（l/A）为常数，根据 $G = \kappa A/l$ 可知 G 正比于□，即随着反应的进行，溶液的电导率逐渐降低。本实验中用电导率仪跟踪测量皂化反应进程中溶液电导率随时间的变化，从而达到跟踪反应物浓度随时间变化的目的。

令 L_0、L_t 和 L_∞ 分别表示反应时间为 0，t 和 ∞（即反应达到平衡）时溶液的电导率，则存在下面的关系式：

$$x \propto L_0 - L_t, \quad a \propto L_0 - L_\infty, \quad a - x \propto L_t - L_\infty$$

$$\frac{x}{a-x} = \frac{L_0 - L_t}{L_t - L_\infty}$$

代入（2-19-3）式得

$$k = \frac{1}{t \cdot a} \cdot \frac{L_0 - L_t}{L_t - L_\infty} \qquad (2\text{-}19\text{-}4)$$

或

$$L_t = \frac{1}{k \cdot a} \cdot \frac{(L_0 - L_t)}{t} + L_\infty \qquad (2\text{-}19\text{-}5)$$

以 L_t 对 $\dfrac{(L_0 - L_t)}{t}$ 作图可得一条直线，其斜率为 $\dfrac{1}{ka}$。由此可求得反应速率常数 k。

如果测定不同温度下速度常数 k，根据阿累尼乌斯公式

$$\ln \frac{k_1}{k_2} = -\frac{E_a}{R}\left(\frac{1}{T_1} - \frac{1}{T_2}\right) \qquad (2\text{-}19\text{-}6)$$

可求得反应的活化能 E_a。

仪器与试剂

1. 仪器

普通恒温槽 1 套，电导率仪（DDSJ-308A）1 台，铂黑电导电极 1 支，移液管（25 mL）2 支，反应混合器 2 个，注射器（100 mL）1 个，秒表 1 个。

2. 药品

0.07 mol·dm^{-3} NaOH 溶液，0.07 mol·dm^{-3} CH$_3$COOC$_2$H$_5$ 溶液。

实验步骤

（1）打开电导率仪电源预热，恒温槽温度调节到 30.00 ℃。

（2）将电导电极用去离子水冲洗 2~3 次后，再以少量 0.07mol·dm^{-3} NaOH 溶液

润洗备用。

（3）用移液管移取 15 mL 0.07 mol·dm^{-3} NaOH 溶液加入混合反应器（图 2-19-1）左管内，小心插入电导电极。用移液管移取 15 mL 0.07 mol·dm^{-3} CH$_3$COOC$_2$H$_5$ 溶液加入右管内，并将接有针筒的橡皮塞放置在右管口。

（4）将反应器固定在恒温槽内，恒温数分钟。

（5）关闭电导率仪电源，塞紧反应器右管口橡皮塞，推拉注射器活塞使左右管内液体混合，同时按下秒表开始计时。溶液混合均匀后，将溶液全部排入反应器左管。

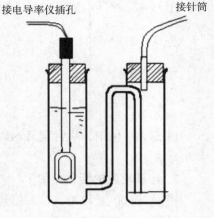

图 2-19-1　混合反应器

（6）反应进行 1 min 后，打开电导率仪电源，待仪器稳定后读取溶液电导率数值。每隔两分钟记录反应溶液的电导率数值，直至 30 min 为止。洗净反应混合器，烘干备用。

（7）将恒温槽温度调整至 35.00 ℃，重复实验步骤(2)~(6)。

♨ 实验数据处理

1. 求反应速率常数 k

（1）方法 1。

①外推法求 L_0 值：在坐标纸上绘制 L_t-t 曲线，用曲线板将曲线外延至 $t=0$，可得到 L_0。

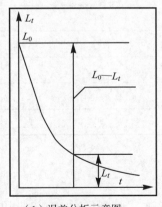

（1）误差分析示意图

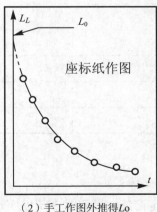

（2）手工作图外推得 L_0

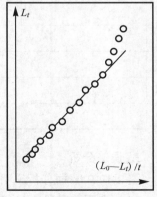

（3）作图求斜率

图 2-19-2　数据分析说明

②作图求得 k 值：以 L_t 为纵坐标，$(L_0-L_t)/t$ 为横坐标作图，根据直线斜率求反应速率常数 k（注意：NaOH 溶液和 CH$_3$COOC$_2$H 溶液等体积混合，因此 a 值为 0.035 mol·dm^{-3}）。

（2）方法 2。

用 Origin 软件中的自定义函数拟合法计算 L_0、k

将式（2-19-5）

$$L_t = \frac{1}{ka} \cdot \frac{(L_0 - L_t)}{t} + L_\infty$$

整理为

$$L_t = \frac{L_0 - L_\infty}{kat + 1} + L_\infty \tag{2-19-7}$$

以 L_t 对 t 作图，用自定义函数式(2-19-7)进行拟合，可同时求得反应速率常数 k 以及 L_0、L_∞。

2. 计算反应的活化能 E_a

根据 30.00 ℃ 和 35.00 ℃ 得到的反应速率常数 k_1 和 k_2，由阿累尼乌斯公式(2-19-6)，计算反应的活化能 E_a。

表 2-19-1　实验数据记录表

室温：_____

序号	恒温槽温度：		恒温槽温度：	
	反应时间 t/(　　)	溶液电导率/(　　)	反应时间 t/(　　)	溶液电导率/(　　)
1				
2				
3				
4				
5				
6				
7				
8				
9				

3. 误差分析

图 2-19-2 数据分析说明：

（1）在同一条件下重复测定溶液电导率时，难以实现多次实验测量时 $t=0$ 时刻的完全重合。由图 2-19-2 分析可知，纵坐标平移不影响直线的斜率，故坐标原点可取在 $t=0$ 直线上任一点。

（2）采用曲线外延法得到 L_0 时容易引入误差，设 L_0' 为 $t=0$ 的电导率真实值，L_0 为外推所得数值，其误差为 Δx，$L_0 = L_0' + \Delta x$，t 较小时，$L_0 - L_t$ 数值小，相对误差大；t 较大时，L_t 偏离 L_0 远，$L_0 - L_t$ 数值较大，$L_0 - L_t$ 相对误差较小，故在图 2-19-2 中，t 较

小的点偏离直线较大。

（3）L_0 拟合值过小，也可能导致 t 较小的点偏离直线较大。

根据以上分析可知，用 L_t 对 $(L_0-L_t)/t$ 作图时应以 t 较大的实验点为依据，t 较小的几个实验点（$t=1$、2 和 3 min）必要时可舍去。实验结果表明，此方法作图所得的 k 值和文献值较为接近。

思考题

（1）被测物质的电导是哪些离子贡献的？反应过程中溶液的电导为何发生变化？

（2）为什么要使两种反应物初始浓度相等？

（3）为什么作图时最初测定的实验点和直线偏离较远，而时间较长的实验点比较准确？试用误差分析进行解释。

实验 20　B-Z 振荡反应

实验目的

（1）了解 Belousov-Zhabotinski 反应（简称 B-Z 反应）的基本原理.

（2）掌握化学振荡反应的电位测定方法。

（3）掌握通过电位-时间曲线求化学振荡反应表观活化能的方法。

实验原理

化学振荡反应是指系统中某些物理量（如某组分的浓度）随时间或空间发生周期性变化的反应。1958 年，俄国化学家 Belousov 和 Zhabotinsky 首次报道了在酸性条件下，柠檬酸被 $KBrO_3$ 催化氧化时呈现的化学振荡现象：溶液在无色和淡黄色两种状态间进行着规则的周期振荡。该反应即被称为 Belousov-Zhabotinsky 反应，简称 B-Z 振荡反应。

化学振荡反应是一类机理非常复杂的化学过程，大量研究表明，化学振荡现象的发生必须满足三个条件：(1)体系是远离平衡的敞开体系。(2)反应历程中含有自催化步骤。(3)体系具有双稳态性。Field、Koros、Noyes 三位科学家于 1972 年提出了俄勒冈 (FKN) 模型，为大家普遍接受。下面以丙二酸催化氧化体系 $BrO_3^- \sim Ce^{3+} \sim CH_2(COOH)_2 \sim H_2SO_4$ 为例进行说明，总反应方程为：

$$2BrO_3^- + 3CH_2(COOH)_2 + 2H^+ \xrightarrow{Ce^{3+}, \ Br^-} 2BrCH(COOH)_2 + 3CO_2 + 4H_2O$$

FKN 机理认为，酸性条件下以 Br^-、Ce^{3+} 为催化剂，$CH_2(COOH)_2$ 被 BrO_3^- 氧化的过程涉及以下 8 个反应。

过程 A：

$$BrO_3^- + Br^- + 2H^+ \xrightarrow{k_1} HBrO_2 + HOBr \tag{2-20-1}$$

$$HBrO_2 + Br^- + H^+ \xrightarrow{k_2} 2HOBr \tag{2-20-2}$$

$$HBrO + Br^- + H^+ \xrightarrow{k_3} Br_2 + H_2O \tag{2-20-3}$$

$$Br_2 + CH_2(COOH)_2 \xrightarrow{k_4} BrCH(COOH)_2 + Br^- + H^+ \tag{2-20-4}$$

过程 B：

$$2HBrO_2 \xrightarrow{k_5} BrO_3^- + HOBr + H^+ \tag{2-20-5}$$

$$BrO_3^- + HBrO_2 + H^+ \xrightarrow{k_6} 2BrO_2 + H_2O \tag{2-20-6}$$

$$BrO_2 + Ce^{3+} + H^+ \xrightarrow{k_7} HBrO_2 + Ce^{4+} \tag{2-20-7}$$

过程 C：

$$4Ce^{4+} + BrCH(COOH)_2 + H_2O + HOBr \xrightarrow{k_8} 2Br^- + 4Ce^{3+} + 3CO_2 + 6H^+ \tag{2-20-8}$$

体系中 $[Br^-]$ 较大时，主要发生过程 A，反应中生成的 Br_2 使 $CH_2(COOH)_2$ 溴化。反应（2-20-1）是速率控制步骤，达到准静态时，中间产物 $HBrO_2$ 的浓度：$[HBrO_2] = \dfrac{k_1}{k_2}[BrO_3^-][H^+]$。

体系中 $[Br^-]$ 较小时，主要发生过程 B，过程 B 是促使振荡反应发生所必需的自催化过程，过程 A 中的产物 $HBrO_2$ 是过程 B 中的反应物，反应中 Ce^{3+} 被氧化生成 Ce^{4+}。反应（2-20-6）是速率控制步骤，达到准静态时，有 $[HBrO_2] \approx \dfrac{k_3}{2k_5}[BrO_3^-][H^+]$。

过程 C 为 Br^-、Ce^{3+} 的再生过程，该过程对化学振荡反应非常重要，如果只有过程 A 和 B，反应进行一次就完成了。正是由于过程 C 的存在，以溴丙二酸的消耗为代价，重新得到 Br^- 和 Ce^{3+}，反应才能再次启动，形成周期性的振荡。

综上所述，B-Z 振荡体系中存在着两个受 $[Br^-]$ 控制的过程 A 和 B，当 $[Br^-]$ 高于临界浓度 $[Br^-]_{crit}$ 时发生过程 A，$[Br^-]$ 低于 $[Br^-]_{crit}$ 时发生过程 B。即 $[Br^-]$ 起着开关的作用，控制着反应在过程 A、过程 B 间往复振荡，溶液颜色则在黄色和无色之间振荡。若加入适量的 $FeSO_4$ 和邻菲咯啉溶液，溶液的颜色将在蓝色和红色之间振荡。

由反应（2-20-2）和（2-20-6）可以看出，Br^- 和 BrO_3^- 对 $HBrO_2$ 有竞争关系。$k_2[Br^-] > k_3[BrO_3^-]$ 时，自催化过程（2-20-6）不可能发生。研究表明，Br^- 的临界浓度为：

$$[Br^-]_{crit} = \frac{k_6}{k_2}[BrO_3^-] = 5 \times 10^{-6}[BrO_3^-] \tag{2-20-9}$$

若已知实验的初始浓度 $[BrO_3^-]$，可由式（2-20-8）估算 $[Br^-]_{crit}$

反应进行时，系统中［Br^-］、［$HBrO_2$］、［Ce^{3+}］和［Ce^{4+}］都随时间作周期性的变化。可以选择离子选择性电极法，测定不同温度下因［Br^-］变化而产生的电极电势–时间曲线，或者采用电化学方法，用铂丝电极测定因［Ce^{4+}］/［Ce^{3+}］变化而产生的电极电势–时间曲线。

从加入硫酸铈铵开始计算，设诱导时间为$t_诱$，振荡周期为$t_振$，诱导时间和振荡周期均与反应速率成反比，即：

$$\frac{1}{t_诱(t_振)} \propto k = A\exp\left(-\frac{E_a}{RT}\right)$$

$$\ln\left(\frac{1}{t_诱}\right) = \ln A - \frac{E_诱}{RT} \tag{2-20-10}$$

$$\ln\left(\frac{1}{t_振}\right) = \ln A - \frac{E_振}{RT} \tag{2-20-11}$$

以$\ln\left(\dfrac{1}{t_诱}\right) - \dfrac{1}{T}\left(\ln\left(\dfrac{1}{t_振}\right) \sim \dfrac{1}{T}\right)$作图，根据斜率求出表观活化能$E_诱(E_振)$。

♨ 仪器与试剂

1. 仪器

超级恒温槽 1 台，B–Z 反应数据采集接口系统（V2.50）1 套，计算机 1 台，烧杯（100 mL、250 mL、800 mL）各 1 个，容量瓶（1 000 mL）4 个，恒温反应器（50 mL）1 个，量筒（25 mL）2 个，移液管（10 mL、25 mL）各 4 支，量筒（50 mL）1 个，胶头滴管、玻璃棒、橡皮管、药匙各若干。

2. 药品

0.25 mol·dm^{-3} 溴酸钾溶液，0.45 mol·dm^{-3} 丙二酸溶液，$4.00×10^{-3}$ mol·dm^{-3} 硫酸铈铵溶液，3.00 mol·dm^{-3} 硫酸溶液。

♨ 实验步骤

（1）按图 2-20-1 连接仪器线路。铂电极与接口装置电压输入正端（+）连接，参比电极与接口装置电压输入负端（–）连接。

（2）接通恒温槽电源，将恒温水通入反应器，设定恒温槽温度为 30.0 ℃。打开 B–Z 振荡反应 V2.50 数据采集接口装置电源，启动计算机。运行实验软件，进入主菜单。

（3）进入参数设置菜单：设置横坐标极值 800 s；纵坐标极值 1 220 mV；纵坐标零点 800 mV；起波阈值 6 mV；目标温度 30.0 ℃；画图起始点设定为实验开始即画图。

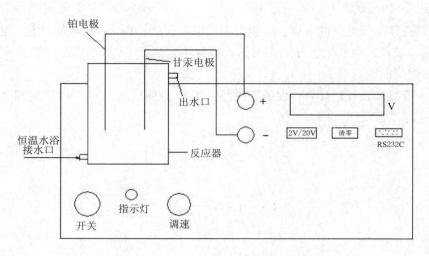

图 2-20-1　B–Z 振荡反应装置连接平面图

（4）进入开始实验菜单，待恒温槽达到设定温度并在软件窗口出现提示，点击"确认"。

① 在反应器中加入丙二酸溶液、溴酸钾溶液、硫酸溶液各 15 mL，打开磁力搅拌器，调节搅拌速度，实验过程中保持搅拌速度不变。取硫酸铈铵溶液 15 mL，放入锥形瓶中，置于恒温槽水浴中恒温 5 min。

②点击"开始试验"，将恒温后的硫酸铈铵溶液加入到反应器中，立即点击输入文件名窗口中的"OK"键，系统开始采集记录显示电位信号。

③ 观察反应器中溶液颜色变化和记录的电位曲线，经过 10 个振荡周期后，点击"停止实验"，停止信号采集，保存数据。

④ 用去离子水淋洗电极，倒掉反应溶液，清洗反应器。

（5）点击"修改目标温度"，设置恒温槽温度为 35.0 ℃，重复步骤（3）、（4），改变温度为 40.0 ℃、45.0 ℃、50.0 ℃，重复实验。

（6）实验完成后，点击"退出"，保存实验数据并将不同反应温度下的起波时间保存入文件。

（7）关闭仪器（接口装置、磁力搅拌器、恒温槽）电源。

♨ 实验数据处理

（1）绘制电位–时间图：利用实验软件"开始实验"→"读入实验波形"，根据各温度下文件中记录的数据，绘制电位–时间图。

（2）绘制 $\ln\left(\dfrac{1}{t_{诱}}\right) \sim \dfrac{1}{T}$ 图：打开 B–Z 振荡反应软件，进入"数据处理"菜单，根据直线斜率求出表观活化能，对实验数据进行处理。

![思考题]

（1）什么是化学振荡现象？产生化学振荡需要什么条件？

（2）影响诱导时间和振荡周期的主要因素有哪些？

（3）实验记录的电位含义是什么？它与 Nernst 方程求得的电势有何不同？为什么？

参考文献：

[1] 白玮，苏长伟，陈海云. 物理化学实验[M]. 北京：科学出版社，2016.

[2] 唐林，刘红天，温会玲. 物理化学实验[M]. 2 版. 北京：化学工业出版社，2015.

[3] 王玉峰，孙墨珑，张秀成. 物理化学实验[M]. 哈尔滨：东北林业大学出版社，2014.

[4] 王军，张冬梅，张丽君，等. 物理化学实验[M]. 2 版. 北京：化学工业出版社，2009.

实验 21　乙醇脱水多相催化反应的性能测定

实验目的

（1）了解稳定流动法的原理、测定技术和特点。

（2）了解气相色谱的使用方法。

（3）掌握采用稳定流动法测定乙醇脱水反应级数和反应速率常数的方法及原理。

实验原理

通常催化反应可以划分为两种主要的类型：均相催化和多相催化。均相催化是指催化剂与反应物质处于同一相中，如均为气态或液态。多相催化是指催化剂与反应物质位于不同的相中，反应发生在两相的界面上。本实验研究的是固相 $\gamma-Al_2O_3$ 催化剂对乙醇脱水的多相催化反应。

稳定流动法是使流态反应物稳定连续的通过反应器，并发生化学反应，当反应物离开反应器后化学反应停止，然后对所得产物进行定量和定性分析的方法。此方法在多相催化研究和化学工业生产中得到广泛应用，是研究反应速率、探索反应机理及催化剂活性测定的常用方法之一。

与静止体系的反应动力学公式不同，当稳定流动体系反应达到稳定状态后，反应物的浓度不再随时间而改变。根据反应区域的大小以及流入和流出反应器的流体的流速和化学组成可以计算出反应速率。通过适当控制流体的流速或组成的浓度，可以测定反应的级数和速率常数。

催化反应测试中，假设使用圆柱形反应管，反应仅发生在催化剂层中，催化剂层的总长度为 l，反应管的横截面积是 S。假设 $A \rightarrow B$ 反应的级数为一级，反应速率常数为

k_1，反应物 A 接触催化剂前，其初始浓度为 C_{A0}。接触催化剂后，反应物 A 发生反应，通过催化剂层的过程中，反应物浓度逐渐降低。假设在某 dl 小薄层前反应物 A 的浓度为 C_A，当反应物通过催化剂 dl 之后，浓度变为 $C_A - dC_A$，如图 2-21-1 所示。

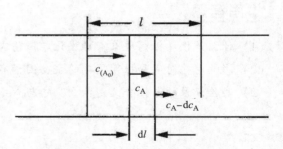

图 2-21-1　圆柱形反应管内反应物的浓度变化图

一级反应的动力学公式在静止反应体系中，如下所示：

$$r = \frac{-\, dC_A}{dt} = kC_A \tag{2-21-l}$$

在流动体系中，反应物是以稳定的流速通过催化剂层，设流速（单位时间内流过的体积）为 F，在一小层催化剂内，反应物与催化剂接触的时间为 dt，则

$$dt = \frac{dV}{F} \tag{2-21-2}$$

式中：dV 是小薄层 dl 催化剂的体积，而

$$dV = Sdl \tag{2-21-3}$$

将式(2-21-2)和(2-21-3)代入式(2-21-1)，可得：

$$\frac{-\, dC_A}{C_A} = k\, \frac{S}{F} dl \tag{2-21-4}$$

将式(2-21-4)积分，C_A 的积分区间由 C_0 到 C，l 的积分区间由 0 到 l，可得：

$$k = \frac{F}{Sl} \ln \frac{C_0}{C} \tag{2-21-5}$$

(2-21-5)式即为稳定流动体系中一级反应的速率公式。

乙醇在固体 $\gamma\text{-}Al_2O_3$ 催化剂上的脱水反应，若反应温度区间为 623-673 K，反应级数为一级，则主要产物是乙烯。因为反应产物之一是气体物质，该反应速率可以用色谱法测定，可通过式(2-21-5)计算出反应的速率常数。假设 n_A 为单位时间通入乙醇的物质的量(n_B)和氮气载气的物质的量(n_D)之和。n 为单位时间生成乙烯的物质的量，V_0 为所使用催化剂的体积(dm^3)。可得：

$$F = \frac{n_A RT}{p} \tag{2-21-6}$$

式中：F 等于反应温度 T 和反应压力 p 下的流量。

$$\frac{C_0}{C} = \frac{n_B}{n_B - n} \tag{2-21-7}$$

$$Sl = V_0 \tag{2-21-8}$$

将式(2-21-6)～(2-21-8)代入式(2-21-5)，合并常数，可得：

$$k = \left(\frac{RT}{p}\frac{n_A}{V_0}\right)\ln\frac{n_B}{n_B - n} \tag{2-21-9}$$

仪器与试剂

1. 仪器

乙醇脱水反应装置(包括反应管、管式炉、热电偶、气相色谱和质量流量计等)1套，氮气钢瓶1个，氢气发生器1台。

2. 药品

无水乙醇(AR)，$\gamma-Al_2O_3$，冰，NaCl(AR)。

实验步骤

1. 实验准备

正确安装实验装置，此时反应管为空管；检查电路、气路是否连接正确；打开氮气钢瓶，缓慢打开减压表，调节压力为 0.2 MPa，打开开关阀 4，调节稳压阀 5 和调流阀 6 控制气流流量，检查气路是否漏气。

2. 转子流量计的校正

三通切换阀 17 使反应炉连接至皂膜流量计，调节转子流量计读数分别为 10 mL·min^{-1}、20 mL·min^{-1}、40 mL·min^{-1}、60 mL·min^{-1}、80 mL·min^{-1} 和 100 mL·min^{-1}，用秒表和皂膜流量计测定流量，并以此流量数据对转子流量计读数作图，得到转子流量计的工作曲线。

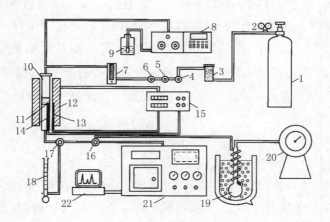

图 2-21-2 乙醇脱水反应的实验测试装置示意图

3. 空白曲线的测定

将冰水混合物放入冷阱中，分别将热电偶 12、13 固定在恒温区和催化剂的中心位置。调节氮气流量为 80 mL·min⁻¹，调节三通切换阀 16、17 将反应后混合气导入量气通路。调节反应管内反应区温度为 623±2 K（空白测定，反应管中无催化剂），待稳定后，打开并调节平流泵，以 0.3 mL·min⁻¹ 的流量输入乙醇，每 5 min 从湿式流量计读取一次流量数据，连续测定 30 min。

4. 催化剂的活化

空白曲线测定完毕后，关闭乙醇进样泵，取出乙醇进样管，然后关闭管式反应炉。待炉温降至 323 K 以下时关闭氮气钢瓶。取下反应管，取适量 γ-Al$_2$O$_3$ 催化剂，称重，装入反应管内，为使催化剂密实平整，可以加入适量石英砂，为防止催化剂散落，可以加入适量石英棉。将反应管前后连接好，打开氮气钢瓶并调节流量为 80 mL·min⁻¹，调节催化剂温度为 673 ± 2 K，活化 30 min。

5. 催化反应的测定

催化剂活化结束后，放入并调节乙醇进样管的位置，乙醇以 0.3 mL·min⁻¹ 的流量输入，调节反应温度为 623 ± 2 K。反应温度趋于稳定后，每 5 min 从湿式流量计读取一次流量数据，连续测定 30 min。

依次重复催化反应，调节反应温度分别为 633 K、643 K、653 K 和 663 K。

也可通过三通切换阀 16、17 将反应后的混合气体引入气相色谱进行在线分析（此时可以不做空白曲线测定。活化后即可进行反应性能的测定）。

☟ 实验数据处理

（1）根据转子流量计的校正实验数据绘制转子流量计的工作曲线图。

（2）根据空白测定和各不同温度催化反应的测定数据，绘制流量–时间关系图。

（3）利用流量和时间数据绘制 $V \sim t$ 图，求出各温度曲线斜率与空白曲线斜率之差，最后求出各温度条件下单位时间反应生成的乙烯的物质的量 n。

（4）根据 $n_B = F_{C_2H_5OH} \cdot \rho/M$ 求出单位时间通入反应物乙醇的物质的量 n_B。式中 $F_{C_2H_5OH}$、ρ、M 分别为乙醇进样流量（mL·min⁻¹）、乙醇在进样温度时的密度（g·mL⁻¹）和乙醇的摩尔质量（g·mol⁻¹）。单位时间通入载气氮气的物质的量 n_D 由载气氮气的流量求出 $n_D = \dfrac{F_{N_2}p}{RT}$。

（5）通过式（2-21-9）计算各反应温度下的反应速率常数 k。

（6）以 $\ln k$ 对 $1/T$ 作图，通过斜率计算出乙醇脱水反应的活化能 E_a；计算出两个不同温度下的反应速率常数 k_1 和 k_2，根据阿累尼乌斯公式计算出该反应的活化能 E_a：

$$E_a = \frac{RT_1T_2}{T_2 - T_1}\ln\frac{k_2}{k_1} \qquad (2\text{-}21\text{-}10)$$

思考题

（1）流动法测定催化剂活性的特点是什么？需要注意哪些事项？

（2）反应温度对反应速率常数有何影响？

（3）稳定流动体系中，其动力学公式有何特点？

参考文献：

[1] 复旦大学，等. 物理化学实验[M]. 3版. 北京：高等教育出版社，2004.

[2] 傅献彩，等. 物理化学[M]. 5版. 北京：高等教育出版社，2006.

[3] 刘勇健，白同春. 物理化学实验[M]. 南京：南京大学出版社. 2009.

[4] 顾月姝. 基础化学实验(III)-物理化学试验[M]. 北京：化学工业出版社. 2004.

[5] 北京大学化学学院物理化学实验教学组. 物理化学实验[M]. 北京：北京大学出版社. 2002.

实验 22　二氧化钛光催化降解动力学

实验目的

（1）了解二氧化钛光催化机理。

（2）掌握亚甲基蓝溶液浓度的测定方法。

（3）掌握二氧化钛光催化降解反应表观速率常数的计算方法。

实验原理

通常化学方法制备的二氧化钛多为无定形粉体，需通过高温焙烧转化为晶体，二氧化钛有三种晶型：锐钛矿型、金红石型和板钛矿型。在紫外光照射下，锐钛矿晶体的光催化性能最好，且纳米二氧化钛的催化效果优于普通二氧化钛晶体，其光催化动力学原理可用 Langmuir–Hinshelwood(L–H)模型进行说明。

光催化过程由一系列复杂的反应组成，以 TiO_2、ZnO 等半导体氧化物为例，其催化机理一般认为在光照条件下当光子的能量 $h\nu$ 大于或等于半导体的能带间隙 E_g 时，电子 e_{cb}^- 获得能量从价带 V_B 激发到导带 C_B；在价带留下空穴 h_{vb}^+。产生的电子和空穴在空间电荷层的作用下发生有效分离，空穴转移到半导体的表面与表面的羟基–OH 作用产生游离的自由基 OH·，OH· 具有极强的氧化性，可将很多有机物氧化。电子 e_{cb}^- 则具有还原性，它也可以和 h_{vb}^+ 作用，回到原始状态把多余的能量以热或光的形式释放出来，此过程称为复合。若待降解污物吸附到光催化剂表面，与同样吸附在催化剂表面的氧化剂发生反应，污物将逐步降解，最后变成 CO_2 和水。

假设污物为 D，氧化剂为 H_2O_2，TiO_2 光催化动力学过程表示如下：

（1）$TiO_2 + h\nu \rightarrow TiO_2(e_{cb}^- + h^+)$（电子跃迁到导带 C_B，价带留下空穴 h^+）

（2）$e_{cb}^- + h^+ \rightarrow Q$（复合）

（3）$TiO_2(h^+) + HO_{abs}^- \rightarrow TiO_2 + HO_{abs}^*$

（4）$H_2O_{2(abs)} + e_{cb}^- \rightarrow 2HO_{abs}^-$

（5）$D + hv \rightarrow D^*$（污物 D 接收光能活化）

（6）$D^* + TiO_2 \rightarrow D^*(TiO_2)$（活化的污物吸附于 TiO_2 表面）

（7）$HO_{abs}^* + D_{abs}^* \rightarrow$ 无色中间产物（在 TiO_2 表面 HO_{abs}^* 氧化 D 为中间产物，此步为速率控制
步骤）

$\rightarrow CO_2 + H_2O + \cdots\cdots$（最终反应生成物）

已知污物和氧化剂在催化剂表面的吸附符合 Langmuir 公式：

$$\theta_D = \frac{b_D C_D}{1 + b_D C_D + b_{H_2O_2} C_{H_2O_2}}$$

$$\theta_{H_2O_2} = \frac{b_{H_2O_2} C_{H_2O_2}}{1 + b_D C_D + b_{H_2O_2} C_{H_2O_2}}$$

催化剂表面上污物 D 与 $OH\cdot$ 的反应（7）最慢，为速率控制步骤：

$$-\frac{dC_D}{dt} = kC_{D_{abs}^*} C_{HO_{abs}^*} = k'\theta_D \theta_{H_2O_2}$$

当 $b_D C_D + b_{H_2O_2} C_{H_2O_2} \ll 1$ 时有：

$$-\frac{dC_D}{dt} = k'\frac{b_D C_D}{1 + b_D C_D + b_{H_2O_2} C_{H_2O_2}} \times \frac{b_{H_2O_2} C_{H_2O_2}}{1 + b_D C_D + b_{H_2O_2} C_{H_2O_2}} = k''C_D C_{H_2O_2} = k_{ap} C_D$$

若反应中 $C_{H_2O_2} \gg C_D$，k_{ap} 可视为常数，则有：$-\dfrac{dC_D}{dt} = k_{ap}C_D$，为准一级反应。所以

有：$\ln\dfrac{C_{D0}}{C_D} = k_{ap}t$，$C_{D0}$ 为 $t = 0$ 时污物 D 的浓度；C_D 为时间 t 时 D 的浓度。

本实验用亚甲基蓝作为污物 D 的代表，其浓度较低时（$10^{-5} \sim 10^{-6}g/g$），以 $\ln C_D \sim t$
作图，由斜率可求得表观速率常数 k_{ap}。

☙ 仪器与试剂

1. 仪器

分光光度计 1 台，手提式紫外灯 1 台，超级恒温槽 1 个，电磁搅拌器（含搅拌子）
1 台，遮光箱（自制）1 个，离心机 1 台，5 mL，10 mL 移液管各 2 支，25 mL 移液管
3 支，3 mL 移液枪 1 个，100 mL 烧杯 9 个，100 mL 容量瓶 6 个，秒表 1 个，洗瓶 1 个，
洗耳球 1 个。

2. 药品

TiO_2（AR），$10^{-4}g/g$ 亚甲基蓝溶液，0.01% 亚甲基蓝标准溶液，2% H_2O_2 溶液。

☙ **实验步骤**

1. 二氧化钛的预处理

将二氧化钛粉末放在马弗炉中，500 ℃焙烧 4 小时，冷却后备用。

2. 标准曲线的绘制

（1）配制亚甲基蓝标准溶液：

用移液管分别取 2 mL、3 mL、4 mL、5 mL、6 mL、7 mL 0.01%亚甲基蓝标准溶液，用 100 mL 容量瓶加去离子水稀释至刻度线，即得 2ppm、3ppm、4pm、5ppm、6ppm、7pm 六种浓度的标准溶液。

（2）最大吸收波长的确定：

打开仪器电源，以去离子水为参比，进行基线校零。将 5ppm 样品放入样品池，扫描记录最大吸收波长。

（3）工作曲线的绘制：

输入最大吸收波长，以去离子水为参比，测定待测溶液的吸光度，绘制吸光度~浓度（ppm）标准曲线。

3. 光催化降解曲线的测定

（1）在反应器中加入 20 mL 浓度为 10^{-4}g/g 的亚甲基蓝标准溶液、20 mL 2% H_2O_2 溶液、10 mL 去离子水；取混合后样品 3 mL，加蒸馏水 18 mL 用分光光度计测量其吸光度。

（2）称量 0.10 g 焙烧后的 TiO_2，放入反应器中，加入搅拌子，开启电磁搅拌器，盖上遮光箱，开启紫外灯电源，同时按下秒表计时（见图 2-22-1）。

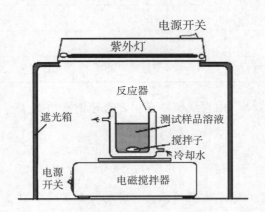

图 2-22-1 光催化动力学测定装置示意图

（3）每隔 10 min 关闭紫外灯电源，暂停计时，用移液枪取样并加水稀释，取样体积及稀释倍数如表 2-22-1 所示。取样完毕打开紫外灯电源，同时开启秒表继续计时。

表 2-22-1　取样时间与稀释倍数

时间/min	10	20	30	40	50	60
样品/mL	3	3	3	3	3	5
去离子水/mL	12	6	3	3	3	0

（4）测量样品吸光度：将稀释后样品 5 mL 离心 1 min；取上层清液测样品吸光度。重复第（3）和第（4）步直至 60 min 为止。

（5）实验完毕，取出搅拌子，清洗玻璃仪器及比色皿。

☙ 实验数据处理

（1）绘制亚甲基溶液吸光度–浓度（ppm）工作曲线。

表 2-22-2　标准溶液吸光度测定记录表

浓度	2ppm	3ppm	4ppm	5ppm	6ppm	7ppm
吸光度						

（2）根据测得溶液的吸光度值，由标准曲线和稀释倍数求得稀释前溶液的浓度 C_D。

表 2-22-3　光催化动力学数据记录表

TiO_2 质量：＿＿＿＿＿（g）

时间/min	0	10	20	30	40	50	60
吸光度							
稀释倍数							
浓度 C/ppm							

（3）以 $\ln C_D \sim t$ 作图，由直线斜率求得表观速率常数 k_{ap}。

思考题

（1）影响光催化反应速率常数的因素有哪些？本实验中测得的为什么只是表观值？

（2）如果实验中每个实验点稀释倍数相同，在 $\ln A \sim t$ 图上为什么可用吸光度直接代替浓度，由斜率求表观速率常数？

（3）以 $\ln C_D \sim t$ 作图时，在时间 t 较小时是直线，t 较大时，实验点会偏离直线向上移，即速率常数 k 减小，试分析原因。

参考文献：

[1] 王春财. 纳米二氧化钛的制备及其光催化活性的研究[J]. 炼油与化工，2014，3：3-5.

[2] 许士洪，上官文峰，李登新 . TiO_2 光催化材料及其在水处理中的应用[J]. 环境科学与技术，2008，31(12)：94-99.

[3] 王春梅 . TiO_2 光催化性能及在水处理中的应用[J]. 南通大学学报(自然科学版)，2005，4(1)：28-31.

[4] 魏子栋，殷菲，谭君，等. TiO_2 光催化氧化研究进展[J]. 化学通报，2001(2)：76-80.

[5] 罗菊，丁星兆，程黎放，等. 用溶胶-凝胶法制备的纳米 TiO2 粉末的结构[J]. 材料科学进展，1993，7(1)：52-56.

[6] 党丽萍，赵彬侠，孙圆媛. 二氧化钛复合光催化剂降解染料废水性能[J]. 化工进展，2011，30：359-361.

[7] 尚汴卿，陆兆仁，袁琴华. 纳米氧化锌晶体的制备与光催化性质[J]. 东华大学学报，2004，5：29-32.

[8] Zhang Yunxia，Li Guanghai，Wu Yucheng，et al. J. Phys. Chem B[J]. 2005，109(11)：2047-2051.

第四节　胶体和界面化学

实验 23　恒温技术与黏度的测定

♨ 实验目的

（1）了解恒温槽的结构与工作原理，掌握恒温槽调试技术。

（2）掌握奥式黏度计测量黏度的原理和方法。

♨ 实验原理

1. 恒温原理

实验室常用的恒温槽有两种，即普通恒温槽和超级恒温槽。普通恒温槽仅有加热装置，没有冷却装置，其冷却依靠与环境的热交换实现，因此只能用于获得高于室温的恒温条件。超级恒温槽除了加热功能，还可以连通来自冷源的液体介质实现冷却，用于获得比室温更低的恒温条件。本实验使用普通恒温槽，如图 2-23-1 所示。

恒温槽的主要部件有：玻璃缸体、搅拌器、加热器、贝克曼温度计(可精确到 0.01 ℃)和程序控温组件。程序控温组件由温度传感器(感温元件)和温度控制器组成，由温度传感器检测恒温槽内液体的温度，若与目标温度不同，将温度信号转化为电信号输送给温度控制器，由控制器发出指令，使加热器工作或停止工作。

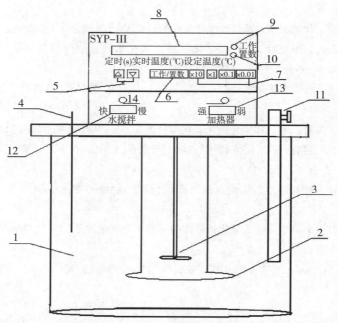

1—玻璃缸体；2—加热器；3—搅拌器；4—温度传感器；5—定时设定值增、减键；6—工作/置数转换按键；7—温度设置键；8—显示窗口；9—工作指示灯；10—置数指示灯；11—可升降支架；12—水搅拌快慢开关；13—加热器强弱开关；14—水搅拌指示灯；15—加热指示灯

图 2-23-1　恒温槽示意图

当恒温槽中液体温度低于设定温度时，生成的电信号通过温度控制器使加热器开始加热，直至液体温度达到设定温度后停止加热。仪器采用的 PID 自整定技术，可自动调整加热系统的电压以达到控温目的，有效防止温度过冲，但加热器释放的余热可能会使缸内液体温度略有上升，高于设定温度。而体系与环境的热交换，则使介质温度逐渐降低，当低于设定温度时加热器再次开始工作，使介质温度回升，如此循环往复，达到恒温的目的。

2. 黏度测定

液体黏度大小用黏度系数(η)表示，可用于测量高分子的黏均分子量。

假设一定体积 V 的液体流过半径为 r、长度 L 的毛细管所需的时间为 t，由流体力学的波华须尔(Poiseuille)公式可知：

$$\eta = \frac{\pi P r^4 t}{8VL} \tag{2-23-1}$$

式中：P 为毛细管两端的推动力。η 在 S.I 制中单位为帕·秒；C.G.S 制中为泊（达因·秒·厘米$^{-2}$）。

由于 P、r 和 L 很难准确测量，物理化学中常采用相对校准的方法，即用同一毛细管分别测量两种液体，使其体积 V 相同，设流过的时间分别为 t_1 和 t_2，则：

$$\eta_1 = \frac{\pi P_1 r^4 t_1}{8VL} \qquad \eta_2 = \frac{\pi P_2 r^4 t_2}{8VL} \tag{2-23-2}$$

所以 $\eta_1 : \eta_2 = P_1 t_1 / P_2 t_2$；推动力 $P = \rho g h$；h 为推动液体流动的液位差。因为两液体体积 V 相同，所以测量时液位差 h 相同，则有：

$$\frac{\eta_1}{\eta_2} = \frac{\rho_1 g h t_1}{\rho_2 g h t_2} = \frac{\rho_1 t_1}{\rho_2 t_2} \qquad (2\text{-}23\text{-}3)$$

如果已知 η_1、ρ_1 和 ρ_2，则测得 t_1 和 t_2 即可计算待测液体的黏度 η_2。

☙ 仪器与试剂

1. 仪器

恒温槽 1 套，奥氏黏度计 1 根，移液管 2 支，洗耳球 1 个，秒表 1 个。

2. 药品

无水乙醇（AR），去离子水。

☙ 实验步骤

（1）调节恒温槽温度至指定温度（以 30.00 ℃ 为例）。

打开恒温槽电源开关，按"工作/置数"键，使恒温槽处于"置数"状态，依次按"×10"、"×1"、"×0.1"、"×0.01"键，设置十位、个位、十分位及百分位的数字，按键每按动一次，数码显示由 0~9~0 依次循环，将目标温度设定为 30.00 ℃。完成温度设置后，按"工作/置数"键，使恒温槽处于"工作"状态，工作指示灯亮，恒温槽开始加热，达到预设温度后，加热灯熄灭，停止加热，水浴温度自动准确地控制在设定的温度范围内。

（2）检查恒温槽工作质量。

由于恒温槽的温度并非固定于某一点，而是随时间轻微波动。其工作质量可以由两个标准进行评价：①平均温度和指定温度的差值：温度差绝对值越小，质量越好；②温度的波动幅度：波动幅度越小，质量越好。

因此需测定温度循环变化过程中的最高温度和最低温度。恒温槽加热灯熄灭时，加热丝停止加热，但余温可能会使水温略微上升，观察温度读数，记录最高温度。当加热灯亮起时，电加热器开始加热，理论上缸内液体温度最低，但电加热器向恒温槽内液体传递热量并传到贝克曼温度计需一定时间，因此温度可能会继续下降，注意观察温度读数，记录最低温度。仔细观察至少连续三个循环，记录实验数据。

（3）用移液管移取 10 mL 无水乙醇，置于预先洗净、烘干的奥氏黏度计中。

（4）在奥氏黏度计有刻度球的玻璃支管一端套上乳胶管，将奥氏黏度计垂直固定在恒温槽中，恒温数分钟。

（5）用洗耳球在乳胶管口吸气，使管内液面上升，当液面超过奥氏黏度计小球上刻度线后（不能流入乳胶管，以免污染乙醇），放开洗耳球，液面下降，用秒表记录液面流经黏度计上刻度线到下刻度线所需的时间。重复测定三次，误差不能超过 1 s。

（6）将奥氏黏度计中无水乙醇倒入回收瓶，检查毛细管确定无残留液体放入烘箱烘干。

（7）用移液管移取 10 mL 去离子水，置于烘干的奥氏黏度计中，重复操作步骤（4）、（5）。

（8）实验结束后，用去离子水清洗奥氏黏度计，放入烘箱烘干。

♨ 实验数据处理

表 2-23-1　恒温槽温度控制质量测定

室温：_____　　　恒温槽目标温度：_____

观察项目	最高温度/℃	最低温度/℃
温度观察值		
平均值		
恒温槽平均温度		
恒温槽温度波动*		

* 例如写成 30.05±0.05 ℃. 其中 30.05 为恒温槽平均温度；±0.05 ℃为温度波动范围。

表 2-23-2　液体黏度测定

室温：_____　　　恒温槽温度：_____

待测液体	去离子水	无水乙醇
液体流经毛细管的时间		
平均值		

* 乙醇和水的密度及水的黏度值见附表

思考题

（1）普通恒温槽由哪些主要部件组成，哪些因素影响恒温槽的工作质量？

（2）本实验中奥氏黏度计的毛细管参数是如何处理的？

（3）本实验中为什么控制水和无水乙醇的体积相同？

参考文献：

[1] 北京大学化学系物化教研室. 物理化学实验[M]. 3 版. 北京：北京大学出版社，1995.

[2] 崔献英，等. 物理化学实验[M]. 合肥：中国科学技术大学出版社，2000.

实验 24　溶液中的等温吸附

☙ **实验目的**

（1）了解可见光分光光度计的基本原理及使用方法。

（2）掌握吸附法测定活性炭颗粒比表面积的原理和方法。

☙ **实验原理**

1. 分光光度法浓度分析原理

入射光（强度用 I_0 表示）照射在样品上时，一部分被样品吸收（强度用 I_A 表示），一部分透射（强度用 I_t 表示），另一部分被反射（强度用 I_r 表示）：

$$I_0 = I_A + I_t + I_r$$

透光度

$$T \equiv I_t/I_0 \tag{2-24-1}$$

根据朗伯–比尔（Lambert–Beer）定律，透射光强度 I_t 与入射光强度 I_0 的关系为：

$$I_t = I_0 \exp(-\varepsilon dc) \tag{2-24-2}$$

式中：d 为介质厚度，c 为溶液浓度，ε 为摩尔消光系数，其值与入射光强度、温度、波长和溶剂性质有关。

将上式取对数得：

$$\ln(I_t/I_0) = -\varepsilon dc$$

即：

$$\lg(I_0/I_t) = \varepsilon dc/2.303 = kdc \tag{2-24-3}$$

定义：

$$A = \lg(I_0/I_t) = kdc \tag{2-24-4}$$

式中：A 称为吸光度。

一般光的吸收定律能适用于任何波长的单色光，但同一种溶液在不同波长测得的摩尔消光系数 ε 不同，如果把摩尔消光系数 ε 对波长 λ 作图可得到溶液的吸收曲线。为了提高测量的灵敏度，工作波长一般选择在 ε 值最大处。

2. 比表面测定原理

单位质量固体的表面积称为固体的比表面积，测定固体比表面的方法较多，常用的有溶液吸附法、BET 低温吸附法、电子显微镜间接计算法和气相色谱法等，后三种方法都需要复杂的装置或较长的实验时间，溶液吸附法测比表面积所需仪器简单，操作方便，可以同时测定多个样品，常用来测量大量同类样品的表面积相对值，因此常被厂矿企业采用。但溶液吸附法测量结果有一定的误差，其主要原因是吸附时非球形吸附质在各种吸附剂表面的取向不完全相同，不同吸附质分子的投影面积可能相差甚

远，因此溶液吸附法测得的数据应以其他方法加以校正，此方法测量误差一般为 10%
左右。

在水溶液中以染料为吸附质的吸附实验可应用于测定固体的比表面积，在所有的染料中亚甲基蓝具有最大的吸附倾向。研究表明，在一定浓度范围内，大多数固体对亚甲基蓝的吸附是单分子层吸附，符合朗格谬尔模型。本实验中需分别测量加入固体样品前亚甲基蓝溶液（称为原始溶液）的浓度 c_0 和吸附平衡后亚甲基蓝溶液（称为平衡溶液）的浓度 c。设亚甲基蓝溶液的体积为 V，则被吸附的亚甲基蓝物质的量为：$(c_0-c)V$，如果由其他测量方法测知每克亚甲基蓝覆盖的面积，即可计算得到固体样品的比表面积。

亚甲基蓝具有以下矩型平面结构：

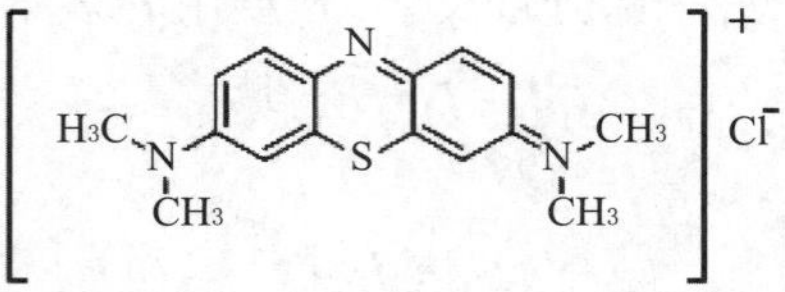

图 2-24-1　亚甲基蓝分子结构式

阳离子大小为 $17.0\times7.6\times3.25$ Å³。亚甲基蓝的吸附有三种取向，平面吸附投影面积为 135 Å²，侧面吸附投影面积为 75 Å²，端基吸附投影面积为 39.5 Å²。对于非石墨形活性炭，亚甲基蓝以端基取向吸附在活性炭表面，根据实验结果推算，在单层吸附的情况下，1 g 亚甲基蓝覆盖面积可按 2.45×10^3 m² 计算。

亚甲基蓝溶液浓度使用分光光度法测量。亚甲基蓝溶液在可见光区有两个吸收峰：445 nm 和 665 nm。但在 445 nm 处，活性炭对吸收峰有很大干扰，故本实验所用工作波长为 665 nm。

虽然大多数固体对亚甲基蓝的吸附是单分子层吸附，但原始溶液浓度过高，会出现多分子层吸附；而平衡后浓度过低，则吸附不能达到饱和，因此原始溶液浓度以及平衡溶液浓度应控制在适当的范围。本实验中原始溶液浓度为 0.2 wt% 左右，平衡后浓度不低于 0.1 wt%。

仪器与试剂

1. 仪器

分光光度计 1 套，振荡器 1 台，离心机 1 台，容量瓶（100 mL）6 只，移液管（5 mL、10 mL）各 1 支，移液枪 2 支，离心管（5 mL）4 支，锥形瓶（100 mL）2 只。

2. 药品

0.2 wt% 亚甲基蓝原始溶液，浓度为 0.01 wt% 的亚甲基蓝标准溶液，颗粒状非石墨型活性炭。

实验步骤

（1）将颗粒状活性炭置于瓷坩锅中，放入马弗炉 500 ℃ 活化 1 h 或在真空烘箱中 200 ℃ 活化 1 h，置于干燥器中备用。

（2）亚甲基蓝原始溶液和标准溶液的配制：分别称取 2 g 和 0.1000 g 亚甲基蓝固体，配制浓度为 0.2 wt% 原始溶液和 0.01 wt% 标准溶液各 1 000 mL。

（3）取两只 100 mL 锥形瓶，分别加入 50 g 亚甲基蓝原始溶液，再加入约 0.1 g 活化后的活性炭，盖上瓶塞，在振荡器上振荡 4~6 h，使其达到吸附平衡。

（4）配制不同浓度亚甲基蓝标准溶液

用移液管分别取 2 mL、3 mL、4 mL、5 mL 和 6 mL 浓度为 0.01wt% 的亚甲基蓝标准溶液，放入 100 mL 容量瓶，加去离子水稀释至刻度线，摇匀即得浓度分别为 2ppm、3ppm、4ppm、5ppm 和 6ppm 的标准溶液。

（5）稀释原始溶液：用移液枪准确移取浓度为 0.2 wt% 的原始溶液 0.3 mL 到 100 mL 容量瓶，加去离子水稀释至刻度线，摇匀待用。

（6）稀释平衡溶液：取少量振荡达平衡的平衡溶液，在离心机上离心分离，用移液枪移取上层清液 0.3 mL 放入 100 mL 容量瓶，加去离子水稀释至刻度线，摇匀待用。注意为防止吸入活性炭，不可将移液枪头插到离心管底部。

（7）选择工作波长：用 4ppm 标准溶液在 400~800 nm 范围内测量其吸光度，选择吸光度最大者作为工作波长。

（8）吸光度测量：以去离子水为空白溶液，分别测量五个标准溶液，以及稀释后的原始溶液和平衡溶液的吸光度。

实验数据处理

（1）工作曲线绘制：以五个亚甲基蓝标准溶液浓度对吸光度作图，绘制工作曲线。

（2）求亚甲基蓝原始溶液浓度 c_0 和平衡溶液浓度 c。

根据实验测得原始溶液的吸光度值，在工作曲线上查得对应浓度值，乘以稀释倍数（100/0.3），即为稀释前原始溶液的浓度 c_0（ppm），同法求得稀释前平衡溶液浓度 c（ppm）。

（3）计算比表面积

$$A = \frac{(c_0 - c) \times 10^{-6}}{m} \times G \times 2.45 \times 10^3 (m^2/g) \qquad (2\text{-}24\text{-}5)$$

其中：c_0 为原始溶液浓度（ppm）；c 为平衡溶液浓度（ppm）；m 为制备平衡溶液时加入的活性碳质量（g）；G 为制备平衡溶液时加入亚甲基蓝原始溶液的质量（50 g）；2.45 表示 1 mg 亚甲基蓝可覆盖活性炭的面积为 2.45 m^2。

原始溶液与平衡溶液浓度的计算：因工作曲线的浓度单位是 ppm，所以在标准曲线上得到的浓度值，单位也是 ppm，乘以 10^{-6} 可转换为每克溶液中含亚甲基蓝的克数；

再乘以稀释倍数，可计算出稀释前每克溶液含亚甲基蓝的克数，即：

$$（查图所得）ppm × 10^{-6} × 稀释倍数（g/g）$$

表 2-24-1 实验数据记录表

室温：＿＿＿＿＿＿＿　　　分光光度计工作波长：＿＿＿＿＿＿＿

待测液	2ppm	3ppm	4ppm	5ppm	6ppm	原始溶液	平衡溶液1	平衡溶液2
吸光度								
活性炭质量/g	□	□	□	□	□			

思考题

（1）为什么亚甲基蓝原始溶液浓度控制在 0.2 wt% 左右，吸附平衡后，亚甲基蓝溶液浓度不低于 0.1 wt%？若吸附后，浓度太低，在实验中操作应如何改动？

（2）用分光光度计测量亚甲基蓝溶液浓度时，为什么要将溶液浓度稀释到 ppm 级，才进行测量？

（3）透光度为透射光强度占入射光强度的百分数，吸光度是否是吸收光强度占入射光强度的百分数？如忽略反射光，透光度和吸光度应如何换算？

参考文献：

[1] 复旦大学，等. 物理化学实验（上册）[M]. 北京：高等教育出版社，2006.

[2] 邱金恒，等. 物理化学实验[M]. 北京：高等教育出版社，2010.

实验 25 滴重法测定液体的表面张力

实验目的

（1）了解哈金斯校正因子表的使用方法。

（2）掌握迭代法计算毛细管半径的基本原理。

（3）掌握滴重法测定液体表面张力的基本原理和方法。

实验原理

当液体在屈氏黏力管滴重计管口悬挂尚未滴下时，液体的表面张力与毛细管半径、液滴质量具有以下关系：

$$2\pi r\sigma = mg \tag{2-25-1}$$

式中：σ 为液体的表面张力（N·m^{-1}）；r 为毛细管半径（m），润湿时为外半径，不润湿时为内半径；m 为液滴质量(g)；g 为重力加速度 （9.81 m·s^{-2}）。

实际观察发现测量时液滴并未全部滴落，有部分收缩回去，且液滴对毛细管口并未完全润湿，故将上式校正为：

$$2\pi r\sigma f = m'g \tag{2-25-2}$$

式中：m' 为液滴质量；f 为哈金斯校正因子。

哈金斯校正因子 f 是 $r/v^{1/3}$ 的函数，其数值可由哈金斯校正因子表查得。v 是液滴的体积，可由液滴的质量和密度计算得到。

上式中 r 和 f 均是未知数，可用迭代法求得，本实验选用去离子水为标准样品，其表面张力和密度均为已知值，迭代方法如下：

先用游标卡尺量出滴重计管端的外直径 d，计算出半径 r_0；以 r_0 作为初始值，根据水的密度 ρ 和液滴质量 m'，求得 $r_0/v^{1/3}$，查哈金斯校正因子表得 f_1。将水的表面张力 σ、计算得到的水滴质量 m' 和 f_1，代入公式 $2\pi r\sigma f_1 = m'g$，获得第一次迭代结果 r_1；再以 $r_1/v^{1/3}$ 查哈金斯校正因子表得到 f_2，代入 $2\pi r\sigma f_2 = m'g$，获得第二次迭代结果 r_2。采用相同的方法。反复迭代，当相邻两次迭代值的相对误差（$|(r_{i-1}-r_i)/r_i|$）小于 5‰ 时，终止迭代，所得 r_i 为最终结果。

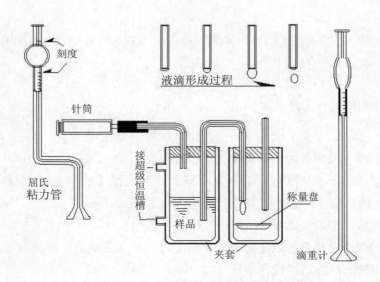

图 2-25-1 滴重法测表面张力与恒温装置

实验过程中，控制滴落的水与待测液的总体积相等，带入公式：$\dfrac{4}{3}\pi r_{水}^3 \times n_{水} = \dfrac{4}{3}\pi r_{测}^3 \times n_{测}$，根据水滴半径 $r_{水}$ 可求得待测液滴半径 $r_{测}$，测量待测液体液滴的质量和液体密度，可由 $r_{测}/v^{1/3}$ 查表得 $f_{测}$。代入 $2\pi r_{测}\sigma f_{测} = m'g$，即可计算出待测液体的表面张力。

表 2-25-1　哈金斯校正因子表

$r/v^{1/3}$	f	$r/v^{1/3}$	f	$r/v^{1/3}$	f
0.00	1.0000	0.75	0.6032	1.225	0.656
0.30	0.7256	0.80	0.6000	1.25	0.652
0.35	0.7011	0.85	0.5992	1.30	0.640
0.40	0.6828	0.90	0.5998	1.35	0.623
0.45	0.6669	0.95	0.6034	1.40	0.603
0.50	0.6515	1.00	0.6098	1.45	0.583
0.55	0.6362	1.05	0.6179	1.50	0.567
0.60	0.6250	1.10	0.6280	1.55	0.551
0.65	0.6171	1.15	0.6407	1.60	0.535
0.70	0.6093	1.20	0.6535		

〰 仪器与试剂

1. 仪器

屈氏黏力管 1 支，比重瓶 1 个，烧杯(50 mL、100 mL)各 1 个，洗耳球 1 个，游标卡尺 1 个。

2. 药品

表面活性剂溶液，去离子水，无水乙醇(AR)。

〰 实验步骤

（1）用游标卡尺测量屈氏黏力管滴重计的直径。

（2）测量去离子水从滴重计上刻度线到下刻度线滴下液滴的总质量 W 和滴数 n，计算出每滴水的质量，用迭代法求得水滴半径 $r_{水}$。

（3）用无水乙醇润洗滴重计，烘干，冷却后待用。

（4）测量表面活性剂溶液从滴重计上刻度线到下刻度线滴下液滴的总质量 W' 和滴数 n'，计算出待测液滴的半径 $r_{测}$。

（5）测量待测溶液的密度(方法见附录中比重瓶法)。

实验数据处理

表 2-25-1 实验数据记录表

溶液温度：_____ 滴重计直径 d：_____

待测液	滴数	质量/g	密度瓶质量/g
去离子水			空瓶质量： 满瓶质量：
待测溶液 1 编号：			空瓶质量： 满瓶质量：
待测溶液 2 编号：			空瓶质量： 满瓶质量：

思考题

（1）用滴重法测量表面张力时能否采用游标卡尺直接测量 r，然后代入公式计算？

（2）本方法也能用于测量液–液界面张力，请考虑应如何测量（提示：考虑浮力影响）。

实验 26　最大泡压法测定溶液的表面张力

实验目的

（1）掌握最大气泡压力法测定溶液表面张力的原理和技术。

（2）测定不同浓度乙醇溶液的表面张力，计算吸附量。

（3）了解气液界面的吸附作用，掌握计算表面层被吸附分子的截面积和吸附层厚度的方法。

实验原理

1. 表面张力的概念及测定原理

表面张力是液体的重要性质之一，由表面层分子受力不均衡引起，如液体与其蒸气构成的系统：液体内部分子与周围分子间的作用力呈球形对称，可以彼此抵消，合力为零；而表面层分子处于力场不对称的环境中，液体内部分子对它的作用力远大于液面上蒸气分子对它的作用力，从而使其受到指向液体内部的拉力作用，称为表面张力，用符号 σ 表示，单位是 $N \cdot m^{-1}$。表面张力可理解为垂直作用于单位长度相界面线段上的表面紧缩力，故液体都有自动缩小表面积的趋势。

定温下液体的表面张力为定值，若加入溶质形成溶液，表面张力发生变化，其变化值的大小决定于溶质的性质和加入量的多少。

测定溶液表面张力的方法有毛细管上升法、滴重法、拉环法、最大气泡压力法（泡压法）等，其中泡压法操作方便，应用较多。

泡压法实验中气泡的形成过程：样品管内盛有一定量待测液体，在液面上方安装毛细管，使毛细管下端恰好与液面相切。当毛细管内液面上方压力大于样品管中液面上方压力，且此压力差在毛细管端面上产生的作用力稍大于毛细管口液体的表面张力时，气泡从毛细管口脱出，此压力差称为附加压力 Δp。附加压力与液体的表面张力成正比，与气泡的曲率半径成反比，遵循拉普拉斯公式：

$$\Delta p = \frac{2\sigma}{R'} \tag{2-26-1}$$

式中：Δp 为附加压力，σ 为表面张力，R' 为气泡的曲率半径。

气泡开始形成时，表面几乎是平的，此时曲率半径 R' 最大，附加压力 Δp 最小；随着气泡的形成，曲率半径逐渐变小，当气泡呈半球形时（如果毛细管半径很小，形成的气泡基本是球形），曲率半径达最小值，附加压力达最大值，此时曲率半径 R' 和毛细管半径 r 相等；气泡进一步长大，R' 逐渐变大，附加压力逐渐变小，直到气泡逸出。

实验中，如果使用同一支毛细管和压差计，用已知表面张力的液体为标准样品，分别测定标准样品和待测样品的最大附加压力，根据式（2-26-1）可计算求得未知液体的表面张力，测量时毛细管端刚好与液面接触，可忽略气泡鼓泡所需克服的净压力。

$$\frac{\sigma_1}{\sigma_2} = \frac{\Delta p_1}{\Delta p_2} \tag{2-26-2}$$

$$\sigma_2 = \frac{\sigma_1}{\Delta p_1}\Delta p_2 = K\Delta p_2 \tag{2-26-3}$$

其中，$K = \dfrac{\sigma_1}{\Delta p_1}$ 被称为仪器常数。

2. 吸附等温方程式及相关参数的计算

根据能量最低原理，溶质能降低溶剂的表面张力时，其在表面层中的浓度大于溶液本体的浓度；反之，溶质使溶剂的表面张力升高时，它在表面层中的浓度比在体相内部的浓度低，这种溶质的表面层浓度与本体浓度不同的现象叫做溶液的表面吸附。

通常用吸附量 Γ 表示溶质在表面层的吸附现象，在单位面积的表面层中所含溶质的物质的量，与具有相同数量溶剂的本体溶液中所含溶质的物质的量之差值，称为吸附量。在指定的温度和压力下，溶质在表面层的吸附量 Γ 与溶液的表面张力 σ 及吸附达到平衡时溶液的浓度 c 之间的关系遵守吉布斯（Gibbs）吸附等温式：

$$\Gamma = -\frac{c}{RT}\left(\frac{\partial \sigma}{\partial c}\right)_{T,p} \tag{2-26-4}$$

式中：R 为摩尔气体常数。

引起溶剂表面张力显著降低的物质叫表面活性物质，$\Gamma > 0$，发生正吸附；反之称为表面惰性物质，$\Gamma < 0$，发生负吸附。表面活性物质分子在表界面层中的排列方式，决定于它在液层中的浓度，被吸附分子在表面层的浓度逐渐增大时，排列方式不断改变，如图 2-26-1 所示。

图 2-26-1 中(a)和(b)是不饱和吸附层中分子的排列，(c)是饱和吸附层中分子的排列，当被吸附分子在表面层的浓度不再增加，形成饱和吸附层时，表面活性物质分子定向排列，碳氢链向上指向空气，吸附层为单分子层。

定温下随着表面活性物质分子在表面层浓度的增加，溶液的表面张力逐渐减小，如图 2-26-2 所示。

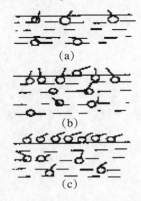

图 2-26-1　被吸附分子在表面层的排列　　　图 2-26-2　表面张力等温线

开始阶段 σ 值下降显著，随后下降速率逐渐缓慢，最终 σ 的数值恒定为某一常数，在图中曲线上某点作切线，将切线斜率代入吉布斯吸附等温式(2-26-4)，可求得某浓度时的表面吸附量 Γ(手工作图可按式 2-26-5 处理)。

$$\left(\frac{\partial \sigma}{\partial c}\right)_{T,p} = -\frac{Z}{c}$$

$$\Gamma = -\frac{c}{RT}\left(\frac{\partial \sigma}{\partial c}\right)_{T,p} = \frac{Z}{RT} \tag{2-26-5}$$

将求得的 Γ 与 c 代入单分子层吸附公式-朗格缪尔(Langmuir)吸附等温式：

$$\Gamma = \Gamma_\infty \frac{bc}{1+bc} \tag{2-26-6}$$

其中为 b 为吸附常数，Γ_∞ 为饱和吸附量，即表面铺满单分子层时的吸附量，整理可得：

$$\frac{c}{\Gamma} = \frac{c}{\Gamma_\infty} + \frac{1}{b\Gamma_\infty} \tag{2-26-7}$$

以 c/Γ 对 c 作图，得一直线，根据直线的斜率 $1/\Gamma_\infty$，可求得饱和吸附量 Γ_∞。将 Γ_∞ 代入公式(2-26-8)，可求得被吸附分子的截面积 A，式中 L 为阿佛加得罗常数。

$$A = \frac{1}{\Gamma_\infty L} \qquad\qquad (2\text{-}26\text{-}8)$$

若已知表面活性物质的密度 ρ，摩尔质量 M，可计算吸附层厚度 δ：

$$\delta = \frac{\Gamma_\infty M}{\rho} \qquad\qquad (2\text{-}26\text{-}9)$$

☷ 仪器与试剂

1. 仪器

表面张力仪 1 套，100 mL 容量瓶 7 个，移液枪 1 套，20 mL 量筒 8 个。

2. 试剂

无水乙醇（AR），去离子水。

☷ 实验步骤

1. 样品的配置

用移液枪分别移取 0.3 mL、0.6 mL、1.2 mL、1.8 mL、2.4 mL、3.0 mL、4.0 mL 无水乙醇，放入 100 mL 容量瓶中，加去离子水至刻度线，配制一系列浓度的乙醇水溶液。

2. 仪器准备与系统检漏

（1）将毛细管洗净、烘干后备用。

（2）接通电源，开启仪器开关。

（3）设置水浴温度为 30.00 ℃，切换到加热状态。

（4）向样品管中加入适量待测液体，固定样品管，插入安装好的毛细管，调节毛细管高度使毛细管管口刚好与液面垂直相切，毛细管的安装及调节方法见附录 2。

（5）关闭微压调压阀（顺时针旋转为关闭，逆时针旋转为打开），恒温 5 min 后，选择压力测量单位为"kPa"，按"采零"键，塞紧毛细管活塞。

（6）打开微压调压阀，控制【压力显示】窗口显示数值变化幅度小于 0.1 kPa，毛细管口有气泡产生时，关闭微压调节阀，若压差计数值基本稳定，表示体系不漏气。

注：①起始出泡峰值可能不太稳定，②由于是微压测量，管路稍有晃动会影响系统压力。

3. 溶液表面张力的测定

（1）打开微压调节阀，控制【压力显示】窗口显示数值变化幅度小于 0.003 kPa/s，使气泡缓慢地由毛细管尖端成单泡逸出，读取【压力峰值】窗口数据，每个样品测量 5 次取平均值。

（2）调节毛细管高度，打开微压调节阀吹干毛细管，取下毛细管和样品管塞。

（3）依次测量去离子水及 7 个不同浓度乙醇水溶液的压力峰值。

（4）实验完毕，拆卸毛细管，关闭电源，清洗玻璃仪器。

注：①微压调节阀非常精密和灵敏，调节时需缓慢，不可幅度过大，②管路需保

持清洁干燥，不能有异物和液体。

实验注意事项：

（1）测定系统不能漏气，乳胶管与玻璃仪器、压差计等相互连接时，接口与乳胶管必须插牢，保证实验系统的气密性。

（2）毛细管必须保持干净，不能堵塞，测量时保持垂直，其管口刚好与液面相切。

（3）读取压差计数值时，取气泡单个逸出时的最大压力差。

实验数据处理

（1）配制不同浓度待测溶液。

表 2-26-1　待测溶液的配制

无水乙醇温度：＿＿＿＿＿＿＿

样品编号	1	2	3	4	5	6	7	8
无水乙醇/mL	0	0.3	0.6	1.2	1.8	2.4	3.0	4.0
体积/mL	100	100	100	100	100	100	100	100
浓度/mol·L^{-1}								

（2）测量不同浓度乙醇水溶液的压力峰值，计算其表面张力 σ，绘制 σ-c 等温线。

表 2-26-2　不同浓度溶液的压力峰值测量

室温：＿＿＿＿＿＿　恒温槽温度：＿＿＿＿＿＿　水的表面张力：＿＿＿＿＿＿

样品编号		1	2	3	4	5	6	7	8
压力峰值/kPa	1								
	2								
	3								
	4								
	5								
	平均值								
表面张力 σ/ mN·m^{-1}									

（3）求出 σ-c 等温线上各数据点所在切线的斜率，根据吉布斯吸附等温式，计算表面吸附量 Γ。

（4）根据朗格缪尔吸附等温式，以 c/Γ 对 c 作图，由直线斜率 $1/\Gamma_\infty$，求得饱和吸附量 Γ_∞。

（5）查表得到乙醇的密度 ρ，计算吸附层厚度 δ。

思考题

（1）实验中为何要求毛细管管口恰好与液面相切？如果毛细管端口进入液面有一定深度，对实验数据有何影响？

（2）最大泡压法为什么要求读最大压力差？如果气泡逸出很快或者几个气泡一起逸出，对实验结果有何影响？

（3）实验温度不恒定对实验结果有何影响？

附录：

1. 实验装置示意图

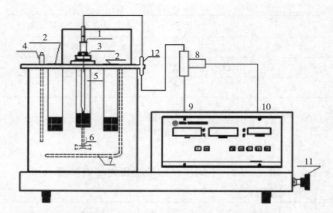

1—毛细管活塞；2—待测样品管；3—样品管紧固螺栓；4—温度传感器；5—样品管；
6—搅拌器；7—加热器；8—三通；9—压力传感器；10—微压调节输出接嘴；11—微压
调节阀；12—毛细管活塞转接嘴

图 2-26-3　测试装置示意图

2. 毛细管安装示意图

旋松所有紧固件，插入毛细管，拧紧毛细管调节顶丝，将毛细管放入样品管中；调节高度调节螺栓使毛细管与液面相切，拧紧位置锁定螺母；微调毛细管调节顶丝，使毛细管与液面垂直相切。

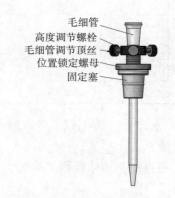

毛细管
高度调节螺栓
毛细管调节顶丝
位置锁定螺母
固定塞

图 2-26-4　毛细管安装示意图

实验27　有序介孔氧化硅 MCM-41 的合成及比表面积测定

☾ **实验目的**

（1）掌握介孔材料 MCM-41 的合成方法。

（2）了解 BET 多分子层吸附理论的基本假设和 BET 容量法测量固体比表面积的基本原理。

（3）掌握 JW-BK122W 比表面及孔径分析仪的工作原理和使用方法。

☾ **实验原理**

1. 有序介孔 MCM-41 的合成

根据国际纯粹与应用化学协会（IUPAC）的定义，孔径小于 2 nm 的称为微孔；孔径在 2~50 nm 的称为介孔（或称中孔）；孔径大于 50 nm 的称为大孔。在多孔材料中，介孔材料具有较高的比表面积和丰富的三维孔道。

MCM-41 是 Mobil 公司于 1992 年合成的呈现有序"蜂巢状"多孔结构（由一维线性孔道呈六方密堆积的阵列）的二氧化硅介孔材料，MCM-41 有较大的孔体积和较大的比表面积（700~1 500 m^2/g）。因此引起了广泛的关注，在催化、吸附等众多领域具有良好的应用前景。

有序介孔氧化硅 MCM-41 介孔合成机理较为复杂，比较典型的主要有两种：液晶模板机理和协同自组装机理。

液晶模板机理：表面活性剂形成的溶质液晶是形成 MCM-41 结构的模板剂，在硅源加入前，具有亲水和疏水基团的表面活性剂首先在水中形成球形胶束，再形成棒状（柱状）胶束，最后生成六方有序排列的液晶结构。加入硅源后，两者间的静电作用促使硅源在液晶结构表面发生水解缩聚反应形成三维网状结构的硅酸骨架。最后通过溶剂萃取法或者煅烧法将模板剂脱除，得到具有六方相的介孔材料，其具体过程如图 2-27-1（a）所示。

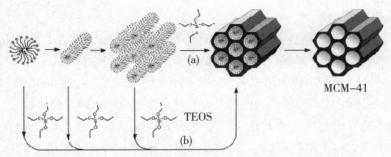

图 2-27-1　介孔材料的合成机理［（a）液晶模板机理和　（b）协同作用机理］

协同作用机理：图 2-27-1(b)所示，该机理认为无机与有机分子级物种之间协同合作，共同生成三维有序的排列结构。多聚的硅酸盐阴离子与表面活性剂阳离子发生相互作用，在界面区域的硅酸根聚合改变了无机层的电荷密度，使得表面活性剂的长链相互接近，无机物种和有机物种之间的电荷匹配控制表面活性剂的排列方式。预先有序的有机表面活性剂的排列不是必需的，但它们可能参与反应。反应的进行将改变无机层的电荷密度，整个无机和有机组成的固相也随之改变。最终的物相则由反应进行的程度和表面活性剂的排列情况而定。该机理有助于解释合成中的许多实验现象，具有一定的普遍性和指导作用。

上述机理在后期的研究中显示出了一些不足的地方。在介孔材料合成过程中模板剂的浓度一般都远低于其形成液晶所需的最低临界胶束浓度，仍能合成 MCM－41。协同作用机理尽管能够解释有序介孔的形成过程，但也无法合理的说明表面活性剂/无机源参数比对介孔结构的影响。

在 MCM－41 的合成中正硅酸四乙酯作为硅源使用，其发生的水解和缩聚反应如图 2-27-2 所示。

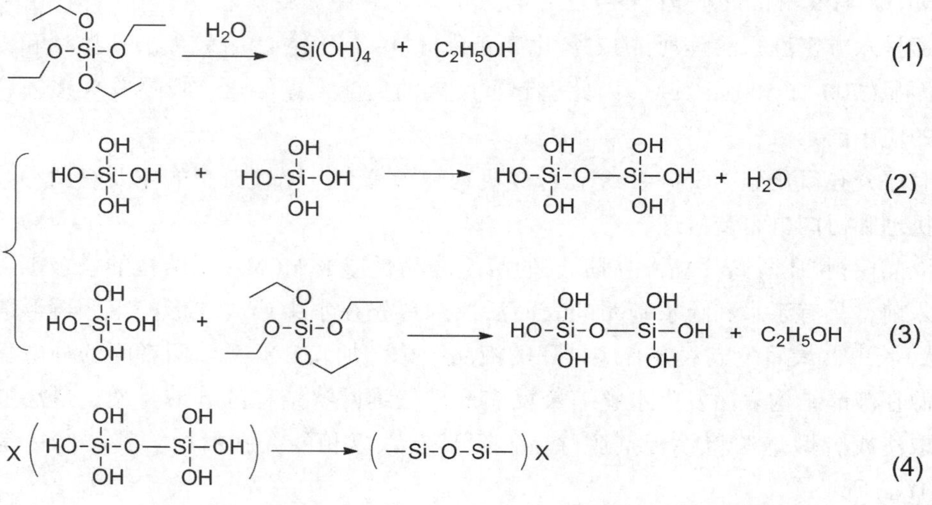

$$\text{(EtO)}_3\text{Si-OEt} \xrightarrow{\text{H}_2\text{O}} \text{Si(OH)}_4 + \text{C}_2\text{H}_5\text{OH} \tag{1}$$

$$\text{(HO)}_3\text{Si-OH} + \text{HO-Si(OH)}_3 \longrightarrow \text{(HO)}_3\text{Si-O-Si(OH)}_3 + \text{H}_2\text{O} \tag{2}$$

$$\text{(HO)}_3\text{Si-OH} + \text{(EtO)}_3\text{Si-OEt} \longrightarrow \text{(HO)}_3\text{Si-O-Si(OH)}_3 + \text{C}_2\text{H}_5\text{OH} \tag{3}$$

$$x\left(\text{(HO)}_2\text{Si-O-Si(OH)}_2\right) \longrightarrow \left(-\text{Si-O-Si}-\right)x \tag{4}$$

图 2-27-2　正硅酸四乙酯的水解和缩合过程

2. 比表面积的测定

比表面积是指单位质量物料所具有的总面积，单位为 m^2/g，是评价催化剂、吸附剂及其他多孔物质如石棉、矿棉、硅藻土及粘土类矿物的重要性质之一。实践和研究表明，比表面积与材料的众多性能密切相关，如吸附性能、催化性能、表面活性、储能容量及稳定性等，因此测定粉体材料比表面积具有非常重要的应用和研究价值。

固体表面的吸附是表面物理化学的重要研究内容。吸附现象广泛存在于生产实践和科学实验中，如多相催化反应、色谱分析和气体的分离与纯化等。固体吸附剂吸附能力的大小与其比表面积有关。比表面积是评价吸附剂、催化剂性能的重要数据之一。

目前测定固体比表面的方法很多，如 BET 低温吸附法、溶液吸附法、电子显微镜间接计算法等。使用亚甲基蓝水溶液吸附法测定固体比表面积是常用的方法之一，但实验中，亚甲基蓝溶液的浓度和吸附平衡条件等因素对比表面积的测定结果具有直接影响，容易造成测量结果存在较大的误差，在实际应用中存在一定的局限。目前 BET 低温吸附法日益受到重视，已经成为测定固体比表面积最常用的方法。

如果 1 g 吸附剂内外表面形成完整的单分子吸附层后达到饱和，将该饱和吸附量（吸附质分子数）乘以每个分子在吸附剂上占据的面积，即可求得吸附剂的比表面积。其 BET 方程斜率截距图如图 2-27-3 所示。

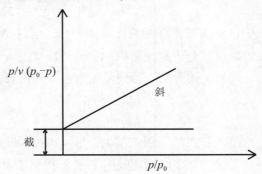

图 2-27-3 BET 方程斜率截距图

实验研究表明大多数固体物质对气体的吸附并不是单分子层的，尤其是物理吸附，多为多分子层吸附。1938 年 Brunaure、Emmett 和 Teller 等三人将 Langmuir 吸附理论推广到多分子层吸附现象，建立了 Brunaure-Emmett-Teller（简称 BET）多分子层吸附理论。其基本假设是：固体表面是均匀的，固体对气体的物理吸附是范德华力的作用结果。在固体表面吸附了一层分子后，由于吸附分子之间存在范德华力，可以继续发生多层吸附。但第一层的吸附与以后各层的吸附本质不同，前者是气体分子与固体表面直接作用，而第二层以后各层吸附是相同分子之间的相互作用。吸附平衡是吸附与解吸的动态平衡。根据这些假设推导出 BET 方程。

其基本等温式为：

$$\frac{p}{V(p_0 - p)} = \frac{1}{V_m C} + \frac{(C-1)}{V_m C} \frac{p}{p_0} \tag{2-27-1}$$

此式就是 BET 方程的线性形式，实际使用时常写成：

$$\frac{p/p_0}{V(1 - p/p_0)} = \frac{1}{V_m C} + \frac{(C-1)}{V_m C} \frac{p}{p_0} \tag{2-27-2}$$

式中：p 为吸附质气体分压（Pa）；p_0 为吸附温度下吸附质的饱和蒸气压（Pa）；V_m 为样品上形成单分子层需要的气体量（mL）；V 为被吸附气体的总体积（mL）；C 为与吸附有关的常数。

BET 法测定比表面是以氮气为吸附质。测定固体的比表面积的关键是得到单层饱和吸附量。以 $\frac{p}{V(p_0 - p)}$ 对 $\frac{p}{p_0}$ 作图可得一直线，其斜率为 $\frac{(C-1)}{V_m C}$，截距为 $\frac{1}{V_m C}$，由此可得：

$$V_m = \frac{1}{斜率 + 截距} \qquad (2\text{-}27\text{-}3)$$

从 V_m 值可以算出铺满单层分子时所需要的分子的个数，若已知每个被吸附分子的截面积，可求出被测样品的比表面积，即：

$$S_g = \frac{V_m N_A A_m}{22400 W} \qquad (2\text{-}27\text{-}4)$$

式中：S_g 为被测样品的比表面积（m^2/g）；N_A 为阿佛加得罗常数（6.023×10^{23}）；A_m 为被吸附氮气分子的截面积（$A_m = 16.2 \times 10^{-20} m^2$）；$W$ 为被测样品质量（g）。

代入上述数据，得到氮吸附法计算比表面积的基本公式。

$$S_g = 4.36 \frac{V_m}{W} \qquad (2\text{-}27\text{-}5)$$

BET 公式的适用范围为 $p/p_0 = 0.05 \sim 0.35$。这是因为当比压小于 0.05 时，压力太小，无法建立多层物理吸附平衡，甚至连单分子层物理吸附也未完全形成。当比压大于 0.35 时，由于毛细管凝聚变得显著，破坏了多层物理吸附平衡。

⚒ 仪器与试剂

1. 仪器

JW-BK122W 型比表面及孔径分析仪、超声波清洗器、电子分析天平、250 mL 三口瓶、回流冷凝管、磁力搅拌子、加热磁力搅拌器、抽滤装置一套、水泵、电子分析天平、鼓风干燥箱、马弗炉、液氮、氮气、氦气。

2. 试剂

氨水（$NH_3 \cdot H_2O$，25 wt%）、十六烷基三甲基溴化铵（CTAB）、正硅酸四乙酯（TEOS）和去离子水。

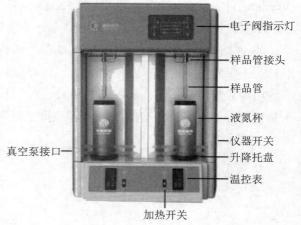

图 2-27-4　JW-BK122W 型比表面及孔径分析仪示意图

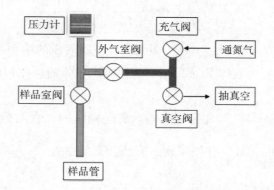

图 2-27-5　JW-BK122W 型比表面及孔径分析仪的管路示意图

🔥 **实验步骤**

1. 介孔氧化硅 MCM-41 的合成

在搅拌条件下，首先将 102 mL $NH_3 \cdot H_2O$(25 wt%)加入到 135 mL 去离子水中，然后再加入 1.0 g CTAB，加热到 28~30 ℃，待 CTAB 完全溶解后继续搅拌 1 h。然后加入 5 mL TEOS，继续搅拌 2 h。最后将反应产物过滤，用去离子水洗涤三次，随后在鼓风干燥箱中 100 ℃ 干燥 1 h。将所得样品放入坩埚中，在马弗炉中 550 ℃ 焙烧 4~5 h，去除 CTAB，得到介孔氧化硅 MCM-41。

2. 介孔氧化硅 MCM-41 比表面积的测定

利用 JW-BK122W 型比表面与孔径分析仪测定介孔氧化硅 MCM-41 的比表面积。

（1）开机。

①接通气路，打开氮气和氦气钢瓶，压力显示为 0.2~0.3 MPa 左右。

②打开仪器电源，开启真空泵电源。打开仪器控制软件，进入操作界面。

③测量大气压：将一只样品管卸下，勾选样品室和外气室，点击重置，工具栏下方显示为当前的大气压力。

（2）样品的预处理。

①差值法称量样品的质量。取一根样品管，记录样品管编号，称量样品管和芯棒的质量。在样品管中加入约 0.05~0.1 g 样品，再称量样品管、芯棒和样品的总质量，用差值法求出样品的质量。

②在样品管上依次放置防液氮挥发盖、样品管卡套、不锈钢垫和密封圈。将样品管插入仪器插口，用卡套旋紧固定。

③将样品管套上加热包，对样品抽真空并加热(温度设为 150 ℃，也可根据样品情况调整)，保持 1~2 h，卸下加热包，冷却至室温。

（3）准备液氮。

将盛有液氮的液氮杯放置于托盘上。

（4）测量文件的设定。

①打开计算机上比表面及孔径分析仪的应用程序，点击工具栏上"文件"选项，在下拉菜单中点击"新建"选项。

②点击"实验开始命令"选项，在实验类型选择窗口，选择"比表面测定"，点击"下一步"选项。

③在样品信息窗口填入样品的名称、编号、质量、操作人员及数据设定保存路径。设置完成后点击"下一步"选项。

④进入实验参数设置窗口，在"V_d"输入数值。"Q"值处选择自动测定。设置完成后点击"下一步"选项。

⑤在 p_0 测定窗口，在"固定值"处输入实测的大气压。点击"下一步"选项。

⑥在压力设置窗口设置压力值。设置完成后，点击"下一步"选项，进行 BET 选

点范围设置，默认设为 0.05~0.3。点击"下一步"选项。

⑦进行热延时设置，设置 3 min。点击"下一步"选项。

⑧进行实验报告的选择，灰色并已勾选的为默认设置，其他可根据需要选择。保存参数后，点击"完成"选项。

⑨软件中间显示运行状态，当软件弹出"液氮杯上升"提示框后，将盛有液氮的液氮杯放置在托盘上，点击对话框的"确定"选项，开始样品测试。

（5）样品质量的校正。

测试结束后，取下液氮杯。将测定完的样品管重新预处理 10~15 min 后（加热和抽真空），冷却至室温，点击充气按钮，气压达到 80 kPa 时仪器自动停止充气，取下样品管在电子分析天平上准确称量质量并记录。利用差值法得到样品的最终质量，然后在软件工具栏"实验参数设置"选项里输入新质量，点击保存按钮，得到样品测试结果。

（6）关机。

①将空样品管装入仪器，保持仪器内部气路密闭。依次关闭软件、仪器电源、真空泵电源、氮气钢瓶和氦气钢瓶。

②依次取出测试后样品管的芯棒和样品，冲洗样品管，放入干燥箱中干燥。

（7）测试报告。

点击工具栏上【打印预览】按钮查看实验结果，点击【打印】按钮打印实验结果，点击【保存数据】按钮，保存实验数据。

♨ 实验数据处理

（1）选取 p/p_0 在 0.1~0.25 之间的吸附峰，得到 6~10 组吸附峰数据。记录 p/p_0 和相对应的 V'。

（2）令 $X=p/p_0$，$Y=\dfrac{p/p_0}{V'(1-p/p_0)}$，以 Y 对 X 作图可得一条直线，由直线的斜率和截距求得 V'_m。

（3）代入氮吸附法计算比表面积的基本公式 $S_g = 4.36V'_m (\mathrm{m^2/g})$，求得产物比表面积。

注：JW-BK122W 型比表面及孔径分析仪导出的数据 V' 实际上是平衡压力为 p 时每克固体的吸附量，即 $V' = \dfrac{V}{W}$，故由分析仪求出的 V'_m 值等于(2-27-5)式中的 $\dfrac{V_m}{W}$。

思考题

（1）什么是物理吸附？物理吸附为什么要在低温下进行？

（2）为什么在测量 BET 比表面积时，氮气的相对压力（p/p_0）选择在 $0.05 \sim 0.35$ 范围内？

（3）什么是 BET 比表面？什么是 Langmuir 比表面？

（4）若用 Langmuir 方法处理测量得到的数据，样品的比表面积偏大还是偏小？

参考文献：

[1] 傅献彩，等. 物理化学[M]. 5 版. 北京：高等教育出版社，2006.

[2] 复旦大学，等. 物理化学实验[M]. 3 版. 北京：高等教育出版社，2004.

[3] 夏春兰，王聪玲，楼台芳. 大学化学[M]. 活性炭在醋酸水溶液中对醋酸醇吸附实验条件摸索，2004，19（2）：40-44.

[4] 刘勇健，白同春. 物理化学实验[M]. 南京：南京大学出版社，2009.

[5] 顾月妹. 基础化学实验(Ⅲ)-物理化学试验[M]. 北京：化学工业出版社，2004.

[6] 北京大学化学学院物理化学实验教学组. 物理化学实验[M]. 北京：北京大学出版社，2002.

[7] 边绍伟，赵亚萍，咸春颖，等. 介孔碳材料 CMK-3 的合成及其吸附性能研究介绍一个综合化学实验[M]. 大学化学，2015，30（3）：47-50.

[8] 林永兴，孙立军，张文彬，等. 介孔材料的合成机理与应用[M]. 材料导报，2003，19（S1）：226-228.

第三部分　实验技术与仪器

第一节　温度的测量与控制

一、温度测量

温度是表征物体冷热程度的物理量，是确定体系状态的基本参数之一，在微观上表示物体分子热运动的剧烈程度。体系的许多性质都与温度密切相关。当体系达到热力学平衡态时，内部各组成部分具有相同的温度。温度参数难以直接测量，但可以根据物质的某些特性值与温度之间的函数关系间接获得。如水银温度计是假设水银的膨胀和收缩系数与温度呈线性关系，但是一般物质的特性与温度之间实际上并非严格呈线性关系，用不同物质制备的温度计测量同一体系时，所显示的温度往往不相同。

温度计按照测量方式分为接触式与非接触式两类。接触式温度计是指两个物体接触后，在足够长的时间内达到热平衡，两个互为热平衡的物体温度相等。非接触式温度计则是将选为标准的物体当作温度计使用，与被测物体相互不接触，利用物体的热辐射或其他特性实现测量。

二、温标

温标是温度的数值表示方法，是用来量度物体温度数值的标尺。温标的确立，需要具备以下三个条件：

（1）选择测温物质（特定温度计）。测温物质的某种物理性质（如体积、电阻、温差电位等）必须是温度的单值函数。

（2）确定基准点。温度的绝对值需要标定，不同温标有不同的标定方法，通常以某些高纯物质的相变温度作为温标的基准点。

（3）划分温度值。确定基准点之间的分隔，用外推法或内插法求得其他温度。

常用温标有三种，即摄氏温标、气体温标和热力学温标。

摄氏温标：用摄氏温度表示温度数值的方法叫摄氏温标。摄氏温标是 1742 年瑞典天文学家安德斯·摄尔修斯提出来的，在大气压为 101. 325 kPa 的条件下，冰水混合物的温度为 0 ℃，水的沸点为 100 ℃，中间划分为 100 等份，每份为 1 ℃。不同液体的膨胀系数随温度改变不同，确定的温标除定点相同外，其他温度往往有微小的差别。为了避免这些差异，提高温度测量的精确度，可选用理想气体温标（简称气体温标）作为标准，其他温度计必须用它校正才能得到可靠的温度数值。

气体温标：气体温度计有定压气体温度计和定容气体温度计两种。定压气体温度计的压强保持不变，用气体体积的改变作为温度标志，所定的温标用符号 t_p 表示。定容气体温度计体积保持不变，用气体压强作为温度标志，所定的温标用符号 t_V 表示。实验证明用不同的定容或定压气体温度计所测温度值均相同。在压强极限情形下，t_p 和 t_V 都趋于共同的极限温标 t，此极限温标叫做理想气体温标，简称气体温标。

热力学温标：热力学温标亦称为"开尔文温标"或"绝对温标"。是开尔文在 1848 年提出的，它建立在卡诺循环基础上，与测温物质性质无关：

$$T_2 = \frac{Q_1}{Q_2} T_1 \tag{3-1-1}$$

热力学温标符号为 K。理想气体在定容下的压力或定压下的体积与热力学温度呈严格的线性函数关系。氦、氢、氮等气体在温度较高、压力不太大的条件下，行为接近理想气体。所以，此种气体温度计的读数可以校正为热力学温标，但是气体温度计装置复杂，实现非常困难。

为了实用上的准确性和方便性，科学家们在 1927 年的国际计量大会上拟定了二级国际温标，建立了若干可靠且能高度重现的固定点，统一了国际上的温度量值。此后，在 1948、1960、1968 年又连续作了修订，1975 年第 15 届国际计量大会通过了"1968 年国际实用温标（简称 IPTS-68）的修订"。1976 年又提出了 0.5~30 K 的暂行温标（EPT-76）。1990 年执行的国际温标（ITS-90）是国际计量委员会根据第 18 届国际计量大会要求，于 1989 年会议中通过的，替代了 IPTS-68 和 EPT-76。ITS-90 同时定义国际开尔文温度（符号为 T_{90}）和国际摄氏温度（t_{90}），t_{90} 和 T_{90} 之间的关系为：

$$t_{90}/\text{℃} = T_{90}/K - 273.15 \tag{3-1-2}$$

T_{90} 与 t_{90} 之间的关系与 T 和 t 之间的关系相同，即：

$$t/\text{℃} = T/K - 273.15 \tag{3-1-3}$$

三、温度计

测量温度要根据具体情况使用不同类型的温度计。按温度计的用途可分为：基准温度计、标准温度计和工作温度计三种。基准温度计主要用于复现国际实用温标固定点温度，标准温度计用于将基准温度计的数值传递给实际使用的工作温度计，工作温度计是实际测量普遍使用的温度计。下面介绍几种常见的工作温度计。

1. 水银温度计

水银温度计是实验室常用的温度计之一。它使用方便、结构简单、价格低廉、具有较高的精确度，但是水银温度计容易损坏，水银的熔点为 234.45K，沸点为 629.85K，所以水银温度计适用范围为 238.15~633.15K，如果用石英玻璃作管壁，充入氮气或氩气，最高使用温度可达到 1073.15K。常用的水银温度计刻度间隔有 2K、1K、0.5K、0.2K、0.1K 等，可根据测定精度选用。

（1）水银温度计的种类和使用范围。

①一般使用。有 -5~105 ℃、150 ℃、250 ℃、360 ℃等，每分度 1 ℃或 0.5 ℃。

②量热用。有 9~15 ℃、12~18 ℃、15~21 ℃、18~24 ℃、20~30 ℃等，每分度 0.01 ℃。

③贝克曼（Beckmann）温度计。是一种移液式的内标温度计，测量范围为 -20~150 ℃，专用于测量温差。

④电接点温度计。可以在某一温度点上接通或断开，与电子继电器等装置配套使用，可以用来控制温度。

⑤分段温度计。从 -10~220 ℃，共有 23 支，每支温度范围 10 ℃，每分度 0.1 ℃，另外有从 -40~400 ℃，每隔 50 ℃一支，每分度 0.1 ℃。

（2）水银温度计的校正。

水银温度主要校正以下三方面：

①露茎校正。

以浸入深度区分，水银温度计有"全浸"和"非全浸"两种。非全浸式水银温度计有校正时浸入量的刻度，使用时若室温和浸入量均与校正时一致，所示温度是正确的。全浸式水银温度计使用时应全部浸入被测体系中，达到热平衡后才能读数。全浸式水银温度计如不能全部浸没在被测体系中，因露出部分与体系温度不同，必然存在读数误差，因此必须进行校正。这种校正称为露茎校正。校正公式为：

$$\Delta t = \frac{kn}{1-kn}(t_0 - t_e) \qquad (3\text{-}1\text{-}4)$$

式中：$\Delta t = t - t_0$ 是读数校正值；t 是温度的正确值；t_0 是温度计的读数；t_e 是露出待测体系外水银柱的有效温度，可从放置在露出一半位置处的另一支辅助温度计读出；n 是露出待测体系外部的水银柱长度，称为露茎高度，以温度差值表示；k 是水银对于玻璃的膨胀系数，使用摄氏温标时，$k = 0.00016$。式中 kn 远小于 1，因此：

$$\Delta t \approx kn(t_0 - t_e) \qquad (3\text{-}1\text{-}5)$$

②零位校正。

测量温度时，温度计的水银球也经历了一个变温过程，玻璃分子进行了一次重新排列。当温度升高时，玻璃分子的重新排列使水银球体积增大，当温度计从测温容器中取出时，温度突然降低，玻璃分子的排列滞后于温度的变化，水银球的体积跟使用前相比偏大，因此测定的零位低于使用前的数值。实验证明这一降低值比较稳定，且零位降低现象是暂时的，随着玻璃分子的构型缓慢恢复，水银球体积也会逐渐恢复，但是恢复时间较长，需要几天或更长的时间。因此若要准确地测量温度，使用时须用冰点器对温度计进行零位测定。

③分度校正。

水银温度计的毛细管内径、截面不可能绝对均匀，水银的视膨胀系数也不是一个常数，而是与温度有关。因此水银温度计温标与国际实用温标存在差异，需要进行分度校正。标准温度计和精密温度计由制造公司或国家计量机构进行校正，给予检定证书。实验室中以标准水银温度计为标准，与待校准温度计同时测定某一体系的温度，绘制校正曲线。也可以用纯物质的熔点或沸点作为标准，进行校正。若校正时条件与使用时相似，则使用时一般不需再作露出部分校正。

（3）水银温度计使用注意事项。

水银温度计测温时存在延迟时间，温度计应浸在被测物质中 1~6 min 后读数。为防止水银在毛细管上附着，读数时应轻轻弹动温度计。温度计尽量垂直，避免因温度计内部水银压力不同而引起误差，视线与水银凸面最高点相平。

水银温度计使用时应严格遵守操作规程，以防温度计损坏。如果内部水银洒出，应严格按"汞的安全使用规程"处理。

2. 水银贝克曼温度计

贝克曼温度计是一种精确测量温度变化的仪器，用来测量温度差值，最小刻度是 0.01 ℃，用放大镜读数可以估读到 0.002 ℃，温度刻度范围一般是 5~6 ℃，温度变化范围大于此值时，不能直接使用。

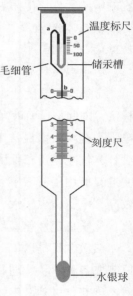

贝克曼温度计使用时，必须根据实验测量范围，把温度计毛细管中水银面调整在标尺的合适范围，水银球中水银量不同时，同样有 1℃ 的温差，毛细管中水银量上升高度不同，因此贝克曼温度计在不同温区的分度值不同，所得温差读数需乘以平均分度值才能得到真正的温差值。

通常贝克曼温度计用来测量介质温度在 −20 ℃ ~ +150 ℃范围内变化值不超过 5~6 ℃ 的温差，故此种温度计特别适用于量热学、凝固点下降、沸点升高以及其他需要测量微小温差的场合。

图 3-1-1　贝克曼温度计

下面以下降式贝克曼温度计（图 3-1-1）测量凝固点下降和沸点上升实例介绍其调节过程。

（1）首先测定与 ab 段长度汞柱相当的温度值 R，即升高多少度，才能使水银柱由贝克曼温度计刻度尺最高刻度 b 升高到贮槽毛细管最高处 a。测定方法是将贝克曼温度计和另一根普通温度计同时悬挂在盛水的烧杯中加热，由普通温度计读出使贝克曼温度计中水银柱从 b 上升到 a 所相当的温度 R，重复三次，取平均值。不同贝克曼温度计 R 值略有不同，大约为 2.0~2.5 ℃，如不作上述测量亦可把 2.5 ℃ 近似作为 R 值再作下步调节。

（2）将贝克曼温度计倒置，使水银柱中的水银与贮槽中水银相连，缓慢地将温度计旋转到到顶端稍高于下端的位置，将温度计插入温度为 t_1 的介质中，垂直放置，待平衡后取出，左手抓住贝克曼温度计 1/2 处，右手轻敲左手手腕，使水银柱在毛细管 a 处断开。

测量凝固点降低实验时，介质温度 t_1 可选择为 $t_1=t+R+4(℃)$。测量沸点升高实验时，介质温度 t_1 可选择为 $t_1=t+R-4(℃)$，式中 t 为实验需测定的起始温度。

（3）若水银球中水银过少，可将贝克曼温度计倒置，使水银柱和水银贮槽相连，放到冰水浴中，当贮槽中水银收缩到需测量温度时，取出贝克曼温度计，按前述方法使水银柱和贮槽断开。如水银球中水银过多，先将贝克曼温度计倒置，使水银柱和水银贮槽相连，加温使贮槽中水银膨胀达到要求的温度后取出，其他操作相同。有时也利用贝克曼温度计顶端贮槽处的温度标尺进行调节。

3. 电阻温度计

电阻温度计也称为电阻温度探测器（RTDs），是一种利用电阻与温度的关系测量温度的敏感元件。电阻温度计通常用于中、低温度范围（$-200\sim850$ ℃）的温度测量。随着科学技术的发展，目前其应用已扩展到 $-272\sim-268$ ℃ 的超低温领域以及 $1\,000\sim1\,200$ ℃ 的高温领域。

电阻温度计有金属电阻温度计和半导体热敏电阻温度计两种。

金属电阻温度计比较适用的材料为 Pt、Cu、Fe 和 Ni。由于 Pt 的物理化学性质非常稳定，因此是目前最好的热电阻材料。除此而外，Pt 也用来做成标准热电阻及工业用热电阻，是实验室最常用的温度传感器。Cu 可用来制成 $-50\sim150$ ℃ 范围内的工业电阻温度计，优点是价格低廉、易于提纯且复制性好，但由于 Cu 易于氧化，体积较大，所以一般只能用于对敏感元件尺寸要求不高的 150 ℃ 以下的低温。Fe 和 Ni 的电阻温度系数较高，电阻率也较大，因此，可以制成体积较小而灵敏度高的热电阻，缺点是容易氧化、化学稳定性差、不易提纯、重复性差、线性较差。

热敏电阻是以 Fe、Ni、Mn、Mo、Ti、Mg、Cu 等金属氧化物为原料烧结而成，可以制成各种形状。随着温度的变化，热敏电阻器的电阻值会发生显著的变化，是一个对温度变化极其敏感的元件，能直接将温度变化转换成电性能的变化，通过测量电性能的变化即可测出温度的变化。

珠形热敏电阻比较受工作者欢迎，其优点为：①电阻的温度系数大，约为 3%～6%，用一般电桥测量电阻变化即可达 0.001 ℃ 的灵敏度。②半导体温度计阻值大，因此由于导线及其接点引起的阻值变化可以忽略，可简化测量技术。③构造简单、体积小、热惯性小、反应迅速。缺点是稳定性欠佳，产品制造误差大因而互换性差。

热敏电阻测温原理：由于半导体和金属不同，半导体材料的结构一般都是共价的，大多数电子被共价键束缚，只有少数电子参加导电，所以电阻较高。但是随着温度的升高，共价键束缚电子能力减弱，参加导电的电子数目增多，所以电阻率下降。因此半导体的电阻率随温度的增加而显著地下降。其关系为：

$$\rho_T = \rho_{T_0}\exp\left[\beta\left(\frac{1}{T} - \frac{1}{T_0}\right)\right] \tag{3-1-6}$$

式中：ρ_{T_0} 为 0 ℃的电阻率，β 对某些材料来讲是正常数，T_0 以摄氏 0 ℃作标准。根据电阻温度系数 α 定义，有：

$$\alpha = \frac{d\rho}{\rho dT} = -\frac{\beta}{T^2} \tag{3-1-7}$$

由上式可以看出热敏电阻的温度系数是负值，对某些材料的热敏电阻，它仅是温度 T 的函数。

热敏电阻可配合电桥或直读式动圈仪表测量温度，使用时应注意：①半导体电能消耗应小于 10 mW，例如 2 K 半导体温度计电流不能超过 1 mA，以免温度计产生自热，使电阻本身温度高于被测介质温度。②半导体对光照强度、压力变化、振动等均很敏感，故必须封闭牢固。③电阻与温度是非线性关系，且不稳定，因此需要经常校正。

4. 热电偶温度计

热电偶的工作原理：两种不同成份的金属导体，两端经焊接形成闭合回路，直接测量端称为热端或工作端，引线与测量电路的连接端称为冷端或补偿端，当热端和冷端存在温差时，回路产生热电势，显示仪表会显示与电动势对应的温度数值，热电势随温度升高而增大，这一对金属导线的组合就称为热电偶温度计，简称热电偶。热电势的大小只和热电偶的材质以及两端的温度有关，与热电偶的长短粗细无关。

热电偶温度计结构简单、测量范围宽、使用方便、测温准确可靠、信号便于远传、自动记录和集中控制，在工业生产中应用广泛。热电偶温度计由三部分组成：热电偶（感温元件）、测量仪表（动圈仪表或电位差计）、连接热电偶和测量仪表的导线（补偿导线）。低温时两条导线可以用绝缘漆隔离，高温时，则需用石英管、磁管或玻璃管隔离，视使用温度不同而异。温差电势可以用电位差计、毫伏计或数字电压表测量，精密测量可使用灵敏检流计或电位差计。

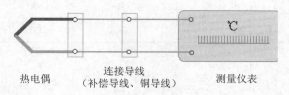

热电偶　　连接导线　　　　测量仪表
（补偿导线、铜导线）

图 3-1-2　简单的热电偶测温系统

热电偶温度计的特点有：①灵敏度高。如常用的镍铬–镍硅热电偶的热电系数达 40 μV·℃$^{-1}$，镍铬–考铜热电偶的热电系数则高达 70 μV·℃$^{-1}$，用精密电位差计测量，测量值均可达到 0.01 ℃的精度。②重现性好。热电偶制作条件的不同会导致其温差电势存在差异，但经过精密的热处理后，其温差电势–温度函数关系的重现性极好，由固定点标定后，可在较长时期内使用。热电偶常被用作温度标准传递过程中的标准量具。③ 测量精度高。热电偶直接与被测对象接触，故不受中间介质的影响。④量程宽。热电偶的量程仅受其材料适用范围的限制。⑤非电量变换。温度的自动记录、处理和控制在现代科学实验和工业生产中非常重要。此过程需要将温度这个非电参量变换为电参量，热电偶就是一种比较理想的温度-电量变换器。⑥结构简单。热电偶使用维修方便，可作为自动控温检测器使用。

（1）热电偶的种类。

热电偶品种繁多，经过一个多世纪的发展，目前应用较广的有 40~50 种。国际电工委员会(IEC)选择被国际公认、性能优良以及产量最大的七种热电偶为其制定了标准，即 IEC 584-1 和 IEC 584-2 中规定的：S 分度号(铂铑 10-铂)；B 分度号(铂铑 30-铂铑 6)；K 分度号(镍铬-镍硅)；T 分度号(铜-康钢)；E 分度号(镍铬-康钢)；J 分度号(铁-康钢)；R 分度号(铂铑 13-铂) 热电偶。

目前我国常用的热电偶有以下几种：铂铑 10-铂热电偶、镍铬-镍硅（镍铬-镍铝）热电偶、铂铑 30-铂铑 6 热电偶、镍铬-考铜热电偶、铜-康铜热电偶。表 3-1-1 列出了部分热电偶的基本参数。

表 3-1-1　热电偶基本参数

热电偶类别	材质及组成	新分度号	旧分度号	使用范围/ ℃	热电势系数/（mV.K^{-1}）
廉价金属	铁-康铜（CuNi$_{40}$）		FK	0~+800	0.0540
	铜-康铜	T	CK	−200~+300	0.0428
	镍铬 10-考铜（CuNi$_{43}$）		EA-2	0~+800	0.0695
	镍铬-考铜		NK	0~+800	
	镍铬-镍硅	K	EU-2	0~+1300	0.0410
	镍铬-镍铝（NiAl$_2$SiMg$_2$）			0~+1100	0.0410
贵金属	铂-铂铑 10	S	LB-3	0~+1600	0.0064
	铂铑 30-铂铑 6	B	LL-2	0~+1800	0.00034
难熔金属	钨铼 5-钨铼 20		WR	0~+200	

（2）热电偶电极材料。

热电偶的热电特性仅决定于所选用电极材料的特性，而与热电极的直径、长度无关。热电偶电极材料必须满足以下几点才能保证在工程技术应用中的可靠性和精确度：①热电偶材料受温度作用后能产生较高的热电势，热电势与温度之间的关系需呈线性或近似线性的单值函数关系。②能测量较高的温度，可在较宽温度范围内应用，经长期使用后，物理、化学性能及热电特性均保持稳定。③电阻温度系数小，电导率高，导电性能好，热容量小。④材料复制性好，可制成标准分度，机械强度高，制造工艺简单，价格便宜。

（3）热电偶的校正和使用。

热电偶使用时通常将热电偶的热端放在待测物体中，冷端放在储有冰水的保温瓶中以保持温度恒定。通过一系列温度恒定的标准体系测得热电势和温度的对应值获得热电偶的工作曲线来进行校正。

5. 集成温度计

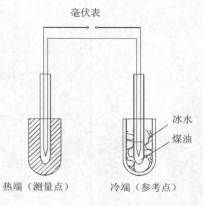

图 3-1-3　热电偶校正和使用装置图

集成温度计是目前测量温度的发展方向，是实现测温智能化、小型化、多功能化的重要途径，同时也提高了测量灵敏度。为了提高测温性能，集成温度计将传感器与集成电路融合，测温范围通常为 $-50 \sim 150$ ℃，可广泛应用于仪器仪表、航天航空、农业、科研、医疗监护、工业、交道、通信、化工、环保、气象等领域。

集成温度计跟传统的热电阻、热电偶、PN 结半导体温度传感器相比，具有体积小、热容量小、线性度好、重复性好、稳定性好、输出信号强等优点。集成温度计的输出形式可分为电压型和电流型两大类。其中电压型温度系数大部分为 10 mV · ℃$^{-1}$，电流型的温度系数则为 1 μA · ℃$^{-1}$。集成温度计具有相当于绝对零度时输出电量为零的特性，利用此特性从其输出电量的大小直接进行换算，可得温度值。

6. SWC−ⅡC 数字贝克曼温度计

物理化学实验中，对体系的温差进行精确测量时，以前常用水银贝克曼温度计。水银贝克曼温度计虽然比较直观且原理简单，但使用时容易破损，不能实现自动化控制，使用前的调节比较复杂，近年来逐渐被电子贝克曼温度计所取代。电子贝克曼温度计的热电偶通常采用对温度极为敏感的热敏电阻，由金属氧化物半导体材料制成，其电阻与温度的关系为 $R = Ae^{-B/t}$（R 为电阻；t 为摄氏温度；A、B 为与材料有关的参数）。将温度的变化转换成电性能变化，测量电性能变化便可测出温度的变化。

（1）数字贝克曼温度计构造。

数字贝克曼温度计仪器面板示意图如下所示。

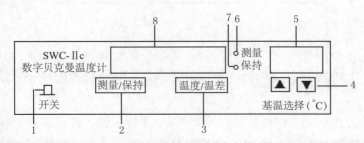

1—电源开关；2—测量/保持转换键——按下此键可在测量功能与保持功能之间进行转换；3—温度/温差转换键——按下此键可在温度显示与温差显示之间进行转换；4—基温选择按键——根据实验需要选择适当的基温，使温差绝对值尽可能的小；5—基温显示窗口；6—测量指示灯——灯亮，表明仪器处于测量状态；7—保持指示灯——灯亮，表明仪器处于保持状态；8—温度、温差显示窗口——显示温度或温差值

图 3-1-4　前面板示意图

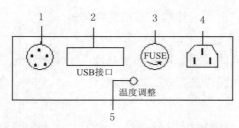

1—传感器——将传感器插头插入此插座；2—USB接口——计算机接口（可选配）；3—保险丝——
0.2 A；4—电源插座——接 ~ 220 V电源；5—温度调整（一般是生产厂家进行仪表校验时用）

图 3-1-5   后面板示意图

（2）使用方法。

将传感器插头插入后面板上的传感器接口，~220V 电源接入后面板上的电源插座，传感器插入被测物体中。

温度测量：按下电源开关，显示屏显示仪表初始状态(实时温度)，如图(3-1-6)所示，" ℃ "符号表示仪器处于温度测量状态，测量指示灯亮。

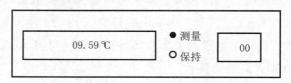

图 3-1-6   温度测量示意图

基温选择：根据实验所需实际温度选择适当的基温档，使温差的绝对值尽可能小。

温差测量：测量温差时，按"温度/温差"键切换至温差档，显示屏上显示温差数值，如图 3-1-7 所示：

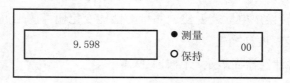

图 3-1-7   温差测量示意图

说明：最末位的" · "表示仪器处于温差测量状态。若温度/温差窗口显示为"00.000。"，且闪烁跳跃，表明基温档选择不适当，导致仪器超量程，需重新选择适当的基温。

需要记录温度和温差的读数时，按"测量/保持"键，使仪器处于保持状态，此时"保持"指示灯亮。读数完毕，按"测量/保持"键，即可转换到"测量"状态，进行跟踪测量。

附注：温差测量方法说明

被测量的实际温度为 T，基温为 T_0，则温差 $\Delta T = T - T_0$，例如：

$T_1 = 18.08\ ℃$，$T_0 = 20\ ℃$，则 $\Delta T_1 = -1.923\ ℃$（仪表显示值）

$T_2 = 21.34\ ℃$，$T_0 = 20\ ℃$，则 $\Delta T_2 = 1.342\ ℃$（仪表显示值）

设两个温度的相对变化量 $\Delta T'$，则

$$\Delta T' = \Delta T_2 - \Delta T_1 = (T_2 - T_0) - (T_1 - T_0) = T_2 - T_1 \qquad (3\text{-}1\text{-}8)$$

可以看出，基温 T_0 只是参考值，略有误差对测量结果没有影响。采用基温档可以得到分辨率更高的温差，提高显示值的准确度。

如：用温差作比较 $\Delta T' = \Delta T_2 - \Delta T_1 = 1.342\ ℃ - (-1.923\ ℃) = 3.265\ ℃$ 比用温度作比较 $\Delta T' = T_2 - T_1 = 21.34\ ℃ - 18.08\ ℃ = 3.26\ ℃$ 精确度高。

（3）维护注意事项。

仪器应置于阴凉通风处，不宜放置在潮湿或高温环境下。为了保证仪表工作正常，没有专门检测设备的单位和个人，请勿打开机盖进行检修，更不允许调整和更换元件，否则将无法保证仪表测量的准确度。传感器和仪表必须配套使用，以保证温度检测的准确度。

7. SWC-IID 精密数字温度温差仪

精密温差测量仪的功能和贝克曼温度计相同，可用于精密温差测量，优点是避免了汞的污染，使用方便、安全。

（1）精密数字温度温差仪的构造。

精密数字温度温差仪面板示意图如下所示：

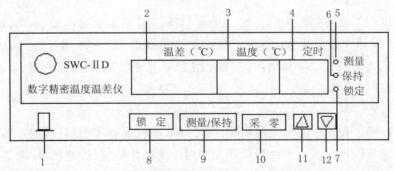

1.电源开关；2.温差显示窗口——显示温差值；3.温度显示窗口—显示所测物的温度值；4.定时窗口——显示设定的读数间隔时间；5.测量指示灯——灯亮表明仪表处于测量工作状态；6.保持指示灯—灯亮表明仪表处于读数保持状态；7.锁定指示灯——灯亮表明仪表处于基温锁定状态；8.锁定键——锁定选择的基温，按下此键，基温自动选择和采零都不起作用，直至重新开机；9.测量/保持键——测量功能和保持功能之间的转换；10.采零——用以消除仪表当时的温差值，使温差显示窗口显示"0.000"；11.增时键——按下此键时，时间由0～99递增；12.减时键—按下此键时，时间由99～0递减

图 3-1-8 前面板示意图

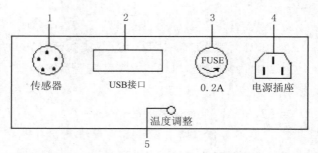

1.传感器插座—将传感器插入此插座；2.USB接口——为计算机接口（可选配）；
3.保险丝——0.2 A；4.电源插座——接～220 V电源；5.温度调整（一般是生产厂家
进行仪表校验时用）

图 3-1-9　后面板示意图

（2）使用方法。

①将传感器插头插入后面板上的传感器接口。

②将～220 V 电源接入后面板上的电源插座。

③将传感器插入被测物中，插入深度应大于 50 mm。

④按下电源开关，温度显示屏显示仪表初始状态(实时温度)，温差显示基温 20 ℃时的温差值。如：

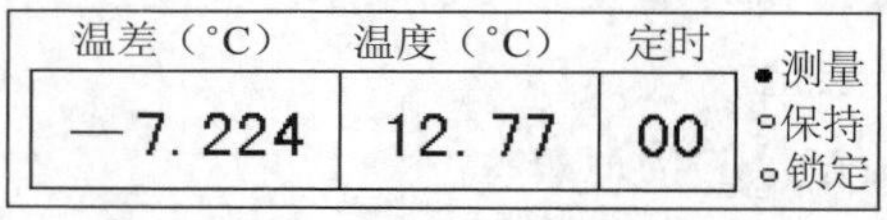

温差（℃）	温度（℃）	定时	●测量
-7.224	12.77	00	○保持 ○锁定

图 3-1-10　温度显示屏

⑤当温度温差显示值稳定后，按"采零"键，温差显示窗口显示"0.000"，再按"锁定"键，仪器锁定自动选择基温，显示的温差值即为温差的相对变化量。

⑥记录读数时，按"测量/保持"键，使仪器处于保持状态。读数完毕，再按"测量/保持"键，转换到"测量"状态，进行跟踪测量。

⑦定时读数。

按增、减键，设定所需的定时时间(大于 5 s 定时读数才会起作用)。设定完成后，定时显示将进行倒计时，一个计数周期完毕时，蜂鸣器鸣响且读数保持约 2 s，"保持"指示灯亮，此时可观察和记录数据。如需消除报警，将定时读数设置小于 5 s 即可。

附注：

①温度显示窗口显示传感器所测物体的实际温度 T。

②温差显示窗口显示介质实际温度 T 与基温 T_0 的差值。

③仪器根据介质温度自动选择合适的基温，基温选择标准如下表：

温度 T	基温 T_0
$T<-10\ ℃$	$-20\ ℃$
$-10\ ℃<T<10\ ℃$	$0\ ℃$
$10\ ℃<T<30\ ℃$	$20\ ℃$
$30\ ℃<T<50\ ℃$	$40\ ℃$
$50\ ℃<T<70\ ℃$	$60\ ℃$
$70\ ℃<T<90\ ℃$	$80\ ℃$
$90\ ℃<T<110\ ℃$	$100\ ℃$
$110\ ℃<T<130\ ℃$	$120\ ℃$

④关于温差测量的说明：

（a）基温 T_0 不一定为绝对准确值，其为标准温度的近似值。

（b）被测量的实际温度为 T，基温为 T_0，则温差 $\Delta T=T-T_0$。

（3）维护注意事项。

仪器不宜放置在过于潮湿或高温环境下，应置于阴凉通风处。为了保证仪表工作正常，没有专门检测设备的单位和个人，请勿打开机盖进行检修，更不允许调整和更换元件，否则将无法保证仪表测量的准确度。传感器和仪表必须配套使用，以保证检测的准确度，否则，温度检测准确度将有所下降。测量过程中，按"锁定"键后，基温自动选择和"采零"键将不起作用，直至重新开机。

四、温度控制

物质的黏度、密度、蒸气压、表面张力、折射率等物理化学性质会随温度的改变而改变，这些数据的测定需要在恒温条件下进行。平衡常数、化学反应速率常数等数据也与温度有关，常数的测定同样需要恒温控制。恒温控制可利用物质的相变点温度来获得，但温度的选择受到很大限制；也可利用电子调节系统进行温度控制，此方法控温范围宽，可以任意调节设定温度，是一种比较常用的方法。

恒温槽控温是利用电子调节系统、自动控制加热器、制冷器使恒温介质的温度恒定在一个很小的范围。恒温介质一般使用液体，液体的热容量大、导热性好，根据所控温度不同，需选用不同的恒温介质，例如：$-60\sim30\ ℃$用乙醇或乙醇水溶液；$0\sim90\ ℃$用水；$80\sim160\ ℃$用甘油或甘油水溶液；$70\sim300\ ℃$用液体石蜡、汽缸润滑油、硅油。$250\ ℃$以上的温度控制属于高温控制，通常使用电阻炉加热，加热元件为镍铬丝，用可控硅控温仪调节温度。控制体系的温度低于室温为低温控制，对于比室温稍低的恒温控制，可以使用一般恒温装置，在制冷器中通入冷水或冰水。如需获得更低的温度，则需要使用有压缩制冷功能的恒温槽，并选用适当的恒温介质。

1. 恒温槽

恒温槽由水银定温计、水浴槽、加热器、继电器、温度计和搅拌器组成，装置示意图如图3-1-11所示。

继电器必须和水银定温计、加热器配套使用。水银定温计是一支能导电的特殊温度计，又称为导电表。它有两个电极，其中可调电极是一根金属丝，由上部伸入毛细管内，另一个电极固定与底部的水银球相连。定温计顶端有一块磁铁，通过旋转螺旋丝杆可调节金属丝的高低位置，从而设定温度。当温度升高时，毛细管中水银柱上升，当水银与金属丝相接触时，两电极导通，继电器线圈中电流断开，加热器停止加热；当温度降低时，水银柱与金属丝断开，继电器线圈有电流通过，加热器线路接通，温度得以回升。如此不断反复，使被测体系的温度在一个微小区间内波动，从而达到恒温的目的。

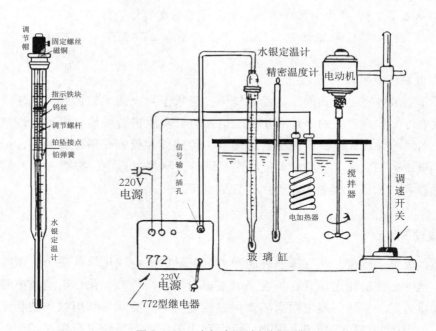

图 3-1-11　水银定温计与恒温槽

恒温槽的温度控制装置属于"通""断"类型。加热器接通后恒温介质温度上升，通过热量的传递使温度计中的水银柱上升。但热量的传递需要时间，因此温度传递往往出现滞后现象，经常使加热器附近介质的温度超过设定温度，恒温槽的温度也会超过设定温度。同理，降温时也会出现滞后现象。由此可知，恒温槽控制的温度有一个波动范围，波动范围越小，恒温槽的灵敏度越高。灵敏度与继电器性能、搅拌器的效率、感温元件、加热器的功率等因素有关。

影响恒温槽灵敏度的因素主要有：①搅拌器搅拌速度要足够大，才能保证恒温槽内温度均匀；②恒温介质的流动性好，传热性能佳，控温灵敏度高；③加热器功率适宜，热容量小，控温灵敏度高；电接点温度计热容小，对温度变化敏感，则灵敏度高；④继电器电磁吸引电键发生机械作用的时间越短，断电时线圈中的铁芯剩磁越小，控温灵敏度越高；⑤环境温度与设定温度的差值越小控温效果越好。

在指定温度下用较灵敏的温度计(贝克曼温度计或精密温差仪)记录温度随时间的变化来表示恒温槽的灵敏度，以温度为纵坐标、时间为横坐标绘制温度–时间曲线。图 3-1-12(a)表示恒温槽灵敏度较高；图 3-1-12(b)表示灵敏度较差；图 3-1-12(c)表示加热器功率偏大；图 3-1-12(d)表示加热器功率偏小或散热较快。

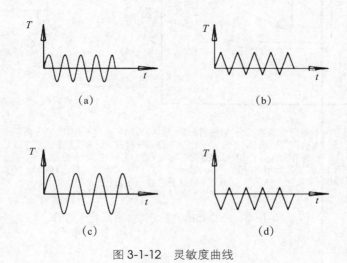

图 3-1-12　灵敏度曲线

用灵敏度 Δt 表示控温效果：

$$\Delta t = \pm \frac{t_1 - t_2}{2} \tag{3-1-9}$$

式中：t_1 为恒温过程中水浴的最高温度，t_2 为恒温过程中水浴的最低温度。

2. SYC–15B 超级恒温水浴

（1）SYC–15B 超级恒温水浴结构。

SYC–15B 超级恒温水浴主要由控温机箱和不锈钢缸体组成，其结构如图 3-1-13 所示。

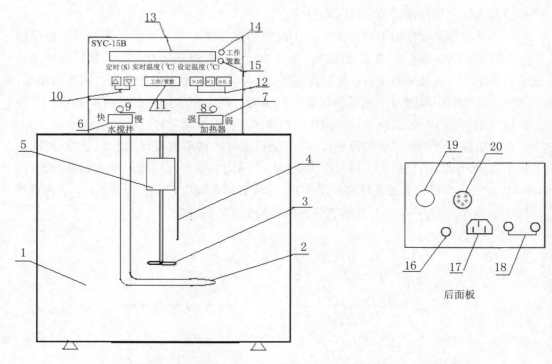

1—不锈钢水浴箱；2—加热器；3—搅拌器；4—温度传感器；5—循环水泵；
6—水搅拌快慢选择开关；7—加热器强弱选择开关；8—加热指示灯；
9—水搅拌指示灯；10—定时报警增、减键；11—工作/置数键；
12—温度设定增、减键；13—显示窗口；14—工作状态指标灯；
15—置数状态指示灯；16—保险丝座；17—电源插座；
18—循环水进出口；19—电源开关；20—温度传感器接口

图 3-1-13　SYC-15B 超级恒温水浴结构示意图

（2）使用方法。

①用配备的电源线将 ~220V 与机箱后面板电源插座相连接，按下电源开关，此时显示器和指示灯均有显示。初始状态如图 3-1-14 所示。

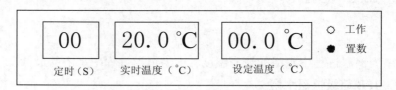

图 3-1-14　SYC-15B 超级恒温水浴状态示意图

其中实时温度显示为测量温度，置数指示灯亮。

②设置控制温度：按"工作/置数"键至置数灯亮。依次按"X10""X1""X0.1"键，设置"设定温度"的十位、个位及小数点后的数字，每按动一次，数码显示由 0~9 依次递增，直至调整到所需"设定温度"的数值。

③设置完毕，按"工作/置数"键，转换到工作状态，工作指示灯亮。需要快搅拌

时"水搅拌"置于"快"位置，通常情况下置于"慢"位置即可。升温过程中为使升温速度尽可能快，可将加热器功率置于"强"。当温度接近设定温度 2~3 ℃时，将加热器功率置于"弱"，以免过冲，达到较为理想的控温目的。此时，实时温度显示窗口显示值为水浴的实时温度值。当达到设置温度时，由 PID 调节自整定，将水浴温度自动准确地控制在设定的温度范围内。一般均可稳定、可靠地控制在设定温度的±0.02 ℃以内。

【注意：① 置数工作状态时，仪器不对加热器进行控制。② 最低设定温度大于环境温度 5 ℃，控温较为理想。】

④定时报警的设置：需要定时观测或记录时，按"工作/置数"键至置数灯亮，用定时增、减键设置所需定时时间，有效设置范围：10~90 s。报警工作时，定时自动递减，时间至"01"，蜂鸣器即鸣响 2 s，之后按设定时间周期循环反复报警。无需定时提醒功能时，只需将报警时间设置在 9 s 以内即可。报警时间设置完毕，按"工作/置数"键，切换到工作状态，工作指示灯亮。

⑤循环水泵的使用：内循环时，只需用橡胶管将两接口短接即可。外循环需用两根橡胶管，具体连接方式可根据实际工作情况而定。

⑥工作完毕，关闭电源。

3. SWKY 数字控温仪

SWKY 数字控温仪采用自整定 PID 技术，自动调整加热系统的电压以达到控温目的，有效防止温度过冲。数字控温仪具有丰富的软件及接口，使该仪器能与计算机连接，实现电脑与仪器的数据通信。仪器工作环境温度是−20~50 ℃，控制温度范围是 0~650 ℃，温度测量分辨率 0.1 ℃。

（1）仪器构造。

SWKY 数字控温仪面板示意图如下所示。

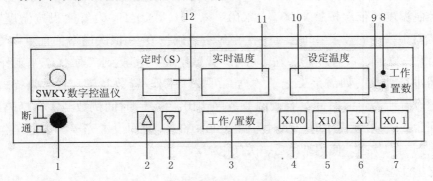

1—电源开关；　2—定时设置按钮——从 0~99 S 之间按增、减键按钮调节；
3—工作/置数转换按钮——切换加热、设定温度的状态；
4、5、6、7—设定温度调节按钮——分别设定温度的百位、十位、个位及小数点位；
8—工作状态指示灯——灯亮，表明仪器对加热系统进行控制的工作状态；
9—置数状态指示灯——灯亮，表明系统处于置数状态；
10—设定温度显示窗口——显示设定温度值；
11—实时温度显示窗口——显示被测物的实际温度；
12—定时显示窗口——显示所设定的记录（报警）间隔时间

图 3-1-15　面板外观示意图

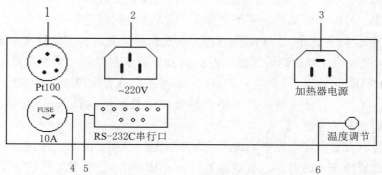

1—传感器插座—将传感器插入此插座，传感器探头的编号和仪器出厂编号应一致；
2—电源线插座—接～220V电源；
3—加热器电源插座—将加热器用对接线对准槽口连接在此处；
4—保险丝；
5—RS—232C串行口—计算机接口，（可选配）；
6—温度调节—生产厂家进行仪表校验时用，用户切勿调节此处，以免影响仪表的准确度

图 3-1-16　后面板示意图

（2）使用方法。

①操作步骤。

将加热器、传感器连接线分别与后面板的"加热器电源""传感器插座"对应连接。将～220V电源线接入后面板上的电源插座。将传感器插入到被测物中。打开电源开关，显示初始状态，如图所示：

00	025.0 ℃		300.0 ℃

实时温度显示一般为室温，300.0 ℃为系统初始设置温度。当"置数"指示灯亮，可设置控制温度：依次按"X100""X10""X1""X0.1"设置"设定温度"的百、十、个位及小数位的数字，每按动一次，显示数码按 0~9 依次递增，直至设置到所需"设定温度"数值。设置完毕，按"工作/置数"键，转换到工作状态，工作指示灯亮，仪器进行加热。如需手工记录数据，可按"工作/置数"键，置数灯亮，按定时增、减键设置所需定时时间，有效调节范围：10~99 s。时间倒数至零，蜂鸣器鸣响，鸣响时间为 2 s。若无需定时，将时间调至 00~09 s。时间设置完毕，按"工作/置数"键，切换到工作状态。使用结束后，关闭电源。

②维护注意事项。

数字控温仪不宜放置在有水、高温或过于潮湿的环境中，应置于阴凉通风，无腐蚀性气体的场所。为保证仪表工作正常，请勿随意打开机盖进行检修，严禁调整和更换元件，否则将无法保证仪表测量的准确度。传感器和仪表必须配套使用，以保证温度测量的准确度。传感器插入插座时，对准槽口插入，将锁紧箍推上锁紧；卸下时，将锁紧箍后拉，方可卸下。

4. KWL-08 可控升降温电炉

实验室内都有自动控温设备，如电冰箱、恒温水浴、高温电炉等。多数采用电子调节系统进行温度控制，具有控温范围广、可任意设定温度、控温精度高等优点。电子调节系统必须包括变换器、电子调节器和执行机构三个基本部件。变换器的功能是将被控对象的温度信号变换成电信号。电子调节器的功能是对来自变换器的信号进行测量、比较、放大和运算，最后发出某种形式的指令，使执行机构加热或制冷。

可控升降电炉采用立式加热炉和控温系统一体化的结构，有独立的加热和冷却系统，既可内控温度升降，也可外控与控温仪配套使用，以满足各类加热实验的要求。

可控升降电炉与控温仪配套是金属相图实验的常用装置。配以软件也可实现金属相图曲线的自动绘制与打印。

（1）使用方法。

采用"内控"系统控制温度的使用方法：

①将面板控制开关置于"内控"位置。

②将温度传感器置于炉膛或样品管中。

③将电炉面板开关置于"开"的位置，接通电源，调节"加热量调节"旋钮对炉子进行升温。

④炉温接近所需温度时，适当调节"加热量调节"旋钮，降低加热电压，使升温趋缓，必要时开启"冷风量调节"使炉膛升温平缓，避免温度过高，影响实验顺利进行。

⑤降温时，首先将"加热量调节"旋钮逆时针旋到底停止加热，然后调节"冷风量调节"旋钮控制降温速度。（降温速率为 5~8 ℃/min，最好采用自然降温。）

采用"外控"系统控温的使用方法：

用"内控"虽可实现对炉温的控制，但易产生较大的温度过冲。采用外控法实现自动控温比较理想。一般采用 SWKY 数字控温仪与之配套使用。

①按 SWKY 数字控温仪使用方法设置所需温度，将控温仪与 KWL-08 可控升降温电炉进行连接。将电炉面板"内控""外控"开关置于"外控"，按 SWKY 控温仪"工作/置数"按钮，使之处于"工作"状态，即可实现理想控温。

（使用外控时，建议将"冷风量调节""加热量调节"旋钮逆时针旋到底，电炉电源开关置于"关"。）

②采用 SWKY 数字控温仪控温时，样品管内温度较炉膛内温度有滞后性，所以当温度达到设定温度时，必须恒温 20~30 min，使管内样品完全熔化。

③降温时，按 SWKY 控温仪的"工作/置数"键，使之处于置数状态。电炉电源开关置于"开"的位置，调节电炉"冷风量调节"旋钮，控制降温速率为 5~8 ℃/min，最好采用自然降温。

（2）注意事项。

为保证使用安全，必须先用对接线将两仪器的"加热器电源"相连接，然后将控温仪及电炉与~220V 电源接通。控温仪应放置在通风、干燥、无腐蚀性气体的场所。电炉长期搁置重新使用时，应将灰尘打扫干净后，试通电检查有无漏电现象，以防因长期搁置而造成漏电事故。用 KWL-08 电炉与 SWKY 控温仪配套做金属相图实验，降温时建议将 KWL-08 电炉置于内控位置，使电炉不受控温仪控制，调节"冷风量调节"旋钮，采用适当的降温速度(一般 5~8 ℃/min)，找到曲线的拐点。

5. KWL-ⅢA 金属相图实验装置

KWL-ⅢA 金属相图实验装置(图 3-1-17)由控温仪与可控升降温电炉一体化设计而成。该装置的特点有：①采用自整定 PID 技术，可自动控温，恒温效果好。②参数设置采用触摸键入方式，操作简单方便。③多界面操作平台，内置视频仿真动画、图形绘制、数据采集等多种功能，便于学习操作和观测记录。④电炉采用内置热电偶，八个单元样品同时加热或冷却并测温，一个热电偶单独控温。

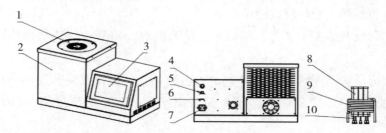

1—炉膛；2—机箱；3—显示屏；4—电源开关；5—USB接口；6—SD卡插入口；7—电源插座；8—样品管；9—加热圈；10—热电偶

图 3-1-17　KWL-ⅢA 金属相图实验装置整机示意图

使用方法：

①连接电源，打开装置电源开关。点击"动画演示"演示实验步骤。点击"开始实验"，进入实验界面。

②将装好的样品管按顺序号插入炉体测试区加热炉的 8 个传感器中，1~8 号为测温热电偶，9 号为目标温度/控温温度热电偶，盖好炉盖。

③点击"开始实验"，界面显示八个样品的实时温度。

④参数设置：点击"工作参数"显示栏，共四项参数设置。风扇设置：样品降温时用于调节冷却速度，拖动光标，将示数显示置于合适位置。目标温度/ ℃：点击光标，在右框中键入目标温度，并点击"确认"键。定时设置：倒计时秒表工作时间，设置同上。保持设置：倒计时结束的停留保持时间，方便读数，设置同上。设置完成后，点击"主界面"键返回主界面。

⑤点击"加热器"键，仪器进入加热控温状态。

⑥温度达到目标温度时，应继续恒温 3~5 min，以保证样品完全熔化，设置定时、

保持时间和风扇强度，打开炉盖，使炉体降温，记录每个样品的温度。或点击"画图"键，选择"多通道"进入画图模式，仪器自动记录1~8号样品的步冷曲线，如与电脑连接，可通过电脑自动读取样品温度并绘制步冷曲线。

⑦所有样品测试完毕后，将风扇强度调至100%，快速降温至室温，关闭设备电源。

第二节　压力的测量与控制

压力是描述体系状态的重要参数之一。物理学中把垂直作用在物体单位面积上的力称为压强。在国际单位制中其单位为"牛顿/米"，即"帕斯卡"，符号为"Pa"。

当系统的压力低于大气压力时，通常称为真空系统，使用"真空度"表示该系统的压力，压力有几种不同的表示方法：

绝对压力：实际存在的压力。

相对压力：与大气压力相比较得出的压力，又称表压力，一般压力表测出的是绝对压力和大气压力的差值。

正压力：绝对压力高于大气压力时的相对压力。

负压力：绝对压力低于大气压力时的相对压力。简称"负压"。差值的绝对值称为"真空度"。

差压力：任意两个压力相比较，其差值称为差压力，简称"压差"。

压力之间的换算关系列于表3-2-1中。

表3-2-1　压力单位名称符号

压力单位名称	符号	换算关系
帕斯卡	Pa	
大气压	atm	1 atm = 101325 Pa
毫米汞柱	mmHg	1 atm = 133.322 Pa
托	Torr	1 Torr = 1 mmHg = 133.322 Pa
巴	Bar	1 bar = 10^5 Pa
毫米水柱	mmH_2O	1 mmH_2O = 9.806 38 Pa

压力范围和精确度要求不同，需要选用不同的压力测量仪器。测量大气压有福廷式气压计和数字式气压计。测量压差有液柱差压计和数字式压差计。测量真空度有真空表和数字式真空表。

一、测压仪表

1. U型压力计

U形压力计的基本原理是利用U形管内两边压力不等引起管内液面高度差的变化来表示压差的大小。当U形管内两边液面差为 Δh，若 $p_1 > p_2$，且气体的密度小于液体密度，两者之间有如下关系：

$$p_1 = p_2 + \rho g \Delta h \tag{3-2-1}$$

$$\Delta h = \frac{p_1 - p_2}{\rho g} \tag{3-2-2}$$

式中：g 为重力加速度，ρ 为某温度下管内液体的密度。

一定压差下，选用液体的密度越小，液面差越大，测量的灵敏度越高。

实验室中通常选用水银与水作为测量介质。水银性质稳定、蒸气压低、不润湿玻璃，因此常用于真空系统的测量。水压计由于制作方便也经常使用。

使用水银U形压力计测量时，为了统一测量标准，需要将温度为 t 时的读数 Δh_t 校正到水银标准密度下的 Δh_0。若不考虑木材标尺的线膨胀系数，校正公式简化如下：

$$\Delta h_0 = \Delta h_t (1 - 0.00018t) \ ℃ \tag{3-2-3}$$

温度较高时，Δh_t 数值较大，校正值不可忽视。精密测量时还需考虑玻璃管内径、弯液面高度对读数的影响。具体的校正值可参考有关书籍。

2. 福廷式气压计

福廷式（Fortin）大气压力计的主要构件为储汞槽和盛汞玻璃管，盛汞玻璃管倒置于汞槽中，玻璃管内汞柱上方为真空，管外的黄铜管上刻有标尺，标尺处开有小窗，用于观察玻璃管内水银柱的高度，标尺上配有游标，转动螺丝可使游标上下移动。汞槽底部被羚羊皮囊包裹，空气可以由皮孔出入而水银不会溢出。皮囊下端由螺旋支撑，转动螺旋可调节槽内水银面高度，皮囊外缘经过棕榈木套管固定在盖槽上。汞槽上部的玻璃壁顶盖上有一倒置的象牙针，针尖处于黄铜管标尺刻度的零点。

使用方法：

（1）旋转压力计底部调节螺旋，调节水银面高度，使水银面与象牙尖刚好接触，待象牙尖与水银的接触情形无变化后进行下一步操作。

（2）转动压力计上部调节螺丝，使游标升起至比

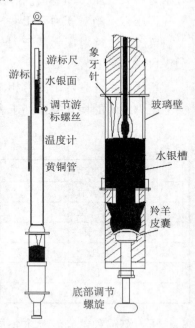

图 3-2-1　福廷式大气压计

水银面稍高，然后再慢慢下降，直到游标底边及金属片的底片同时与水银柱凸面顶端相切。按照游标下缘零线对应标尺上的刻度，读出大气压的整数部分，小数部分由游

标决定，即从游标上找到与标尺上某刻度相平的刻度线，它的刻度即为小数部分的读数。记录四位有效数字，同时记录气压计温度以及仪器系统误差，然后对测量值进行校正。

注意： 旋转底部调节螺旋使槽内水银面上升或下降时，水银面凸面异常会影响读数的准确性，所以调节螺旋时，须轻弹黄铜外管的上部，使水银柱凸面恢复正常后再读数。

国际上用水银气压计测定大气压时，压力计的刻度以温度为 0 ℃，纬度为 45°，海平面上 760 mm 汞柱压力为标准制定，凡是不符合上述规定测得的大气压力值，均须经过仪器误差、温度、纬度及海拔高度等校正后，才能得到正确的数值。

（1）仪器误差：气压计出厂时都附有仪器误差校正卡片，气压计观测值应首先根据该卡片进行校正。

（2）温度校正：温度变化、水银密度的变化、黄铜管热胀冷缩等均会影响压力计读数的准确性，温度校正可用下式计算：

$$p_0 = \frac{1+\beta t}{1+\omega t}p = p - p\frac{\omega t - \beta t}{1+\omega t} \tag{3-2-4}$$

式中：p_0 为将读数校正到 0 ℃后的数值，p_t 为气压计读数，t 为气压计的温度，ω 为水银的体膨胀系数，β 为黄铜刻度标尺的线膨胀系数。已知水银在 0~35℃之间的平均体膨胀系数 $\bar{\omega}=1.818\times10^{-4}$。黄铜的线膨胀系数 $\beta=1.84\times10^{-4}$。

（3）重力校正：大气压的测定是以纬度 45°海平面上的重力加速度为标准，而重力加速度随纬度 i 和海拔高度 H 而改变，因此经温度校正后的压力数值 p_0 再乘以重力校正系数 Δ_g，可得真实压力数值。

$$\Delta_g = 1-2.6\times10^{-3}\cos2i-3.1\times10^{-7}H \tag{3-2-5}$$

其他如水银蒸气压的校正，毛细管效应校正等，引起的误差很小，可不予考虑。

3. 数字式气压计（DP-A 精密数字压力计）

随着电子技术和压力传感器的发展，数字式气压计应运而生。数字式气压计体积小、质量轻、使用方便、数据直观，无需使用水银，正逐渐取代传统的气压计。

数字式气压计的工作原理是利用精密压力传感器，将压力信号转换成电信号，电信号比较微弱，但经过高精度、低漂移的集成运算放大器放大后，再由 A/D 转换器转换成数字信号，最后由数字显示器输出。其分辨率可达到 0.01 kPa，甚至更高。

数字式气压计使用非常方便，打开电源预热 15 min 即可读数。使用时需将仪器放置在空气流动较小，不受强磁场干扰的场所。

DP-A 精密数字压力计是常用的数字式压力计，仪器内部采用 CPU 对压力传感器数据进行非线性补偿和零位自动校正，仪器具有操作简单、显示直观清晰、在较宽的环境温度范围内准确度高和长期稳定性等特点。

（1）使用条件。

①电源：220V±10%、50 Hz；②环境温度：−10~50 ℃；③相对湿度：<85%RH；④压力传递介质：除氰化物气体外的各种气体介质均可使用。

（2）使用方法。

操作前准备：

①压力传感器与二次仪表为一体，用真空橡胶管将仪器后盖板压力接口与被测系统连接，温度传感器插入后盖板传感器接口，传感器置于被测体系中。

②将仪表电源线接入 220 V 交流电源，电源插头与插座应紧密配合。

③将面板电源开关置于 ON 位置，按动"复位"健，显示器 LED 和指示灯亮，仪表处于工作状态，仪器显示压力值。

④选择压力单位：接通电源，初始状态 kPa 指示灯亮，LED 显示以 kPa 为计算单位的压差值。按"单位"键可切换到以 mmH_2O 或 mmHg 为计量单位的压差值，根据需要选择单位。

⑤预热：接通电源，仪表预热 5 min 即可正常工作。

操作步骤：

①试压及气密性检查：缓慢加压到满量程值，检查传感器及其检测系统是否有泄漏，确认无泄漏后，泄压至零，全量程反复 2~3 次后，可进行测试。测试前按"采零"键，使仪表自动扣除传感器零压力值(零点漂移)，显示器为"0000"，保证测试时显示值为被测介质的实际压力值。

②测试：缓慢加压或减压，当加正压力或负压力至所需压力时，显示器显示值即为该温度下所测实际压力值。注意：尽管仪表作了精细的零点补偿，但传感器本身固有的漂移(如时漂)是无法处理的，因此测试前必须按"采零"键，以保证所测压力值的准确度。

③关机：被测压力泄放后，将"电源开关"置于"OFF"位置，即为关机。

使用与维护注意事项：此系统采用 CPU 进行非线性补偿，电网干扰脉冲可能会出现程序错误造成死机，此时应按复位键，程序从头开始。DP-A 精密数字压力计系列仪表的压力测量介质为除氟化物气体外的各种气体介质。仪表有足够的过载能力，但超过过载能力时，传感器有永久损坏的可能。压力传感器硅膜极薄，切忌固体颗粒或其他硬物进入传感器造成传感器损坏。

二、真空泵

真空的含义是指在给定的空间内低于一个大气压力的气体状态，真空度是指处于真空状态下的气体稀薄程度。不同的真空状态，意味着该空间具有不同的分子密度。在国际单位制（SI）中，真空度的单位与压力的单位均为 Pa。物理化学实验中，通常按压强大小将真空划分五个等级：粗真空(101 325~1 333 Pa)，低真空(1 333~0.1333 Pa)，高真空($0.1333~1.333×10^{-6}$ Pa)，超高真空($<1.333×10^{-6}$Pa)。

真空泵是指利用机械、物理或化学的方法对容器抽气而获得真空的器件或设备。实验室常用的有水喷射泵、水循环真空泵、机械旋片真空泵等。

1. 水喷射泵

水喷射泵使用时，水流从缩口喷嘴喷出，在喷口处形成低压区，产生抽吸作用。喷射泵侧管与被抽系统相连，系统中的气体进入水喷射泵，气体分子被高速水流带走。这种方法可获得粗真空，进行减压蒸馏、过滤操作时经常使用。

采用机械水泵喷射，可获得较高的真空度，并且水可以被循环使用。实验室常用的水循环真空泵，产生真空的原理和水喷射泵相同。

2. 机械旋片真空泵

旋片式真空泵外部是圆筒形定子，有一个进气口和一个出气口。定子里面有一个圆柱，圆柱的圆心与定子的圆心两者不重合，圆柱与圆形定子在上部相切，圆柱内嵌有两个旋片，旋片之间有弹簧，圆柱旋转时，旋片始终与定子壁相接触。随着圆柱的旋转，系统中的气体从泵的入口进入定子与圆柱之间的空间，从出气口排出。泵以油作封闭液和滑润剂，使用旋片式机械真空泵可以获得 0.1 Pa 的真空。

使用机械旋片真空泵时应注意以下几点：

（1）机械泵由电机带动。使用时应注意电机的电压。三相电动机第一次使用时特别要注意电机旋转方向是否正确。机械泵正常运转时不应有摩擦、金属碰击等异声。运转时电机温度不能超过 50~60 ℃。

（2）机械泵不能用于含腐蚀性成分的气体，如含氯气、氯化氢、二氧化氮等的气体。此类气体能迅速腐蚀泵中精密加工的机件表面，易发生漏气，不能达到所要求的真空度。遇到这种情况时，进泵前先将气体通过装有氢氧化钠固体的吸收瓶以除去有害气体。

（3）机械泵不能直接用于含可凝性气体的蒸气、挥发性液体等物质。这些气体进入泵后会破坏泵油的品质，降低油在泵内的密封和润滑作用，甚至导致泵的机件生锈。因此可凝气体进入真空泵前需先通过纯化装置。如使用石蜡吸收有机蒸气、五氧化二磷、无水氯化钙、分子筛等吸收水分、活性炭或硅胶吸收其他蒸气等。

（4）机械泵进气口前应安装一个三通活塞。停止抽气时应使机械泵与抽空系统隔开，与大气相通，然后再关闭电源。这样既可保持系统的真空度，又可避免泵油倒吸。

三、气体钢瓶及其使用

物理化学实验中经常需要使用高压气体钢瓶。使用钢瓶时需要安装配套的减压阀。打开钢瓶总阀门，高压表显示出瓶内贮气总压力，慢慢地顺时针转动调压手柄，至低压表显示出实验所需压力为止。停止使用时，先关闭总阀门，待减压阀中剩余气体逸尽后，再关闭减压阀。

高压气瓶识别如表 3-2-2 所示。

表 3-2-2　高压气瓶颜色标志

气体类别	瓶身颜色	标字颜色	字样
氮气	黑	黄	氮
氧气	天蓝	黑	氧
氢气	深蓝	红	氢
压缩空气	黑	白	压缩空气
二氧化碳	黑	黄	二氧化碳
氦	棕	白	氦
液氨	黄	黑	氨
氯	草绿	白	氯
乙炔	白	红	乙炔
氟氯烷	铝白	黑	氟氯烷
石油气体	灰	红	石油气
粗氩气体	黑	白	粗氩
纯氩气体	灰	绿	纯氩

使用注意事项：

（1）钢瓶应存放在阴凉、干燥，远离电源的地方。氧气钢瓶必须与可燃气体钢瓶分开存放。

（2）搬运钢瓶时需戴上瓶帽、橡皮腰围，轻拿轻放，避免撞击。使用时钢瓶用架子固定。

（3）使用气体钢瓶时，需使用减压阀，可燃性气体（如 H_2、C_2H_2）钢瓶螺纹为反螺纹，不燃性气体和助燃性气体（如 N_2，O_2 等）钢瓶为正螺纹，气体钢瓶的压力表和减压阀不能混用。

（4）氧气瓶瓶嘴、减压阀严禁沾染油脂。

（5）钢瓶内气体不能用尽，应保持 0.5 kg/cm² 以上残留压力。

（6）钢瓶需定期送交检验，检验合格的钢瓶才能使用。

由于高压气的冲击会使减压阀失灵，打开总阀前应检查减压阀是否关好。打开钢瓶总阀后，再慢慢打开减压阀，向系统供气至低压表达到所需压力为止。有的减压阀上还有供气阀门，通向系统，供气时应将阀门打开，如图 3-2-2 所示。

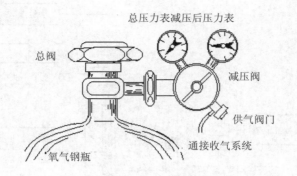

图 3-2-2　氧气钢瓶及减压阀

停止用气时，先关闭钢瓶总阀，待压力表下降到零，再关闭减压阀。

第三节　热分析测量技术及仪器

温度是表征体系中物质内部大量分子、原子平均动能的一个宏观物理量，几乎影响物质的所有物理和化学常数。热分析技术就是研究物质的物理、化学性质与温度之间的关系。

国际热分析联合会对热分析的定义：在程序控温下，测量物质的物理性质、化学性质与温度之间关系的一类技术，热分析应包括物理、化学变化的热动力学过程和热转变机理的研究。根据所测定物理量的不同，常用的热分析技术主要有差热分析法（DTA）、差式扫描量热法（DSC）和热重分析法（TG）等。

一、差热分析法

1. DTA 仪的基本结构及原理

DTA 是指在程序控制温度下，测量样品与参比物之间的温度差（ΔT）随温度或时间变化关系的一种技术。样品温度的变化是由于相变或化学变化产生的吸热或放热效应引起的。DTA 与 DSC 的主要差别是 DTA 的样品和参比物处于同一个热源中加热，DSC 则有两个独立的加热单元。

DTA 分析仪内部结构大致相同，一般由以下几部分组成：加热炉、程序控温系统、气氛控制系统、差热信号放大系统和信号记录系统，如图 3-3-1 所示。

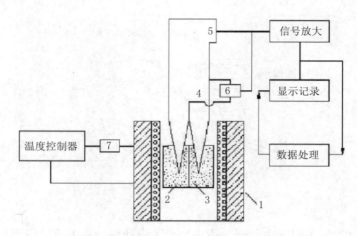

1—加热炉；2—试样；3—参比物；4—测温热电偶；
5—温差热电偶；6—测温元件；7—温控元件

图 3-3-1　差热分析装置示意图

（1）加热和程序控温系统。

温度控制系统由程序信号发生器、微伏放大器、PID 调节器和可控硅执行元件等几部分组成。

程序信号发生器按给定的程序方式给出信号，当温控电偶与程序信号发生器给出的热电势有差别时，说明炉温偏离给定值，此偏差经放大器放大，送入 PID 调节器，再经可控硅触发器触发执行元件，调整电炉加热电流，从而使偏差消除，达到预设目标。

（2）差热放大系统。

由于差热分析中温差信号很小，一般只有几微伏到几十微伏，差热信号需经放大后再送入记录系统。

（3）信号记录单元。

在测量过程中由于仪器中的两个热电偶的热电势和热容量以及坩埚形态、位置等不可能完全对称，温度变化时可能有不对称电势的产生。此电势随温度升高而变化，造成基线不直，可以用斜率调整线路加以调整，下面以 CRY-1 型差热分析仪为例加以说明。

调整方法：设置差热放大量程为 100 μV，升温速率 10 ℃·min⁻¹，温差记录笔处于记录纸中部，开启仪器，坩埚内不放参比物和样品。待炉温升到 700 ℃时，通过斜率调整旋钮将基线校正到原来位置。

DTA 的原理如图 3-3-2 所示。将样品和参比物分别放入坩埚，置于炉中以一定的速率程序升温，以 T_s、T_r 表示各自的温度，设样品和参比物（包括容器、温差电偶等）的热容量 C_s、C_r 不随温度而变。以 ΔT（$=T_s-T_r$）对 T 作图，即可得 DTA 曲线，如图 3-3-3 所示。

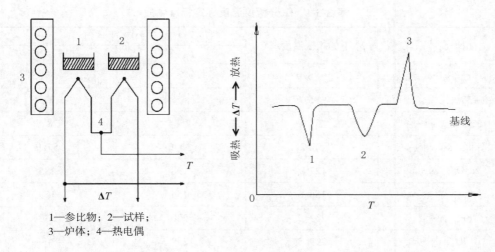

1—参比物；2—试样；
3—炉体；4—热电偶

图 3-3-2　差热分析仪原理图　　　　　　　　图 3-3-3　DTA 曲线

开始阶段，温度基本不变，形成 DTA 曲线的基线。随着温度增加，样品产生热效应，与参比物间产生温差，在 DTA 曲线中表现为峰。曲线的纵坐标为样品与参比物的温度差，向上的峰表示放热反应，向下的峰表示吸热反应。差热峰包围的面积和反应热与反应物的含量有关，可作定量分析。根据吸热和放热峰的数目、形状和位置与相应的温度可用来定性鉴定所研究的物质。目前 DTA 仪测定温度范围为 $-175 \sim 2\,400\ ℃$ 左右，根据 DTA 曲线所包围的面积 S 可计算反应热 ΔH：

$$\Delta H = \frac{gC}{m} \int_{t_2}^{t_1} \Delta T \mathrm{d}t = \frac{gC}{m} S \tag{3-3-1}$$

式中：ΔH 为反应热；m 为反应物的质量；g 为仪器的几何形态常数；C 为样品的热导率；ΔT 是温差；t_1、t_2 是 DTA 曲线的积分限。

公式忽略了微分项和样品的温度梯度，并假设峰面积与样品的比热容无关，所以是一个近似关系式。

2. 温度的标定

温度是差热分析技术中的一个重要参数，为了得到准确的温度数值，有必要对其进行标定。国际热分析联合会标准委员会确定了 14 种标准物质作为热分析仪的温度标定标准物质，见表 3-3-1。标定方法：按所需温度范围，选取若干标准物质，测定其熔点或晶形转变点的外延起始温度 T_1，根据仪器的温度校正曲线校正对应的观察温度 $T_{延}$。

表 3-3-1 热分析仪温度标定标准物质

相平衡体系	p^{θ} 下的相变温度/ ℃	DTA 平均值	
		T_1/ ℃	T_p/ ℃
环己烷，固–液	−86.9	−86.1	−81.5
1，2–二氯乙烷，固–液	−35.6	−35.8	−31.5
二苯醚，固–液	26.9	25.4	28.7
邻–联三苯，固–液	56.2	55.0	57.9
KNO_3，固–固	127.7	128	135
In，固–液	156.6	154	159
Sn，固–液	231.9	230	237
$KClO_4$，固–固	299.5	299	309
Ag_2SO_4，固–固	430	424	433
SiO_2（石英），固–固	573	571	574
K_2SO_4，固–固	583	582	588
K_2CrO_4，固–固	665	665	673
$BaCO_3$，固–固	810	808	819
$SrCO_3$，固–固	925	928	938

3. DTA 曲线起止点温度和面积的测量

（1）DTA 曲线起止点温度的确定。

曲线从 T_a 开始偏离基线，表示热效应开始，如图 3-3-4 所示。

但 T_a 值与仪器的灵敏度有关，重复性较差，一般灵敏度越高 T_a 值越低；因此国际热分析联合会规定，采用峰前缘上最陡峭部分的切线与外延基线的交点 T_e 作为表征某一变化过程的起始温度(外延起始温度)。实验证明，T_e 受操作条件影响最小，重复性较好，最接近热力学的平衡温度。

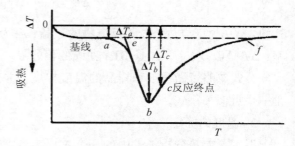

图 3-3-4 DTA 吸热转变曲线

T_b 为峰顶温度，不对称峰的峰顶位置由两侧最大斜率外延交点决定；T_c 表示过程的结束，称为终止温度。从曲线上看，曲线回复到基线的温度是 T_f，而反应的真正终点温度应该在 T_f 之前，因为反应结束后，余热的存在使曲线不能立即回到基线，ΔT 仍以指数函数降低，因此以 $\lg(\Delta T - \Delta T_a) \sim t$ 对作图，可得一直线，偏离直线的那点，即表示终点 T_c，如图 3-3-5 所示。

（2）DTA 峰面积的确定。

DTA 的峰面积为反应前后基线所包围的面积，其测量方法有以下几种：①使用积分仪直接读数或自动记录峰的面积；②剪纸称重法。若记录纸厚薄均匀，可将峰剪下来在分析天平上称重，其数值可以代表峰面积。③如果峰的对称性好，可用峰高乘以半峰宽（峰高 1/2 处的宽度）的方法求面积；若对称性不好，按照下述方法进行处理。

①国际热分析联合会规定的方法：分别作反应开始段和反应终止段的基线延长线，曲线偏离基线的点分别是 T_a 和 T_f，联结 T_a、T_f 及峰顶 T_p 各点，即得峰面积[图 3-3-6(a)]。

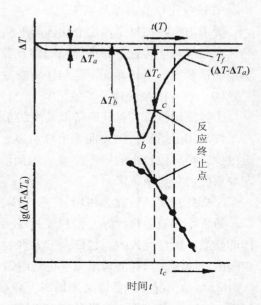

图 3-3-5 确定反应终点的作图法

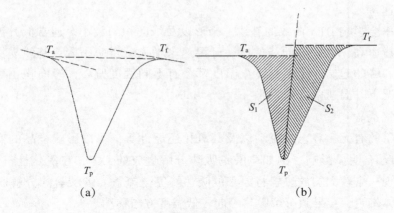

图 3-3-6 峰面积求法

②分别作反应开始段和反应终止段的基线延长线，过峰顶 T_p 对基线延长线作垂线，垂线段与 DTA 曲线、基线延长线所围起来的两个面积 S_1、S_2 之和表示峰的面积 S[图 3-3-6(b)中阴影部分]。

$$S = S_1 + S_2 \qquad (3-3-2)$$

4. 主要影响因素

差热分析是一种动态技术，因为传热情况比较复杂，因此许多因素会对曲线有明显影响。实验条件的改变（主要是仪器和样品），不仅会改变峰的出现温度，而且峰型及峰的个数也会有所不同。因此，必须严格控制实验条件，才能获得较好的重现性。

（1）参比物的选择及填装。

要求参比物在整个温度变化区间不能发生任何变化，且与待测样品的粒度、热容、热导率等尽可能接近。如果样品与参比物的热性质相差较多，可在参比物和试样中适量添加稀释剂，但稀释剂不能与样品或参比物发生任何反应。

（2）试样的预处理及填装。

①样品用量：在保证测量准确度的条件下尽可能减少样品用量。

样品用量适当，DTA 曲线出峰明显，分辨率高，基线漂移小，灵敏度高。样品用量过少，会导致较小的峰不能被检测到。用量过多易使样品存在温度梯度，导致相邻两峰重叠、分辨率下降。

②样品粒度：颗粒必须均匀，一般以 100~200 目的颗粒为宜。

通常小颗粒导热性好，但粒度过小会导致脱结晶水的温度下降。对易分解产生气体的样品，颗粒度大效果较好，但大颗粒峰形较宽、分辨率相应降低，特别是受扩散控制的反应过程与样品粒度关系更为明显。

③ 装填情况：样品需装填均匀，且参比物的颗粒度、装填情况及紧密度应与样品一致，以减小基线漂移。样品装填不均可能会导致曲线主峰位置的移动或杂峰的出现。

（3）实验条件对热分析曲线的影响。

①升温速率。

升温速率会影响 DTA 曲线的基线、峰形以及峰面积的大小。通常低升温速率基线漂移小、分辨率高，得到宽而浅的峰。升温速率增大分辨率下降，基线易漂移，峰的形状变尖锐，峰的起始、峰顶及终止温度都会有不同程度偏高，峰面积也可能略为增大。一般情况下升温速率选择为 8~12 ℃·min^{-1}。

②炉内气氛。

炉内气氛的有无、静止或流动以及其氧化还原性等，可以影响样品的变化及平衡状态，对 DTA 有明显影响。例如草酸钙吸热分解生成的 CO_2，在氧化性气氛中燃烧，曲线上将出现一个较大的放热峰将原来的吸热峰完全掩盖。碳酸盐的分解产物 CO_2 如被流动的气体带走，会导致分解吸热峰向较低温度方向移动。

③ 热电偶位置。

DTA 所用样品较多，热电偶应直接放置在样品中。如热电偶位置偏离中心或浮于样品表层上，会导致显示的温度偏高。

此外加热炉的形状和尺寸、样品皿或支架的材料、大小和几何形状以及记录仪的响应和走纸速度等仪器因素对热分析结果也有影响。

二、差式扫描量热法

1. DSC 的基本原理

DSC 是指在程序控制温度下，测量待测物质和参比物的功率差与温度关系的一种测试技术。根据测量方法的不同，差式扫描量热法分为热流型 DSC 和功率补偿型 DSC。

热流型是在相同的功率下，测定样品和参比物两端的温差 ΔT，然后根据热流方程，将 ΔT（温差）换算成 Q（热量差）作为信号输出，具有基线稳定和灵敏度高的优点。功率补偿型是样品和参比物始终保持相同温度的条件下，测定样品和参比物两端所需的能量差，并直接作为信号 Q（热量差）输出，其优点是温度控制和测量精确、响应时间和冷却速度快、分辨率高。功率补偿型的工作原理如图 3-3-7 所示。

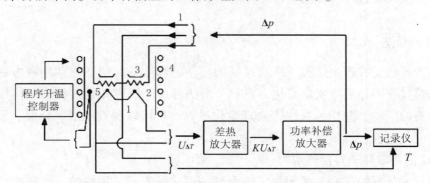

1—温差热电偶；2—补偿电热丝；3—坩埚；4—电炉；5—控温热电偶

图 3-3-7　功率补偿型 DSC 原理示意图

选取一种热稳定的物质为参比物，与待测样品分别置于独立的加热炉内，以一定速率升温：

$$T = T_0 + \beta dt \tag{3-3-3}$$

式中：T、T_0 分别为样品和参比物的温度，β 为升温速率。

达到一定温度时，样品发生变化，伴随的热效应使待测样温度偏离控制程序（放热过程样品温度升高，吸热过程样品温度降低），待测物与参比物之间出现温差，则通过差动热量补偿电路的电流发生变化，直到两边热量达到平衡，温差消失为止。因此仪器实际记录的是通过两个差动热量补偿单元的电功率之差 P 随时间 t 的变化关系。P 为样品与参比物之间的热流差，等于单位时间内样品的焓变：

$$P = \frac{dQ_{样}}{dt} - \frac{dQ_{参}}{dt} = \frac{dH}{dt} \tag{3-3-4}$$

式中：$Q_{样}$ 与 $Q_{参}$ 为样品和参比物的热流量，H 为样品的焓值。

2. DSC 曲线面积的测量

DSC 曲线上，放热效应因焓值减小，故峰顶向下，吸热过程的峰顶向上，差热峰的尖锐程度与反应速率有关，反应速率越快，峰越尖锐，反应速率越慢，峰越圆滑，曲线所包含的面积代表焓的变化值，如图 3-3-8 所示。

DSC 曲线的峰面积 S 正比于体系焓的变化，即：

$$\Delta H = KS \tag{3-3-5}$$

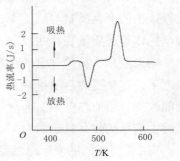

图 3-3-8　典型 DSC 曲线

公式中 K 为与温度无关的仪器常数，根据仪器常数可直接得到体系的热量数值，因此在定量分析中，DSC 优于 DTA，由于待测样与参比物的热量变化可以得到补偿，避免发生热传递，因此仪器反应灵敏、分辨率高、重现性好。根据 DSC 曲线中峰的位置、形状和数目，可以定性地鉴别物质种类。目前 DSC 仪测定温度范围为 −175 ～ 750 ℃，更高温度需要选用其他测量方法，比如 DTA。

三、热重分析法

热重分析法是在程序控温下测量样品的质量随温度或时间变化的一种方法。许多物质在加热过程中伴随着质量变化，热重分析法可用于研究变化过程中晶体性质的改变，如物质的蒸发、升华和吸附等物理变化过程，也可以研究脱水、分解、氧化、还原等化学变化过程。

1. TG 的基本原理与仪器结构

进行热重分析的仪器为热天平。热天平一般包括天平、加热炉、程序控温系统和数据记录系统等。有的热天平还配有通入气氛或真空装置。典型的热天平示意图如图 3-3-9 所示。

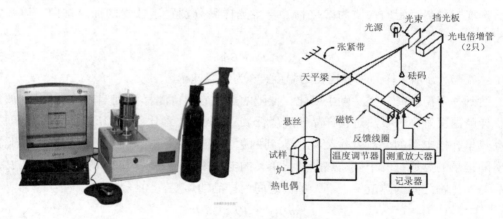

图 3-3-9　热天平示意图

热重分析通常分为静态法和动态法两大类。静态法是指在恒定压力下，测量某挥发性产物的平衡质量与温度 T 的函数关系。以质量或质量百分比为纵坐标、温度 T 为横坐标作等压质量变化曲线图。

动态法是在程序升温的情况下，测量物质质量的变化对时间的函数关系。在控制温度下，样品受热后质量减轻，天平(或弹簧秤)向上移动，使变压器内磁场移动输电功能改变；当加热电炉温度缓慢升高时，热电偶产生的电位差输入温度控制器，经放大后由信号接收系统绘制出 TG 热分析图谱。

将 TG 曲线的纵坐标对温度(或时间)求一阶导数,再对温度 T(或时间)作图,即得 DTG 曲线，称为微商热重法(DTG)，如图 3-3-10 所示。曲线上的峰面积正比于样品质量。DTG 曲线可以经微分 TG 曲线得到，也可以用适当的仪器直接测得，DTG 曲线比 TG 曲线优越性大，提高了 TG 曲线的分辨率。

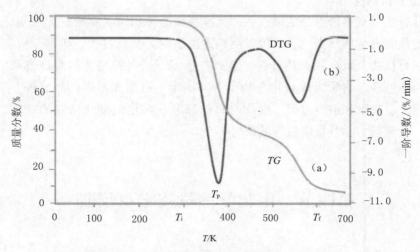

T_i—反应起始温度；T_p—反应终止温度；T_f—最大失重速率温度

图 3-3-10　TG 曲线(a)和 DTG 曲线(b)

样品在加热炉中按给定速率升温或降温，样品质量改变使天平梁偏离平衡点，根据天平梁倾斜度与质量变化的比例关系，即可得到质量-温度曲线，即热重曲线。根据热重曲线上损失的质量可计算失重百分数，从而判断样品的热分解机理和每步的分解产物。

2. 影响热重分析的因素

热重分析的影响因素可分为两类：一类是仪器和操作因素，包括升温速率、炉内气氛、炉子的几何形状、坩埚的材料等；另一类是样品因素，包括样品的质量、粒度、装样的紧密程度、样品的导热性等。

（1）升温速率。

在热重分析测定中，升温速率对测定影响最大。升温速率增大会导致温度滞后现象严重，测得的温度数值明显偏高，若升温太快，试样来不及达到平衡，还会影响相邻峰的分辨率。通常升温速率为 $5 \sim 10$ ℃ · min^{-1}。

（2）炉内气氛。

热天平周围的气氛对 TG 曲线有较显著的影响。一般可分为真空、反应气氛和保护气氛三种。动态气氛时，气体流速、温度和纯度对曲线的影响比较大。

（3）样品质量和粒度。

样品用量一般为 $2 \sim 5$ mg，质量增大，将影响热量的传递过程，使样品内温度梯度变大，发生吸热或放热现象时，温度易偏离线性程序升温，从而改变 TG 曲线位置。样品粒度太小，由于表面效应和小尺寸效应，导致失重起始温度低于正常值，测量误差增加。

3. 热重分析的应用

热重分析法的重要特点是定量性强，能准确地测量物质的质量变化及变化的速率，只要物质受热时发生质量变化，就可以用热重法研究其变化过程。热重分析应用广泛，如无机物或有机物及聚合物的热分解、金属在高温下受各种气体的腐蚀过程、矿物质的煅烧和冶炼过程、物质组成和化合物组分的测定、石油和木材的热分解、挥发物灰分含量的测定、吸附和解吸过程、爆炸材料的研究、催化剂催化活性的测定、新化合物的发现、反应动力学及反应机理的研究等。

第四节　电化学测量技术及仪器

电化学测量技术在物理化学实验中占有很重要的地位，常用来测量电解质溶液的电导、原电池电动势等。

一、电导的测量及仪器

测量待测溶液电导的方法称为电导分析法。电导是电阻的倒数，电导的测量是通过对测得电阻值进行换算后得到的，测量方法与电阻的测量方法相同。

在溶液电导的测定过程中，电流通过电极和电解质溶液时，会产生电解和极化现象引起误差，故测量时需使用频率足够高的交流电减少电解副产物以及使用镀铂黑电极减小极化超电位，提高测量结果的准确性。

电导率仪是一种是用来测量溶液电导率数值大小的仪器。电导率是电阻率的倒数，国际单位为 $S \cdot m^{-1}$。

1. DDS-11A 型电导率仪

（1）DDS-11A 型电导率仪的基本原理。

DDS-11A 型电导率仪是常用直接测定电导率的专门仪器，测量范围较广，操作简单，由振荡器、电导池、放大器、稳压器、负载电阻和指示器几部分组成，其原理如图 3-4-1 所示。

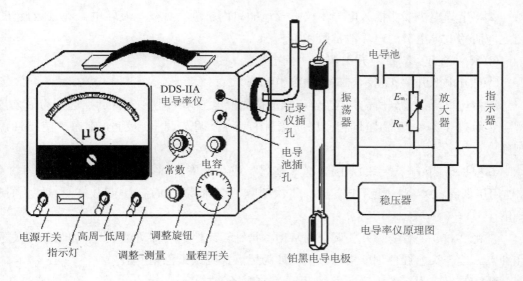

图 3-4-1　DDS-11A 型电导率仪

当振荡器输出的电压为 E 时，在电导池（内阻为 R_x）及负载电阻（R_m）组成的回路中，电流强度 I_1 为：

$$I_1 = \frac{E}{(R_x + R_m)} \tag{3-4-1}$$

通过负载电阻（R_m）的电流强度 I_2 为：

$$I_2 = \frac{E_m}{R_m} \tag{3-4-2}$$

回路中，电导池与负载串联，$I_1 = I_2$，因此有：

$$E_m = \frac{R_m}{R_m + R_x} \cdot E \tag{3-4-3}$$

导体的电阻与其长度 l 成正比，与其截面积 A 成反比。电导 G 是电阻的倒数，单位为西门子，用 S 或 Ω^{-1} 表示。

$$G = \frac{1}{R} = \kappa \frac{A}{l} \tag{3-4-4}$$

将 $R_x = 1/G = l/(A\kappa)$ 代入式 3-4-3，可得：

$$E_m = \frac{R_m}{R_m + \frac{l/A}{\kappa}} \cdot E \tag{3-4-5}$$

当 R_m、l/A、E 一定时，$E_m = f(\kappa)$，即负载电阻 R_m 上电位降 E_m 是电导率的函数，所以 DDS-11A 型电导率仪使用时可直接从表盘上读出溶液的电导率值 κ。

（2）DDS-11A 型电导率仪使用方法。

①接通电源前，调整表头螺丝，使指针指示为零。

②将电导电极插头插入电导率仪电导池插口内，旋紧螺丝，旋转电导池常数旋钮，使之与所用电导电极的电导池常数相符。

③ 将"校正～测量"开关调至"校正"档。

④打开电源开关，指示灯亮，预热 10 min。

⑤将量程开关拨到所需档位（若不知道待测液电导率大小，先将量程选择为最大量程，然后逐步减小至最佳量程，以防指针打弯），调节调整（校正）旋钮，使指针满刻度。

⑥根据待测液电导率的范围选择"高周"或"低周"。测量量程共 12 档，其中 1～8 档用于低周；9～12 档用于高周，每次更换"高低周"时需重新校正零刻度和满刻度。

⑦将"校正～测量"开关调至测量档，指针转动稳定后即可读数。（如量程开关选在红点，读表头上红色刻度指示数值，如为黑点，则读黑色刻度值。）

测量结果应为：表头读数 × 量程开关上选择倍数

⑧需要输出信号记录时，可将"输出插口"接线至自动电子电位差计记录。

（3）测量注意事项。

①电极的引线保持干燥。

②电导电极上部为一玻璃管，下部用玻璃制成"O"形，玻璃内壁各镶有一块铂片，内壁和溶液接触面镀有"铂黑"（称为铂黑电导电极），铂黑片在溶液中组成电导池。电导池常数记录在上部标签上，使用前，先用去离子水洗净电导电极，然后用滤纸吸干，注意不要擦掉铂黑，将插头插入电导率仪电导池插孔，旋紧螺丝。使用完毕，松开螺丝拔出电导电极。

③盛待测液的容器必须清洁，没有离子玷污。

④测定一系列不同浓度待测液的电导率，应注意按浓度由小到大的顺序进行测定。

⑤高纯水应迅速测量，否则空气中 CO_2 溶入水中变为 CO_3^{2-}，导致电导率迅速增加。

2. DDSJ-308A 型电导率仪

DDSJ-308A 型电导率仪是一种智能型的实验室常规分析仪器，常用于精确测量水溶液的电导率、总溶解固态量（TDS）、海水及海水淡化处理中的含盐量也可用于测量纯水的纯度。

（1）测量原理。

物体的导电能力通常用电阻（R）表示，基本单位是欧姆（□）。对于电解质溶液，其导电能力则用电阻的倒数电导（G）表示，电导的单位为西门子（S）或 Ω^{-1}。因为电导是电阻（R）的倒数，因此电导的测量方法与电阻的测量方法基本相同。将电极（通常为铂电极或者铂黑电极）插入溶液中，两极加上电压，正负电极间会产生电流，根据欧姆定律（$R=U/I$）可求得待测液的电阻 R。

已知温度一定时，导体的电阻 R 与电极的间距 l（m）成正比，与电极的截面积

$A(\mathrm{m}^2)$ 成反比。

$$R = \rho \frac{l}{A} \tag{3-4-6}$$

根据式 3-4-5 得：

$$G = \frac{1}{R} = \frac{1}{\rho}\frac{A}{l} = \kappa K_{cell} \tag{3-4-7}$$

式中：K_{cell} 是电极常数(m^{-1})。由式 3-4-7 可知，若电导池常数 K_{cell} 已知，测出溶液的电阻 R 或者电导 G，即可求出溶液的电导率 κ。

（2）电导率的温度补偿。

电导率数值与温度相关。温度对电导率的影响程度根据溶液的不同而不同，可以用公式 3-4-8 求得：

$$L_t = L_{cal}[1 + \alpha(t - t_{cal})] \tag{3-4-8}$$

其中：L_t = 某一温度（℃）下的电导率；L_{cal} = 标准温度（℃）下的电导率；t_{cal} = 标准温度；□ = 标准温度（℃）下溶液的温度系数。

不同溶液往往具有不同的温度系数，准确设定温度系数对精确测量至关重要，通常可在 0.0%/℃ ~ 10.0%/℃ 的范围内测定。

（3）仪器构造。

DDSJ-308A 型电导率仪有电导率、TDS 和盐度三种测量功能，按"模式"键可以在三种模式间进行转换；仪器具有自动温度补偿、自动校准、量程自动切换等功能；具有断电保护功能，仪器使用完毕关机后或非正常断电情况下，仪器内部储存的测量数据和设置的参数不会丢失，电导率仪结构如图 3-4-2 所示。

（4）使用方法。

①测量。

按"测量转换"键可切换电导

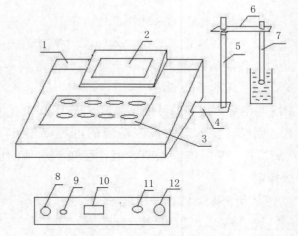

1—机箱；2—显示屏；3—键盘；4—电极杆座；5—电极杆；
6—电极夹；7—电极；8—测量电极插座；9—温度电极插座；
10—打印接口；11—电源开关；12—电源插座

图 3-4-2 DDSJ-308A 电导率仪正面和后面板结构

率、TDS、盐度三种测量模式，液晶显示器左上角会提示当前的测量模式。若温度电极不接入仪器，温度显示为 25.0 ℃ 或 18.0 ℃（盐度测量状态）。温度电极插入仪器后，不论实际温度是多少，仪器自动按设定的温度系数将电导率补偿到 25.0 ℃ 时的值；不接温度电极，仪器显示待测溶液未经补偿的原始数值。

②设置或标定电极常数。

按"模式"键，再按"▲"或"▼"键选中"电极常数"，按"确定"键，仪器显示"电极常数设定"和"电极常数标定"。

若直接设置电极常数，则按"▲"或"▼"键选中"电极常数设定"，按"确定"键，再按"▲"或"▼"键设定所需电极常数值。

若标定电极常数，则按"▲"或"▼"键选中"电极常数标定"，按"确定"键，然后再按"▲"或"▼"键选择标定电极用的校准溶液（共有 0.001 mol/L、0.01 mol/L、0.1 mol/L 和 1 mol/L 的四种浓度的 KCl 溶液可选），选中后按"确定"键，然后根据附表中的相关数据，计算出实验温度下所选定标准溶液的电导率值，按"▲"或"▼"键输入，按"确定"键，仪器显示实际测量数值，待读数稳定后，再按"确定"键完成电极常数的标定。

注：设置参数时，连续按住"▲"或"▼"键一段时间后数字变化速度会提高。按"取消"键则退出设置。以下同。

③ 设置温度系数。

按"模式"键，再按"▲"或"▼"键选中"温度系数"，按"确定"键，再按"▲"或"▼"键调节被测溶液的温度系数，从 0.0%/℃到 10.0%/℃可调。一般水溶液取 2.0%/℃。

④设置或标定 TDS 转换系数。

按"模式"键，再按"▲"或"▼"键选中"转换系数"，按"确定"键，仪器显示"转换系数设定"和"转换系数标定"，若设置转换系数，则按"▲"或"▼"键选中"转换系数设定"，按"确定"键，再按"▲"或"▼"键设定被测溶液的 TDS 与电导率之间的转换系数值，从 0.20 到 1.00 可调（一般取 0.50）；若标定转换系数，则仪器显示当前被测溶液的电导率值，待数据稳定后按"确定"键，然后按"▲"或"▼"键输入 TDS 值（已知 TDS 值的标定液），按"确定"键完成转换系数的标定。

⑤ 历史数据的查询和删除。

按"模式"键，再按"▲"或"▼"键选中"数据查询"，按"确定"键，仪器逐个显示已储存的全部数据，同时显示"下一个"和"删除"，若要继续查询，则按"▲"或"▼"键选中"下一个"，按"确定"键（按一次"确定"键可查一个数据）；若要删除此数据，则按"▲"或"▼"键选中"删除"，按"确定"键。

⑥ 历史数据的打印。

按"模式"键，再按"▲"或"▼"键选中"数据打印"，按"确定"键，则可打印储存的全部历史数据。

⑦时钟调整。

按"模式"键，再按"▲"或"▼"键选中"时钟调整"，按"确定"键，则可调整当前时钟。按"▲"或"▼"键，再按"确定"键，可依次设定年、月、日、小时、分钟的值。

⑧打印机。

打印机选择 TPμP16 型，串行接口，波特率为 9600，8 个数据位，1 个停止位，无校验位。

（5）仪器的维护。

电极的连接须可靠，防止腐蚀性气体侵入。

①开机前检查电源。接通电源后，若显示屏不亮，应检查电源是否有电输出。

②如仪器显示"溢出"，说明所测值已超出仪器的测量范围，应马上关机，换用电极常数更大的电极进行测量。

③高纯水的测量，应使用流通池使纯水密封流动，且水流方向应对着电极，流速不宜太高。

④被测溶液电导率大于 1 000 μS/cm 时，应使用铂黑电极测量。电导率超过 3 000 μS/cm 时，最好使用 DJS-1C 型铂黑电极进行测量。

（6）参考数据。

表 3-4-1 被测溶液电导率范围与电导电极的选择

电导率范围 /（μS · cm⁻¹）	使用的电导池常数 /cm⁻¹
2 000~2×10⁵	10
100~10 000	1
1~200	0.1
0~20	0.01

表 3-4-2 被测溶液 TDS 范围与电导电极的选择

TDS 范围 /（mg · L⁻¹）	使用的电导池常数 /cm⁻¹
0~5 000	1

表 3-4-3 标定电极常数用 KCl 溶液的浓度（mol/L）

电极常数类型/cm⁻¹	0.01	0.1	1	10
KCl 溶液近似浓度	0.001	0.01	0.01 或 0.1	0.1 或 1

注：KCl 应该用优级纯试剂，并在 110 ℃烘箱中烘 4 小时，冷却后(冷却过程中保持干燥)方可称量。

3. DDSJ-308F 型电导率仪

DDSJ-308F 型电导率仪可测量电导率、TDS、盐度、电阻率，配用不同常数的电导电极，可用于测量纯水或超纯水的电导率。

（1）仪器结构。

DDSJ-308F 型电导率仪结构如图 3-4-3 所示。

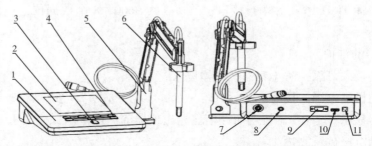

1—仪器外壳；2—显示屏；3—电源开关；4—功能选择按钮；5—电极架；6—电导电极；7—电导电极插座；8—接地接线柱；9—RS232端口；10—USB端口；11—DC 9V电源插口

图 3-4-3　仪器正面和背面示意图

（2）使用方法。

①电导率测量。

（a）输入电极常数启用新电极。

通过"电导参数设置"–"常数标定方式"，输入电极常数，完成新电极的启用。

（b）标定前的准备。

安装仪器各组件，将电导电极与仪器连接。准备标准溶液如 1 408 μS/cm 标液，放入 25 ℃ 恒温水浴中，控制溶液温度为 25.0 ℃。将电极下端的保护瓶取下，用去离子水清洗电极。按开机键，打开仪器，然后按软功能键 F1 "参数设置"，选择测量参数设置，勾选电导率，按"确认"键完成设置，按"取消"键回到起始界面。

（c）电导电极的标定。

按软功能键 F2 "电极标定"进入标定电极常数，按"参数设置"后进入设置，设置标定方式为"用溶液标定"，识别类型为"自动识别"，电极类型为"常数为 1 的电极"，参比温度为"25 ℃"，补偿模式为"线性补偿"和温补系数为"2.00%/ ℃"。将清洗干净的电导电极用滤纸吸干电极表面水分后，再用标液润洗后放入 1 408 μS/cm 的标准溶液中，仪器自动识别标称值为 1 408 μS/cm。读数稳定后，按"开始标定"进行标定。如需进行多点标定，则将电极清洗干净，用滤纸吸干，再用标液润洗后放入其他标准溶液中，读数稳定后，按"下一点"继续标准溶液的标定，本仪器最多支持五点标定。完成标定后，按"确认"键完成标定，保存标定结果并结束标定，回到起始界面。

（d）电导率的测定。

按软功能键 F1 进入"参数设置"，选择"读数方式设置"，设置所需要的读数方式,可以设为:连续读数方式、定时读数方式和平衡读数方式。设置完成后,按"取消"键回到起始界面。按软功能键 F4 "开始测量"进入测量界面,待数据稳定后,即可进行读数。按"存贮"键保存测量结果。按"输出"键可连接打印机打印结果。

② TDS 测量。

总溶解固体(TDS)指水中全部溶质的总量,包括无机物和有机物两者的含量。一般情况下,电导率越大,盐分越高,TDS 越大。选择 TDS 测量模式后,参照电导率的测量方式进行 TDS 测量。

(a) 低浓度简单样品的 TDS 测量。

对于相对成分比较简单,浓度不高的盐溶液,可以通过电导率估算溶液的 TDS。相对于称重法,通过电导率进行 TDS 估算简单方便,准确性较好。对于 5 000 μS/cm 以下的氯化钾和氯化钠溶液,TDS 系数近似为 0.5,可以用 0.5 作为 TDS 系数进行估算。

表 3-4-4　电导率与 TDS 标准溶液关系表

电导率/($\mu S \cdot cm^{-1}$)	TDS 标准值		
	KCl/($mg \cdot L^{-1}$)	NaCl/($mg \cdot L^{-1}$)	442/($mg \cdot L^{-1}$)
23	11.6	10.7	14.74
84	40.38	38.04	50.5
447	225.6	215.5	300
1 413	744.7	702.1	1 000
1 500	757.1	737.1	1 050
2 070	1 045	1 041	1 500
2 764	1 382	1 414.8	2 062.7
8 974	5 101	4 487	7 608
12 880	7 447	7 230	11 367
15 000	8 759	8 532	13 455
80 000	52 168	48 384	79 688

注:442 表示 40%Na_2SO_4、40%$NaHCO_3$、20%NaCl;表中列出的值为 25 ℃时情况下的值。

(b) 高浓度简单样品的 TDS 测量。

对于组分简单、浓度较高样品的 TDS 测量(如高浓度 NaCl 溶液),需重新标定 TDS 系数,标定方法如下:用该化学组分配制合适浓度的校准溶液,计算其 TDS 数值;用去离子水清洗电导电极;将电导电极浸入校准溶液中,控制溶液温度为:(25.0±0.1)℃;设置标称值,即当前校准溶液的 TDS 值;待仪器读数稳定后,按"校正"键,仪器自动计算出新的 TDS 转换系数值,如果有其他标液,重复上述校正过程进行多点校正。在被测水样的组成和浓度保持稳定的情况下,可使用经过标定后的仪器测定水样 TDS。

（c）复杂样品的 TDS 测量。

对于组成复杂的样品，可以通过实验室方法重新测定并手动输入 TDS 系数，以提高 TDS 测量的准确性，其标定方式如下：

用去离子水清洗电导电极后，将电导电极浸入被测样品溶液中，测定电导率值（需要使用自动温度补偿，或使用恒温水浴恒温到 25 ℃）。使用称重法测定样品溶液的 TDS，计算 TDS 系数，将计算得到的 TDS 系数输入到仪器中。当被测水样的组成或浓度发生大幅变化时，建议重新进行 TDS 系数的标定。

③盐度测量。

DDSJ-308F 型电导率仪可用于测定氯化钠盐度，即与样品电导率相同的氯化钠溶液的盐度，可用于近似评价被测溶液的含盐量。根据 GB/T 27503，可以配制不同质量分数的氯化钠溶液，制备不同电导率的标准溶液（参比温度：18 ℃）。因此，通过测定样品的电导率，可以计算该电导率对应氯化钠溶液的质量百分数，从而换算得到氯化钠盐度。选择盐度测量模式后，参照电导率的测量方式进行盐度测量。

④电阻率测量。

仪器可用于测定溶液电阻率。电阻率与电导率互为倒数关系，测定电阻率时可同时测出电导率。选择电阻率测量模式后，参照电导率的测量方式进行电阻率测量。

⑤ 仪器的维护。

仪器长期不用，需断开电源。仪器的电极插座须保持清洁、干燥，切忌与酸、碱、盐溶液接触。仪器外壳材料对某些有机溶剂（如甲苯、二甲苯和甲乙酮）比较敏感，避免液体进入外壳，导致仪表损坏。若需清洁仪器外壳，用沾有水与温和清洁剂的毛巾轻轻擦拭即可。

二、电池电动势测量

电池电动势的测定在物理化学实验中占有重要的地位，并且其应用广泛，如平衡常数、活度系数、溶解度、络合常数以及某些热力学函数的改变量等均可通过电动势测定来求得。电池的电动势不能采用伏特计或万用表来测量，原因是电池存在内阻，若伏特计中通过的电流为 I，电阻为 R，伏特计读数为 V，电池内阻为 r，电池电动势为 E，则：

$$E = IR + Ir \quad V = IR = E - Ir \tag{3-4-9}$$

因为 I 不可能为零，所以 V 不等于 E。另一方面当有电流在电路中通过时，测得的端电压 V 不是电池的可逆（平衡）电动势。因为电流不可能无穷小，此时不是可逆过程。

利用补偿法（又称对消法），可在 I 趋近于零的条件下测得电池的两个电极的电位差，此电位差即该电池的电动势。用补偿法测电动势原理可简述如见图 3-4-4。

用伏特计测得的为外电压 V，V 小于电池电动势 E，只有当 I 趋近于零时，V 才能趋

近于 E。右图中 AB 为均匀电阻，E_W 为工作电池，它在 AB 上产生均匀电位降，用来对消待测电池或标准电池的电动势。

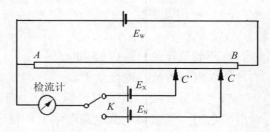

E_X 为待测电池电动势，E_N 为标准电池电动势。测定时，首先将换向开关 K 拨向 E_N，调节滑线电阻 AC 使检流计中无电流通过，因 AB 为均匀电阻，所以有：

图 3-4-4　补偿法测电动势原理图

$$\frac{E_N}{V_{AB}} = \frac{AC}{AB} \tag{3-4-10}$$

然后把 K 拨向 E_X，调节 AC'，使检流计中无电流通过，同样有：

$$\frac{E_X}{V_{AB}} = \frac{AC'}{AB} \tag{3-4-11}$$

将两式相除，可得：

$$\frac{E_X}{E_N} = \frac{AC'}{AC} \tag{3-4-12}$$

通常使用 Westen 电池作为标准电池，其标准电池电动势 E_N 已知，从而由 AC 和 AC' 长度可求得待测电池的电动势。

1. SDC-II 数字电位差综合测试仪

电位差计具有多种型号，可根据测量范围和精度进行选择。目前较为常用的是 SDC-II 型数字电位差综合测定仪（见图 3-4-5）。

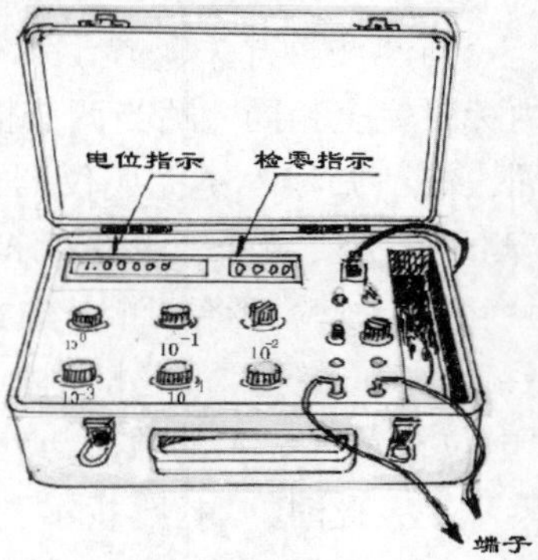

SDC-II 型数字电位差综合测定仪主要用于电动势的精密测定。内置有可代替标准电池的高精度参考电压集成块作为参比电压，可以有效保证对消法测量电动势的准确性。

仪器的测量范围为 0~±5 V，分辨率为 10 μV（六位显示）。使用条件：温度：－5 ~ 40 ℃，相对湿度：<85%RH，电源：~220 V±10%，50 Hz。

（1）结构与原理。

图 3-4-5　SDC-II 数字
电位差综合测试仪

SDC-II 型数字电位差综合测定仪将电位差计、检流计和标准电池等集为一体，电位差值采用六位数字显示，数值直观清晰、准确可靠。仪器既可使用内部基准进行校准，又可外接标准电池作基准进行校准。

仪器的前板如图 3-4-5 所示。左上方为"电位显示"显示窗口，右上方为"检零指示"显示窗口。左上方设置有五个电位测量旋钮，用于选定内部标准电动势的大小，分别对应 1 V、10^{-1} V、10^{-2} V、10^{-3} V 和 10^{-4} V 档，另外一个为补偿旋钮。

（2）使用方法。

①开机。

打开电源开关，预热 15 min。

②以内标为基准进行测量。

当"测量开关"位于"内标"时，调节精密电阻箱(5 个电位测量旋钮和补偿旋钮对应的电阻) 通过恒电流电路产生 1 V 稳定电位，一路经电子开关送至 A/D 转换器转换成数字信号输入 CPU，由 CPU 输送电位指示显示。另一路与由高精度集成稳压电路产生的 1 V 内标电压转换成数字信号再送入 CPU，由检零指示显示偏差，由采零按钮控制并记忆误差，以便测量待测电动势时进行误差补偿，具体操作步骤如下：

（a）校验。将"测量选择"旋钮置于"内标"。将测试线分别插入测量插孔内，将"10^0"位旋钮置于"1"，"补偿"旋钮逆时针旋到底，其他旋钮置于"0"，此时，"电位指标"显示"1.00000" V，将两测试线短接。待"检零指示"显示数值稳定后，按"归零"键，此时"检零指示"显示"0000"。

（b）测量。将"测量选择"置于"测量"。将测试线按照被测电动势"+""–"极性与"测量插孔"连接。适当调节"$10^0 \sim 10^{-4}$"等旋钮，使"检零指示"显示数值为负且绝对值最小。调节"补偿旋钮"，直至"检零指示"显示"0000"，此时"电位显示"数值即为被测电动势的数值。（注意：测量过程中，若电位指示值与被测电动势值相差过大，检零指示将显示溢出。）

③以外标为基准进行测量。

当"测量开关"置于"外标"时，由外部标准电池提供标准电压，其工作原理与内标时完全相同。适当调节精密电阻箱和补偿旋钮，使电位指示与外标电池电动势相同，按"归零"键完成仪器的标定工作。待测电池电动势测量与标定过程相同，将"测量开关"置于"测量"即可，具体操作步骤如下：

（a）校验。将"测量选择"旋钮置于"外标"。将已知电动势数值的标准电池按"+""–"极性与"外标插孔"连接。调节"$10^0 \sim 10^{-4}$"旋钮和"补偿"旋钮，使"电位指示"显示的数值与外标电池数值相同。待"检零指示"数值稳定后，按"归零"键，此时，"检零指示"显示为"0000"。

（b）测量。拔出"外标插孔"的测试线，利用测试线将被测电池按"+""–"极性接入"测量插孔"。将"测量选择"置于"测量"。调节"$10^0 \sim 10^{-4}$"旋钮，使"检零指示"显示数值为负且绝对值最小。调节"补偿旋钮"，使"检零指示"为"0000"，此时"电位显示"数值即为被测电池的电动势。

④关机。

实验测量完成后关闭电源。

（3）维护注意事项。

仪器需放置在通风良好、干燥和无腐蚀性气体的场所。避免在高温环境使用。为了保证仪表工作正常，请勿随意打开机盖调整仪器配置，影响测量的准确度。

三、盐桥的制备

两个溶液界面间存在液体接界电势，又称液接电位。目前尚无理想的方法可以完全消除液接电位，实验室中采用架盐桥的方法，可将液接电位降到尽可能小。

采用正负离子迁移数尽可能相近的电解质溶液，可有效降低液接电位，如硝酸钾、硝酸铵、氯化钾和氯化铵。氯化物不能用于与氯离子发生反应的电解质（如银离子），部分商品电极，如甘汞电极，带有装盐桥的玻璃套管，方便在使用时加入电解质溶液。日常所用的自制盐桥，主要使用琼脂制备。

3%琼脂–饱和 KCl 盐桥的制法：取 3 g 琼脂和 97 mL 去离子水放入烧杯中，水浴加热至溶解，然后加入 30 g KCl，完全溶解后，趁热用滴管加入洁净的 U 形玻璃管内，注意不可有气泡。完成后在 U 形玻璃管两端各滴一滴上述制备的盐桥溶液，使液面呈凸液面，冷却成凝胶状即可使用。剩余的盐桥溶液可用磨口瓶保存，再制作时只需在水浴中加热即可使用。

氯离子可与 Ag^+、Hg^{2+} 作用，钾离子可与 ClO_4^- 作用，高浓度酸、氨也会与琼脂作用而被污染，这些情况下需换用其他盐桥。

四、CHI 电化学分析仪

1. 760D 型电化学分析仪

电化学分析仪是一种通用的电化学测量分析系统，包含多种电化学测量分析功能。CHI760D 电化学分析仪的组成结构如图 3-4-6 所示。其内部包含快速数字信号发生器、高速数据采集系统、电位电流信号滤波器、多级信号增益、iR 降补偿电路和恒电位仪/恒电流仪。该型仪器可直接用于超微电极上的稳态电流测量。仪器可采用于二、三或四电极的方式，四电极对于大电流或低阻抗电解池（例如电池）十分重要，可消除由于电缆和接触电阻引起的测量误差。仪器也提供了外部信号输入通道，在记录电化学信号的同时，也可记录外部输入的电压信号。此外仪器还配备高分辨辅助数据采集系统，对于相对较慢的实验可允许较大的信号动态范围和较高的信噪比。

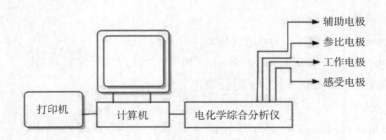

图 3-4-6　CHI760D 电化学综合分析仪的组成结构示意图

CHI760D 通过计算机进行控制。仪器软件具有强大的功能，有利于文件的方便管理、实验的全面控制、图形的灵活显示以及多种数据处理。该电化学分析仪集成了多种常用的电化学测量技术，包括恒电位、恒电流、电位扫描、电流扫描、电位阶跃、电流阶跃、脉冲、方波、交流伏安法、流体力学调制伏安法、库仑法、电位法以及交流阻抗等。

2. CHI760D 电化学分析仪的测量技术

（1）电位扫描技术：

Cyclic Voltammetry（CV）循环伏安法

Linear Sweep Voltammetry（LSV）线性扫描伏安法

TAFEL（TAFEL）Tafel 图

Sweep-Step Functions（SSF）电位扫描-阶跃混合方法

（2）电位阶跃技术：

Chronoamperometry（CA）计时电流法

Chronocoulometry（CC）计时电量法

Staircase Voltammetry（SCV）阶梯波安法

Differential Pulse Voltammetry（DPV）差分脉冲伏安法

Normal Pulse Voltammetry（NPV）常规脉冲伏安法

Differential Normal Pulse Voltammetry（DNPV）差分常规脉冲伏安法

Square Wave Voltammetry（SWV）方波伏安法

Multi-Potential Steps（STEP）多电位阶跃

（3）交流技术：

ACImpednace（IMP）交流阻抗测量

Impedance-Time（IMPT）交流阻抗-时间关系

Impedance-Potential（IMPE）交流阻抗-电位关系

AC（including phase-selective）Voltammetry（ACV）交流（含相敏交流）伏安法

Second Harmonic AC Voltammetry（SHACV）二次谐波交流伏安法

（4）恒电流技术：

Chronopotentiometry（CP）计时电位法

Chronopotentiometry with Current Ramp（CPCR）电流扫描计时电位法

Potentiometric Stripping Analysis 电位溶出分析

（5）其他技术：

Amperometric i-t Curve 电流~时间曲线

Differential Pulse Amperometry 差分脉冲电流法

Double Differential Pulse Amperometry 双差分脉冲电流法

Triple Pulse Amperometry 三脉冲电流法

Bulk Electrolysis with Coulometry 控制电位电解库仑法

Hydrodynamic Modulation Voltammetry(HMV) 流体力学调制伏安法

Open Circuit Potential-Time 开路电位~时间曲线

3. CHI760D 电化学分析仪软件常用控制菜单

常用的软件命令：Open(打开文件)，Save As(储存数据)，Print(打印)，Technique(实验技术)，Parameters(实验参数)，Run(运行实验)，Pause/Resume(暂停/继续)，Stop(终止实验)，Reverse Scan Direction(反转扫描极性)，iR Compensation(iR 降补偿)，Filter(滤波器)，Cell Control(电解池控制)，Present Data Display(当前数据显示)，Zoom(局部放大显示)，Manual Result(手工报告结果)，Peak Definition(峰形定义)，Graph Options(图形设置)，Color(颜色)，Font(字体)，Copy to Clipboard(复制到剪贴板)，Smooth(平滑)，Derivative(导数)，Semiderivative and Semiintegral(半微分半积分)，Data List(数据列表) 等。这些在工具栏上均可方便选用。

4. CHI760D 电化学分析仪的使用方法

（1）仪器的初步测试。

①在软件的 Setup(设置)采单上找到 System(系统)命令，执行此命令，显示"System Setup"对话框。通讯口的设置对应于计算机用于控制仪器的串行口(Com1 或 Com2)。如果操作中出现"Link Failed"的警告，可能是串行口设置的错误。

②在 Setup 菜单中执行 Hardware Test(硬件测试)命令，系统会自动进行硬件测试。如果出现"Link Failed"警告，请检查仪器电源，通讯电缆，通讯口设置，计算机的串行通讯口是否正常。

（2）开始进行实验操作。

①将电极夹头夹到电解池上相应电极上，设定实验技术和参数后，便可进行实验。实验中如果需要电位保持或暂停扫描(仅对伏安法而言)，可用 Control 菜单中的 Pause/Resume 命令，在工具栏上也有对应的快捷键。如果需要继续扫描，可再点击一次该键。对于循环伏安法，如果临时需要改变电位扫描极性，可用 Reverse(反向)命令。若要停止实验，可用 Stop(停止)命令或点击工具栏上相应的快捷键。

②如果实验过程中发现电流溢出(Overflow，经常表现为电流突然成为一水平直线或得到警告)，可停止实验。需在参数设定命令中重设灵敏度(Sensitivity)。数值越小越灵敏。如果溢出，应将灵敏度调低(数值调大)，灵敏度的设置应尽可能灵敏而又不溢出。如果灵敏度太低，虽不溢出，但由于电流转换成的电压信号太弱，模数转换器只用了满量程的很小一部分，数据的分辨率会较差，且相对噪声增大。

③实验结束后，可执行 Graphics 菜单中的 Present Data Plot 命令进行数据显示，实验参数和结果(例如峰高，峰电位和峰面积等)会在图的右边显示，可用于各种显示和数据处理。在 Graphics 菜单的 Graph Option 命令中可找到数据显示方式的控制，例如 CV 可选择任意段的数据进行显示，CC 可允许 $Q-t$ 或 $Q-t^{1/2}$ 的显示，ACV 可选择绝对

值电流或相敏电流（任意相位角设定），SWV 可显示正反向或差值电流，IMP 可显示波德图或奈奎斯特图等。

④存储实验数据，可执行 File 菜单中的 Save As 命令，文件以二进制（Binary）的格式储存。为防止数据覆盖，可在 Setup 菜单的 System 命令中选择 Present Data Override Warning。

⑤打印实验数据，可用 File 菜单中的 Print 命令。打印方向（Orientation）请设置横向（Landscape）。Font 命令可以改变 Y 轴标记的旋转角度（90°或 270°）。可用 Graph Options 调节打印图的大小，使用 X Scale 和 Y Scale 命令。

⑥若要切换实验技术，可执行 Setup 菜单中的 Technique 命令，选择新的实验技术，然后重新设定参数。如果要做溶出伏安法，则可在 Control 菜单中执行 Stripping Mode 命令，在对话框中设置 Stripping Mode Enabled。如果要使沉积电位不同于溶出扫描时的初始电位（也是静置时的电位），可选择 Deposition E，设置沉积电位值。

⑦实验结束后电解池与恒电位仪会自动断开。

第五节　光学测量及仪器

光与物质相互作用可以产生各种光学现象，如光的折射、反射、散射、透射、吸收、旋光以及物质受激辐射等。通过光学现象的分析，可获取原子、分子及晶体结构等方面的信息。光学测量技术已广泛应用于物质的成分分析、结构测定以及光化学反应等领域。光学测量系统主要包括光源、滤光器、样品池和检测器等部件。下面介绍物理化学实验中常用的几种光学测量仪器。

一、阿贝折射仪

折射率是物质的重要物理性质之一，如果纯物质中含有杂质，其折射率会发生变化。因此可以通过折射率的测定，确定物质的浓度及鉴定物质的纯度等。阿贝折射仪是测定物质折射率的常用仪器之一。下面简要介绍其工作原理和使用方法。

1. 阿贝折射仪的工作原理

光线从一种介质进入另一种介质时，由于两种介质的光学性质不同，界面上会发生光的折射，如图 3-5-1 所示。

对任意两种介质，在一定波长和温度下，入射角 i 与

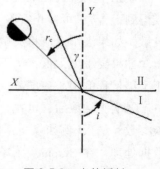

图 3-5-1　光的折射

折射角 γ 的正弦比等于其在两种介质中传播速率 v_1 和 v_2 之比，即：

$$\frac{\sin i}{\sin r} = \frac{v_1}{v_2} = n_{1,2} \tag{3-5-1}$$

式中：$n_{1,2}$ 称为折射率。折射率是物质的特性常数，在一定波长和温度下，与波长、温度有关，对指定的两种介质，折射率 $n_{1,2}$ 为一定值。其右下角注以字母，右上角注以测定时的介质温度（℃），如 n_D^{20} 表示 20 ℃时介质对钠光 D 线的折射率。

　　阿贝折射仪内部构造及外形如图 3-5-2 所示，主要部件为辅助棱镜 1 和测量棱镜 2，在其对角线的平面上重叠，中间仅留 0.1~0.15 mm 厚度的缝隙，待测液体在其中形成极薄的液层。当波长一定的单色光从反射镜照射进入辅助棱镜 1 时，由于棱镜 1 的对角线平面是磨砂面。光在磨砂面产生散射，由于测量棱镜 2 的折射率较高（约 1.85），故折射光线均落在临界角 γ_c 之内（见图 3-5-1），并穿过棱镜 2。若以白色光为光源，由于波长不同，产生的折射也不同，明暗界面上呈现一较宽色带，此现象称为色散，因此在阿贝折射仪上装有色散棱镜（阿密西棱镜），可以用手轮调节二组色散棱镜的位置以消除色散，得到清楚的明暗界线，并将原色散的光线还原到钠光的 D 线，因而测得的折射率即为 n_D。阿贝折射仪依据测定明暗分界线的位置来确定被测物质的折射率，数值可通过相关的刻度标尺读出，分界线的零点位置可通过镜筒上的凹槽用小螺丝刀调节校正。测量时为了维持恒定的温度，可与恒温水槽相通。

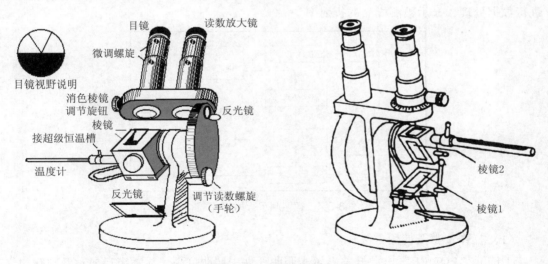

图 3-5-2　阿贝折射仪外形示意图

2. 阿贝折射仪的使用方法

　　（1）棱镜的恒温水接口分别连接恒温水槽的进出水管（如图 3-5-3 所示）。调节恒温槽至所需的温度。待阿贝折射仪上温度计读数稳定后方可测量，恒温温度以折射仪上的温度为准，一般选用 （20.0±0.1）℃或 （25.0±0.1）℃。

　　（2）打开棱镜，用乙醇或丙酮润湿棱镜，再用擦镜纸擦干。

（3）校正折射仪读数，可用已知折光率的纯液体或标准玻璃块进行校正。

（4）将待测液体用滴管加在下棱镜的磨砂面上，合上棱镜，要求液面均匀、无气泡。如被测液体较易挥发，则须用微量注射器从棱镜侧面小孔处加入。

（5）调节两个反光镜，使两目镜内视野明亮。

图 3-5-3　恒温水槽的进出水管

（6）分别转动两个手轮，使明暗界线清楚，无色散，并处于十字交叉线中心处，读出折光率。

阿贝折射仪最重要的是两直角棱镜，使用时不能将滴管或其他硬物碰到镜面，以免损坏光学玻璃。腐蚀性液体、强酸、强碱以及氟化物等亦不宜使用阿贝折射仪进行测定。折射仪使用完毕，用乙醇或丙酮洗净镜面，并用擦镜纸擦干。

3. 数字阿贝折射仪

WAY-2S 数字阿贝折射仪测定透明或半透明物质折射率的原理是基于测定其临界角来设计的，由目视望远镜部件和色散校正部件组成的观察部件瞄准明暗两部分的分界线，即瞄准临界位置，由角度数字转换部件将角度置换成数字信号，输入微机系统进行数据处理，显示被测样品的折射率。

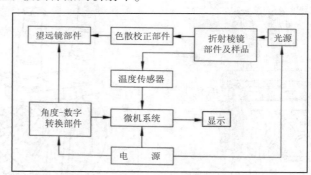

图 3-5-4　数字阿贝折射仪原理

（1）操作步骤及使用方法。

①按下"POWER"电源开关，聚光照明部件中照明灯亮，显示窗口显示 00000。

②打开折射棱镜，移去擦镜纸，此擦镜纸在仪器末使用时放置在两棱镜之间，防止关上棱镜时，可能留在棱镜上的细小硬粒损坏棱镜工作表面。

③检查上、下棱镜表面，用丙酮或乙醇清洁表面。测定每一个样品后也应仔细清洁两块棱镜表面，防止残留样品干扰测量的准确度。

④将被测样品放置在工作表面。如为液体样品，可用滴管滴加 1~2 滴待测液体于工作表面，然后盖上进光棱镜。如为固体样品，待测固体必须有一个经过抛光加工的

平整表面。测量前擦净该抛光表面，并在下层折射棱镜工作表面上滴加 1~2 滴折射率高于比固体样品的透明液体，然后将固体样品抛光面放置于折射棱镜的工作表面，使其接触良好。测固体样品时无需盖上进光棱镜。

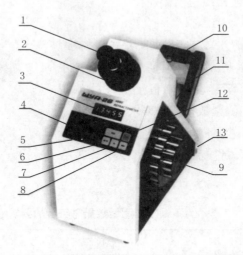

1—目镜；2—色散手轮；　3—显示窗；　4—"POWER"电源开关；
5—"READ"读数显示键；6—"BX-TC"经温度修正锤度显示键；
7—"nD"折射率显示键；　8—"BX"未经温度修正锤度显示键；
9—调节手轮；　　　10—聚光照明部件；11—折射棱镜部件；
12—"TEMP"温度显示键；13—RS232接口

图 3-5-5　WAY-2S 数字阿贝折射仪结构图

⑤旋转聚光照明部件的转臂和聚光镜筒使进光棱镜的进光表面(测液体样品)或固体样品前面的进光表面(测固体样品)得到均匀照明。

⑥通过目镜观察视场，同时旋转调节手轮，使明暗分界线落在交叉线视场中。若视场较暗，逆时针旋转调节手轮。若视场较明亮，则顺时针旋转调节手轮。明亮区域应在视场顶部。在明亮视场情况下旋转目镜，调节视度交叉线最清晰。

⑦旋转目镜上的色散校正手轮，同时调节聚光镜位置，使视场中明暗两部分具有良好的反差，明暗分界线具有最小的色散。

⑧旋转调节手轮，使明暗分界线准确对准交叉线的交点。(图 3-5-6)

⑨按"READ"读数显示键，显示窗显示被测样品的折射率。

⑩检测样品温度，可按"TEMP"温度显示键，显示窗将显示样品温度。

⑪样品测量结束后，必须用乙醇或水(样品为溶液)小心清洁折射棱镜系统的工作

图 3-5-6　视场明暗分界线

表面。

⑫本仪器折射棱镜部件中有通恒温水结构。如需测定样品在特定温度下的折射率，仪器可外接恒温器，将温度调节到所需温度再进行测量。

⑬计算机可用 RS2323 连接线与仪器连接。

（2）仪器校准。

仪器需要定期使用蒸馏水或玻璃标准块进行校准。如测量数据与标准有误差，可用螺丝刀通过色散校正手轮中的小孔（图 3-5-7），上下移动分划板上交叉线的位置，然后再进行测量，直到测量数据符合要求为止。

样品为标准块时，测量数据需要符合标准块上所标定的数值。如样品为蒸馏水时，测量数据需要符合下表要求：

螺钉孔

图 3-5-7　色散手轮

表 3-5-1　样品为蒸馏水时测量数据需符合的要求

温度/℃	折射率/n_D	温度/℃	折射率/n_D
18°	1.33316	25°	1.33250
19°	1.33308	26°	1.33239
20°	1.33299	27°	1.33228
21°	1.33289	28°	1.33217
22°	1.33280	29°	1.33205
23°	1.33270	30°	1.33193
24°	1.33260		

（3）仪器的维护与保养

①仪器应放置于干燥、空气流通和温度适宜的地方，以免仪器的光学零件受潮发霉。

②搬移仪器时应手托仪器的底部，不可提握仪器聚光照明部件中的摇臂，以免损坏仪器。

③仪器使用前后和更换样品时，必须保持折射棱镜系统的工作表面洁净。

④仪器严禁测试腐蚀性样品。测试液体样品中严禁含有固体杂质。测试固体样品时应防止折射棱镜的工作表面损伤。

⑤仪器使用及搬运过程中应避免强烈振动或撞击，防止光学零件震碎、松动而影响精度。

⑥若聚光照明系统中灯泡损坏，应先关闭电源，并将聚光镜筒沿轴拔下，露出照明灯泡，将其取出并更换。重新安装聚光镜筒后，打开仪器电源，观察投射在折射棱

镜表面的光斑，如果光斑位于折射棱镜中央位置，则仪器换灯完成；如果发生偏离，可调节灯泡（连灯座）位置（松开旁边的紧定螺钉）、使光线聚光在折射棱镜的进光表面上，不产生明显偏斜即可。

⑦仪器的聚光镜是塑料材质，为了防止其表面损坏，使用时可用透明塑料罩保护聚光镜。

⑧仪器长时间不用时，应盖上塑料防护罩或将仪器放入仪器存放箱内。

二、分光光度计

1. 分光光度计原理

当可被物质吸收的单色光通过某种溶液时，光的强度因被溶液吸收而减弱，其减弱程度与物质的浓度有一定的关系。符合朗伯–比尔定律：

$$A = \lg \frac{I_0}{I} = kcL \tag{3-5-2}$$

$$T = \frac{I}{I_0} \tag{3-5-3}$$

$$A = \lg \frac{1}{T} \tag{3-5-4}$$

式中：A 为吸光度；I_0 为入射的单色光强度；I 为透射的单色光强度；c 为物质的浓度；L 为溶液层厚度；T 为物质的透射率；k 为比例常数，与入射光波长、物质的性质、溶液的温度等因素有关。

从上式可知，固定溶液层厚度，以一定波长的光通过溶液，溶液吸光度与其浓度成正比。因此，以吸光度 A 对溶液浓度 c 作图，可得到 $A \sim c$ 关系曲线。再测得待测溶液的吸光度，即可从 $A \sim c$ 图上得到相应的浓度，从而对物质进行定量分析。有些仪器则可直接利用已知浓度的标准溶液，经过仪器计算直接得到待测溶液的浓度，如 722 型光栅分光光度计。为了提高测量的精度，常选用最大吸收波长的光进行测定。故需在定量分析前，测出溶液的吸收光谱，找出最大吸收波长。

测定物质对不同波长的光的吸收情况，或不同浓度下对某波长的吸收程度的仪器称为分光光度计。根据测定波长范围的不同，分光光度计可分为远红外、红外、近红外可见、可见、可见紫外、真空紫外等各种类型。根据仪器光路结构又分为单光束和双光束型。根据仪器的光路机制又可分为棱镜型、光栅型、调制干涉型（傅里叶变换）等。分光光度计一般都由光源、单色器、光量调节系统、检测系统四部分组成。利用计算机可使分光光度计的调控及检测达到高度的自动化，广泛应用于物质的定性、定量及结构分析等领域。

2. 分光光度计的构造

分光光度计主要部件包括单色器、准直镜、聚光镜和光学系统等。

（1）单色器：单色器是将复合光分出单色光的装置。单色器有棱镜单色器和光栅单色器。单色器的主要组件是玻璃棱镜、复合滤光片或光栅。来自光源的光线可直接通过单色器的狭缝照到分光部件上。单色器的效率比普通滤光片高。在紫外和可见光范围内，半宽度不超过 1 nm。

（2）准直镜和聚光镜：准直镜用于减小光束的尺寸并提供平行光，多由凹面镜制成。凹面镜的反射镜面大都是镀铝的。在可见光区，铝膜外面常常再镀上一层 SiO_2 保护层。但在紫外区，为了保证较高的反射效率，通常不镀 SiO_2 保护膜。

聚光镜为一凸透镜。点光源发出的光先经聚光镜后变成平行光，再进入棱镜（或光栅）色散系统。色散后的平行光再经聚光镜会聚后，照射到比色皿上。

（3）光学系统：分光光度计的光学系统有多种类型，不同类型的光学系统，对测量方法和结果有一定影响。分光光度计有单光束光学系统、双光束光学系统和双波长/双光束光学系统。

①单光束分光光度计。单光束分光光度计系统示意图如图 3-5-8 所示。

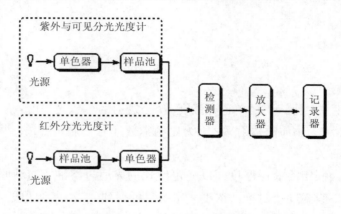

图 3-5-8　单光束分光光度计系统示意图

测量时只能允许参比溶液或样品溶液中的一种进入光路，仪器的优点是结构简单，价格便宜，主要适用于定量分析；缺点是测量结果受电源的波动影响较大，容易给定量结果带来较大误差。

②双光束分光光度计。系统示意图如图 3-5-9 所示。由于两光束同时分别通过参比溶液和样品溶液，因此可以消除光源强度变化带来的误差。

③双波长分光光度计。系统示意图如图 3-5-10 所示。紫外可见类单光束和双光束分光光度计，都是单波长的，所得信号是样品溶液和参比溶液吸光度之差。而双波长分光光度计由同一光源发出的光被分成两束，分别经过两个单色器，可以同时得到两个不同波长（λ_1 和 λ_2）的单色光。它们交替照射同一液体，得到的信号是两波长处吸光度之差 ΔA，$\Delta A = A_{\lambda 1} - A_{\lambda 2}$，当两个波长保持 1~2 nm 之差同时扫描时，得到的信号是吸光度的一阶导数，即其变化率曲线。

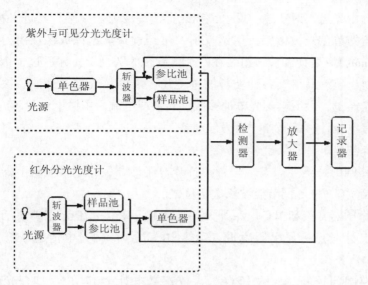

图 3-5-9　双光束分光光度计系统示意图

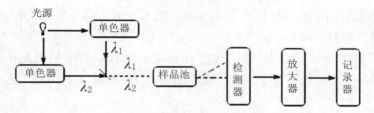

图 3-5-10　双波长分光光度计系统示意图

用双波长法测量时，可以消除因吸收池的参数不同、位置不同、污垢以及制备参比液等带来的误差。该方法不仅能测量高浓度样品、多组分样品，而且能测定一般分光光度计不宜测定的浑浊样品。测定相互干扰的混合样品时，该方法操作简单且精度高。

3. 721 型光电分光光度计

721 型光电分光光度计是在可见光区内进行比色分析的一般仪器，其光学系统如图 3-5-11 所示。

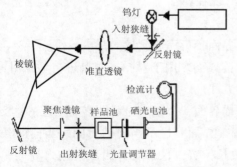

图 3-5-11　光电分光光度计的光路图

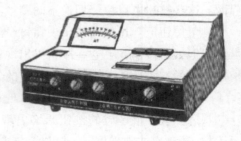

图 3-5-12　721 型光电分光光计

钨灯发出的白光经入射狭缝、反射镜和准直透镜成为一束平行光进入棱镜色散后，符合最小偏向角的单色光被镀铝反射镜反射，再经过聚焦透镜成像在出射狭缝上，狭缝宽度为0.32mm，反射镜和棱镜组装在一个可旋转的圆盘上，并通过1个阿基米德螺线凸轮带动，射出狭缝后得到各种波长的单色光。单色光透过样品池后被光量调节器衰减成适度的光通量，最后被硒光电池接收，转换成电流后由微电计显示。721型分光光度计本身没有电流计和稳压器，须另外配备。

仪器使用方法如下：

（1）将光路闸门拨至"黑点"位置，打开检流计开关，用零位调节器将光点准确调至透光率标尺"0"位。调节至波长选定位置。

（2）打开稳压器开关和单色电源开关，光路闸门拨至"红点"，顺时针方向调节光量调节器至微电计光点标尺上限附近，预热10 min，待硒光电池趋于稳定后再使用仪器。

（3）将光路闸门重新调至"黑点"再校正微电计"0"位，打开光路闸门调至"红点"位置。

（4）将盛放空白溶液的比色皿置于光路，用波长调节器调节到所需波长，旋动光量调节器将光点调节至透光率100%。

（5）将待测溶液推入光路，此时微电计标尺上读数即为溶质的光密度或透光率。在被测溶液浓度不太大的情况下，单色光器光源电压一般采用5.5 V，以延长钨灯使用寿命。

4. S1010 分光光度计

S1010可见分光光度计（图3-5-13）主要性能指标：波长范围：320～1 100 nm；波长调节量：0.2 nm；波长准确度：±1 nm；波长重复性：≤0.5 nm；透射比准确度：±0.5%T；透射比重复性：≤0.2%T；光谱带宽：6 nm±1.2 nm；波长扫描速度：2 400 nm/min。

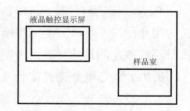

图3-5-13　S1010 分光光度计

（1）操作界面介绍。

①功能快捷按钮区：该区域的按钮始终出现在每个界面。这些按钮可以快速切换不同测量功能。

②测量按钮区：这些按钮出现在每个测量界面，可完成测量的基本操作。

③数据处理按钮区：这些按钮仅出现在扫描界面。用于对扫描结果进行数据处理，并根据不同的扫描性质，自动变换相应的处理方式。

④图谱处理按钮区：这些按钮仅出现在扫描界面，用于对显示图谱的处理。

⑤状态栏区：该区域的按钮始终出现在每个界面。显示当前的时间、当前波长位置及读数（透过率或吸光度）。点击状态栏中波长位置，仪器将弹出数字输入界面，可以设置波长值，实现GOTO λ功能。点击状态栏中读数位置，仪器弹出测量界面，实现

简单的透过率及吸光度的直读功能。

S1020 型仪器状态栏中的读数是当前波长位置的实时读数。S1010 型仪器状态栏中的读数是上一次测得的读数。

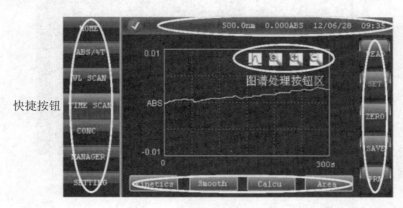

图 3-5-14 操作界面

（2）主界面介绍。

点击图标，可进入对应的测量界面。主要包括：①ABS/%T：定波长光度直读；②WL SCAN：波长扫描；③TIME SCAN：时间扫描；④CONC：浓度回归；⑤MANAGER：测量方法管理器含数据存储；⑥SETTING：参数设置。

图 3-5-15 测量主界面

（3）ABS/%T 定波长光度直读参数设置界面介绍。

①DATA MODE：模式设置，分别有%T，ABS。

②PATHLENGTH：比色皿光程选择，可打印，但不对吸光度值进行校正。

③SAMPLE NAME：样品名，最多输入 8 个字符。

④WL NUMBER：测量的波长个数，最多允许 6 个波长。

⑤WL1～WL6：具体的波长位置。波长值允许不排序。

⑥K 键：按后参数设置完毕，自动返回测量界面。

⑦Save 键：可将设置参数保存在 SD 卡上，供以后调用。

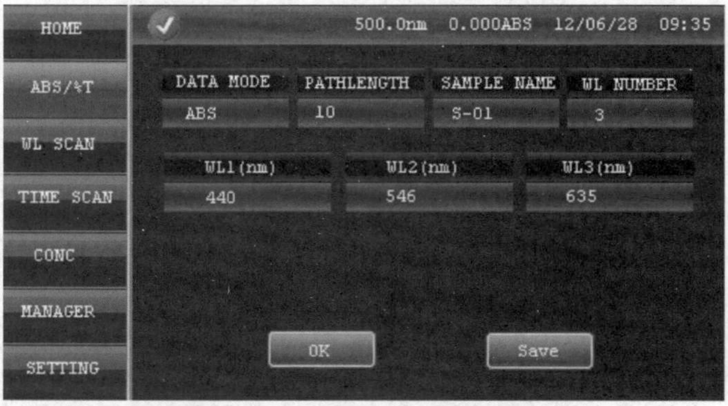

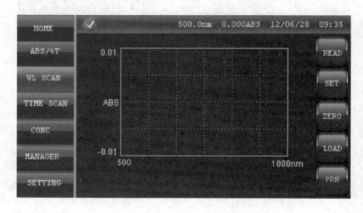

图 3-5-16　定波长光度直读参数设置

（4）WL SCAN 波长扫描界面介绍。

本界面用于对样品进行波长扫描测量。可以分别扫描样品的透过率、吸光度及能量与波长的变化关系，其中能量方式扫描更多用于判定仪器的当前状态。具有对扫描结果进行峰谷值的判定、平滑、与常数的运算、峰面积的计算、图谱数据点的光标跟踪、图谱自动及手动的缩放等功能。测量按钮主要有：①READ：开始测量；②SET：参数设置；③ZERO：基线（空白样）校零；④LOAD：原有的测量结果或测量方法文件装载；⑤PRN：打印结果。

图 3-5-17　波长扫描

（5）WL SCAN 波长扫描结果及数据处理界面介绍。

数据处理按钮包括：①P-V：峰谷值列表按钮。将根据参数设置中的阈值，显示比阈值大的峰谷值；②Smooth：平滑功能，将图谱进行平滑处理，可进行 1~6 次的平滑；③Calcu：运算功能，将图谱与设定的常数进行加减乘除运算；④Area：峰面积计算功能，根据所设定的波长范围，进行峰面积计算。

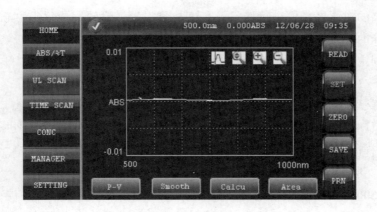

图 3-5-18 波长扫描结果及数据处理

5. V1860 可见分光光度计

V1860 可见分光光度计主要性能指标：波长范围(nm)：325~1 000；波长最大允许误差(nm)：±0.5；透射比最大允许误(%)：±0.3；光谱带宽(nm)：2±0.4；波长显示范(nm)：315~1 100；透射比范围(%)：0~200；吸光度范围(A)：-0.3~3.0；杂散光：在 360、420 nm 处≤0.10%；波长重复性(nm)：≤0.2；透射比重复性(%)：≤0.1。

仪器基本操作如下：

（1）功能键描述。

①调节波长：点击左上角波长位置可设置波长。

②模式切换：点击-吸光度(ABS)/透过率(%T)切换当前模式。

③数据预览：每个文件最多100条记录数据大于 10 条后，可通过滚动轴预览更多记录。

④新建：建立新测试文件，如果新建前有测试数据未保存，则提示"是否保存当前测试数据"。

⑤0A/100%T：校正空白。

⑥测试：测试当前样品的吸光度或透过率，并暂存于数据列表。如果数据列表中的数据个数大于 100，提示"存储超限!!!"

⑦保存：保存所需数据。

⑧载入：载入保存的数据。

ⓐ删除：删除测试的数据；若为保存文件，系统提示是否删除文件。

ⓑ打印：打印当前单条或全部数据，打印前需安装打印机。

（2）光谱扫描。

按"光谱扫描"键和"参数设置"键，设置扫描范围并"确认"，扫描范围默认为 400~600 nm。将参比溶液对准光路，点击"OA"键进行基线（空白样）校零。将样品对准光路，点击"测试"键扫描样品。扫描完毕后，点击"▶"键和"检索"键，出现设置峰高的对话框，可进行峰谷及高度检索设置，设置完成后按"确认"键，即可显示吸收峰的波长及吸光度值，记录数据。测量结束后按"↶"键二次，按"取消"键，即可回到主界面。

（3）ABS/$T\%$定波长测量。

按"ABS/$T\%$"键，再按"波长数据"，弹出波长设置对话框，在窗口中输入波长数据，点击"OK"键完成设置。将参比溶液对准光路，点击"OA"键进行基线（空白样）校零。将样品对准光路，屏幕显示样品的吸光度。测量结束后，按"↶"键二次，再按"取消"键，即可回到主界面。

6. UV-1800 紫外可见分光光度计

UV-1800 是双光束紫外可见分光光度计，由紫外可见分光光度计主机、微机组成。仪器有四个工作模式：光度测量、光谱测量、定量测量、时间扫描。

（1）仪器基本参数和主要性能指标。

波长范围：190～1 100 nm；光谱带宽：1 nm；波长显示：0.1 nm；波长设置：0.1 nm 步进；波长准确性：±0.1 nm；波长重现性：±0.1 nm；扫描速率：3 000～2 nm/min；光度范围：光吸收-4～4 ABS；透射比：0%～400%。

（2）仪器结构和光学系统。

UV-1800 紫外可见分光光度计由光源、单色器、样品室、检测系统、电机控制、液晶显示、键盘输入、电源、RS232 接口、打印接口等部分组成。仪器框图如图 3-5-19 所示，光学系统图如图 3-5-20 所示。

（3）操作步骤及使用方法。

仪器版操作步骤：

①开启主机电源，分光光度计进行自检和初始化。初始化结束后，出现"用户、密码输入"界面，直接按下"ENTER"键完成后进入到"模式菜单"。

②进入"模式菜单"，单波长下，测定样品的吸光度，则选择"1. 光度"；制作标准曲线和样品的测定，则选择"3. 定量"。

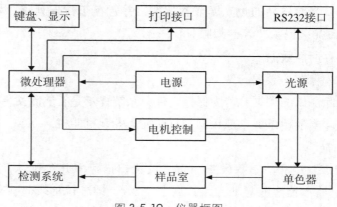

图 3-5-19　仪器框图

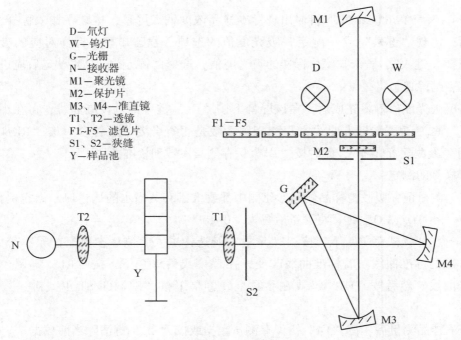

D—氘灯
W—钨灯
G—光栅
N—接收器
M1—聚光镜
M2—保护片
M3、M4—准直镜
T1、T2—透镜
F1~F5—滤色片
S1、S2—狭缝
Y—样品池

图 3-5-20　光学系统

例：单波长下测定样品吸光度：

（a）在"模式菜单"下，选择"1. 光度"，继续选择"1. 光度"。按"GOTO WL"键，输入测定波长。（注：当需要空白校正时，在样品之前放置空白样品，按"AUTO ZERO"键，测定值将被设置为0ABS。）

（b）然后按"F3"或"START/STOP"键，进入测定界面。

（c）放入样品，再次按"START/STOP"键，即可完成一次样品吸光度的测定。

③标准曲线的制作。

（a）在"模式菜单"下，按"3. 定量"键选择进入"测量参数配置"屏幕，在对话框中设置不同测量参数选项，输入选项编号选择需要设置的参数

（b）按"1. 测定"键选择"1λ"测量方法，按屏幕提示输入测量波长，按"EN-TER"键返回参数配置屏幕。

（c）按"2. 方法"键选择定量法。当 K、B 值已知时，选"K 系数法"，手动输入 K、B 值制作曲线；当 K、B 值未知时，选"多点校正曲线法"，根据指示和实际输入标准样品数目，校准曲线方程的次数和零截距条件，然后按"ENTER"键返回参数配置屏幕。

（d）按"3. 测定次数"键设置重复测量次数，按"ENTER"键返回参数配置屏幕。

（e）按"4. 单位"键选择样品浓度单位，然后按"ENTER"键返回参数配置

屏幕。

（f）按"START/STOP"键时出现标准样品浓度输入屏幕，按顺序输入标样浓度。完成后，出现"键入"或"测定"吸光度值的选项，若已知每个标样对应的吸光度值，选择"键入"；若未知每个标样的吸光度值，选择"测定"，参数设定后应进行空白调零，消除皿差。

（g）吸光度值输入完成后，在该屏幕下按"F1"键可查看校准曲线，再在当前屏幕下按"F2"键查看标准曲线方程和相关系数是否符合要求，符合后按"RETURN"返回到"参数配置屏幕"，此时按"F4"保存测量参数和校准曲线。

④样品的测定。

（a）测量前在吸收池样品侧和参比侧中都放入盛有蒸馏水的比色皿，做空白校正，然后按"AUTOZERO"键，将测量值置为"0ABS"

（b）在"模式菜单"下，按"3. 定量"键选择进入"测量参数配置屏幕"，将引用上一次的标准曲线。若标准曲线改变，在"模式菜单"下，按"F1"键调入需要的标准曲线。然后按"F3"键或在参数配置屏幕下按"START/STOP"键进入样品测量。

（c）样品测量后，按"F4"键保存测量数据或按"CE"键清除当前数据。

（d）最后按"RETURN"键返回"模式菜单"，关闭主机电源

⑤注意事项。

（a）测定或校准时，保持样品室盖闭合。

（b）定量测定完毕后，多次按"RETURN"键返回至"测定参数设置"界面，系统显示"是否删除数据"，选择"是"。为避免系统自动默认上次曲线，可在"测定参数设置"界面选择任意参数修改。

（c）仪器附近不能使用移动电话，可能干扰测定。

（d）每次进行液体样品测试时，应在使用前检查样品室内是否留有溢出的溶液，若有溢出必须随时用滤纸吸干。如果溢出的样品溶液蒸发、气化后，其原子或分子就会充满试样室的光路，致使测量错误或影响仪器使用寿命。

（e）比色皿使用时需进行校正，使用完毕，应立即用去离子水洗净，再用擦镜纸擦干，存放于比色皿盒。

（f）仪器使用完毕后，放置数袋硅胶，罩上防水套。

PC 版操作步骤：

① 建立通讯。

（a）打开 UV-1800 主机开关，仪器开机自检。

（b）开启计算机并运行 UVProbe 软件，单击工具栏中"连接"选项，计算机将监测仪器自检状况。

（c）自检通过后显示屏显示"PC 控制"，点击"确认"，仪器和计算机建立通讯。

② 光谱测定。

（a）参数设置。单击工具栏"光谱"，进入光谱测定。点击"M-方法"或者点击"编辑"中的"M-方法"设置参数。出现"光谱方法"对话框，在"测定"窗口"波长范围"中输入开始和结束波长数据，根据要求选择扫描速度。"样品准备"和"数据处理"窗口参数可选择默认值，不进行设置。"仪器参数"窗口中"测定方式"选择"吸收值"，"狭缝宽"选择"1.0 Fixed"，其余参数可选择默认值，"附件"选择"无"，设置完成后，点击"确定"。

（b）样品测定。在参比池和样品池中均放入空白溶液，盖好样品室盖。点击"基线"，在对话框中点击"确定"，进行基线扫描。扫描结束后，将待测样品放入样品池，点击"开始"扫描样品，扫描结束后，将数据保存到指定路径，文件保存为".spc"（光谱文件）。

③ 光度测定。

（a）参数设置。点击工具栏中"光度"，进入光度模式。点击"M-方法"，或者点击菜单栏"编辑"菜单中"M-方法"设置参数，出现"光度测试方法向导-波长"对话框，先选择波长类型，波长类型有"点"和"范围"两种，通常选择"点"，然后输入工作波长，点击"加入"。点击"下一步"，出现"标准曲线"对话框（如不做标准曲线，选择"原始数据""下一步"直到完成）。类型通常选择"多点"，"定量法"选择"固定波长"，"单位"按照实际配制溶液的浓度单位填写，在"WL1"的下拉菜单中选择所需波长，"参数"选择默认值，不勾选"通过原点"选项，点击"下一步"。"测定参数（标准）"窗口中数据采集选择"仪器"，根据需要设置"样品是否重复"，其他参数均选择默认值，点击"下一步"，出现"测定参数（样品）"对话框，点击"下一步"，输入文件名，点击"打开"，点击"完成"。

（b）样品测定。激活"标准表"，输入"样品 ID""浓度"等信息。在参比池和样品池中放入空白溶液，选择"自动调零"，将标准样品放入样品池，点击"读数STD"，出现对话框后点击"是"，读出第一个标准样品的吸光度值。更换标准溶液，点击"读数 STD"，读出第二个标准样品的吸光度值，以此类推，直到标准样品测试完成，操作界面自动生成标准曲线。

激活"样本表"，在"样品 ID"中输入样品名称，将待测样品放入样品池，点击"读数 UNK"完成待测样品测定，样品表中自动输出待测样品浓度值。在自动生成的标准曲线上，可以点击右键"属性"，在"统计"标签中根据需要选择相关参数。测试完毕保存相应的光度测定文件、方法等信息。

④ 关机。

断开 UVProbe 和仪器的连接，退出 UVProbe 操作界面，关闭仪器主机开关。

第六节　其他实验技术与仪器

一、常用表面张力测量方法

1. 吊环法（Ring Method）

吊环法常用测定表面张力的方法之一，其主要结构是一个扭力天平，如图 3-6-1 和图 3-6-2 所示。优点是操作简单，还可以测量液–液界面张力，但仪器缺乏恒温装置，测量的平衡性能欠佳，测量结果和其他方法差别较大。

实验时把一个半径为 r 的铂丝制成的环与液面接触后再慢慢上拉，形成一个内径为 R'、外径为 $R'+2r$ 的环形液柱，$R'=R-r$。设向上的力为 W，平衡时，$W=2\pi R'\sigma + 2\pi(R'+2r)\sigma$，因为 $R=R'+r$ 故上式可改写为：$\sigma=W/(4\pi R)$。

因为铂丝环悬挂在扭力天平臂上，所以 W 值可从扭力天平读出，扭力天平刻度盘上已直接标出表面张力量度大小，故可直接读出表面张力大小。

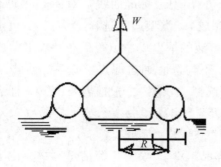
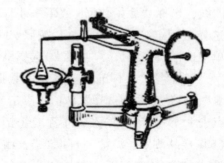

图 3-6-1　吊环法受力示意图　　　　图 3-6-2　吊环法表面张力仪

2. 滴重法（drop weight method）

滴重法是测表面张力的常用方法，如图 3-6-3 所示，滴重计（Stalagmometer）的底部光滑平整，所测实验数据经过校正后，获得表面张力值较准确，该测试方法的平衡性能和数据重复性较好。其简化改进法有滴体积法。

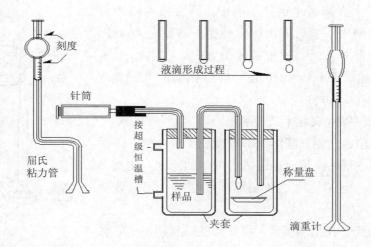

图 3-6-3　滴重法测表面张力与恒温装置

3. 吊板法（Wilhelmy plate method）

吊板法又称为吊片法，该方法操作方便、迅速、平衡性能较好，仪器本身附有超级恒温槽，并可测量接触角和液-液界面张力。常用的有 ST-1 型表面张力仪。测量原理见图 3-6-4。质量为 W 的矩形吊板（毛玻璃制成）挂在扭力天平上，设平行于液面的矩形截面长为 x，宽为 y，（y 实际上是吊板的厚度），则该矩形周长为 $2(x+y)$，平衡时，向上的力设为 W'，则：$W'-W = 2(x+y) \cdot \sigma$，$W'$ 可从自动

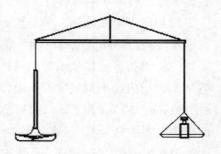

图 3-6-4　吊板法测表面张力

扭力天平上读出，x，y，W 已知，从而可得 σ，也可从仪器上直接读出 σ 值。

二、液体比重的测定

测定液体密度的主要方法有比重瓶法（或比重管法）、比重天平法（又称韦氏天平法）、比重计法。

1. 比重瓶法

比重瓶法结构如图 3-6-5 所示。将比重瓶和中间有毛细孔的比重瓶塞依次用洗液和去离子水洗净、烘干、称重，设其质量为 W_1，然后加入去离子水，注意不要有气泡混入，盖上瓶塞，使水沿毛细管溢出，将比重瓶置于温度为 t℃ 的恒温槽中，热平衡后取出，用滤纸吸干溢出的液体，擦干比重瓶外壁。在分析天平上称重为 W_2，则水的质量为 W_2-

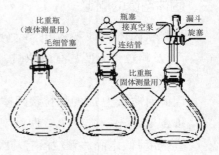

图 3-6-5　测量液体比重瓶

W_1，将比重瓶中去离子水倒掉，烘干，同法加入待测液体，置于恒温槽中平衡后取出擦干外壁，称重为 W_3，则待测液体质量为 W_3-W_1。比重瓶容积为 $(W_2-W_1)/d_4^t$，d_4^t 为水在 t ℃时相对于 4 ℃水的密度。待测液体在 t ℃时密度为：$[(W_3-W_1)/(W_2-W_1)]\cdot d_4^t$。

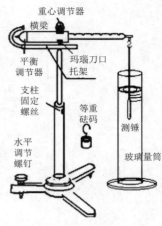

图 3-6-6　液体比重天平

2. 比重天平法（又称韦氏天平）

比重天平法通过将标准体积的测锤浸于液体中获得浮力，使横梁失去平衡，从而迅速测出液体的密度。比重天平法简单快速，但相比比重瓶法准确度略差，使用方法如下：

（1）安装天平托架和横梁，将等重砝码悬挂于横梁右端小钩上，调节水平螺丝，使横梁与支架指针尖在同一水平线，以示平衡。若无法达到平衡，先松开平衡器小螺钉，然后缓慢转动平衡调节器直至平衡，再旋紧定位螺钉。

（2）取下等重砝码，换上整套测锤，保持平衡，允许误差为 ±0.0005 g。如果天平灵敏度过高，则降低灵敏度调节器，反之旋高。

（3）将待测液体放入玻璃筒内，测锤浸入待测液体中央，此时横梁失去平衡，在横梁 V 型槽内和小钩上放入砝码，使之平衡。从骑码重可知液体密度，天平砝码共有 5 g、500 mg、50 mg 和 5 mg 四种，由于测锤排液重 5 mg，因此将 5 g 砝码挂在横梁第十位小钩上则读数为 1，骑在第九位上则为 0.9，余类推。同样 500 mg 砝码挂在小钩上时读数为 0.1 g，50 mg 挂在小钩上时读数为 0.01，若从骑在各 V 型槽上砝码读数，则测量结果相应后移一位。

3. 比重计法

在工业上常用测定液体密度的方法为比重计法，多根比重计为一套，每一根比重计上附有刻度，根据比重大小不同，选择其中一根直接插入液体即可读数，该方法简单易行，但误差较大。

三、固体密度的测定

颗粒状固体的外观体积（$V_{堆}$）为颗粒之间的孔隙（$V_{隙}$），颗粒内部的孔所占体积（$V_{孔}$）以及颗粒骨架所具有体积（$V_{真}$）之和。

$$V_{堆} = V_{隙} + V_{孔} + V_{真} \tag{3-6-1}$$

因此对质量为 m 的颗粒状固体，也有三种密度定义：

堆密度 $\rho_o = m/V_{堆}$；　　　假密度 $\rho_P = m/(V_{孔}+V_{真})$；　　　真密度 $\rho_t = m/V_{真}$

真密度（假定固体颗粒没有与颗粒表面不通的孔隙）的测定：所用仪器如图 3-6-6 所示。操作步骤如下：

（1）准确称量洗净烘干的比重瓶，连接管及瓶塞的总质量，质量为 A。

（2）将比重瓶装满水，恒温后使液面维持在刻度处，取出擦干外壁，称得质量为 B。

（3）将液体倒出，烘干比重瓶装，入已烘干的固体试样，盖上瓶塞，称得质量为 C。

（4）安装比重瓶和双向旋塞，旋转旋塞使之与真空系统相通，抽真空 20~30 min，转动旋塞由漏斗加入液体。

样品全部被液体浸没后，取走旋塞，接上连接管，添加液体至刻度，恒温后调整液面至刻度处，称重得质量 D。

真密度的计算公式为：$\rho_t = \rho (C-A)/(B+C-A-D)$，式中 ρ 为所用液体在实验温度下密度，可用前述液体密度测量法由实验测得，如果液体纯度高，也可从手册查得。

四、B-Z 振荡测量装置

B-Z 振荡反应指由别洛索夫（Belousov）和扎鲍廷斯基（Zhabotinskii）发现的化学振荡反应。化学振荡反应具有非线性动力学微分速率方程，是在开放体系中进行的远离平衡的一类反应。体系与外界环境交换物质和能量的同时，通过采用有序结构状态耗散环境传递物质和能量。这类反应与通常的化学反应不同，并非总是趋向于平衡态。

测定、研究 B-Z 化学振荡反应可采用离子选择性电极法、分光光度法和电化学等方法。

B-Z 振荡实验装置采用离子选择性电极法研究 B-Z 化学振荡反应，将直流电压测量仪、磁力搅拌器集成一体，具有体积小，重量轻，便于携带等特点。

1. 仪器技术指标和使用条件

测量范围：±20 V（DC）；测量分辨率：0.1 mV、1 mV；外形尺寸：360×240×150 mm；电源：AC 220 V±10% 50 Hz；环境：-5 ℃~50 ℃；相对湿度：≤85%。

2. 仪器结构

图 3-6-7 和图 3-6-8 分别是仪器的面板和实验装置图。

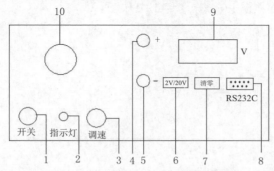

1—电源开关；2—电源指示灯：通电时此灯亮；3—调速旋钮：调节磁力搅拌器的转速；4—正极插座：被测电压"+"极插孔；5—负极插座：被测电压"—"极插孔；6—量程转换键：选择适当的量程；7—清零键：消除系统零位误差；8—RS232C串行口：计算机接口（可选配）；9—电压显示窗口：显示被测电压值；10—固定架：固定B-Z振荡反应器

图 3-6-7　面板示意图

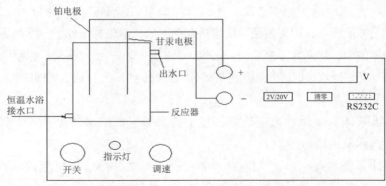

图 3-6-8　实验装置平面图

3. 使用方法

（1）为了防止参比电极中离子对实验的干扰，以及溶液对参比电极的干扰，所用的饱和甘汞电极与溶液之间必须用 $1\ mol \cdot L^{-1}\ H_2SO_4$ 盐桥隔离。

（2）连接仪器，温度控制在 25 ℃±0.1 ℃，温度稳定后接通循环水。

（3）配制 0.45 mol/L 丙二酸 250 mL、0.25 mol/L 溴酸钾 250 mL、3.00 mol/L 硫酸 250 mL，在 0.2 mol/L 硫酸介质中配制 $4×10^{-3}$ mol/L 的硫酸铈铵 250 mL。

（4）在反应器中加入丙二酸溶液、溴酸钾溶液、硫酸溶液各 15 mL。

（5）将电源开关置于"开"位置，显示所测电势数值，起始量程为 VL，测量范围为 ±2 V。将磁力搅拌子放入反应器，调节"调速"旋钮至合适的速度。将两输入线短接，按清零键，消除系统测量误差。

（6）按量程转换键"2V/20V"，选择量程 2 V 档，负极为甘汞电极，铂电极为正极。

（7）溶液恒温 10 min 后加入硫酸铈铵溶液，观察溶液的颜色变化，同时计时并记录相应的电位变化。

（8）电位变化首次到最低时，记下时间 $t_{诱}$。

（9）用上述方法将温度（T）设置为 30 ℃、35 ℃、40 ℃、45 ℃、50 ℃ 重复实验。

（10）根据 $t_{诱}$ 与温度数据 $\ln(1/t_{诱}) \sim 1/T$ 作图：

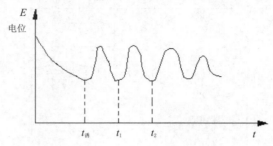

图 3-6-9　电位随时间的变化图

注：图中的电位变化受溴离子浓度控制，并往复振荡。

4. 注意事项

（1）实验中溴酸钾试剂纯度要求为优级纯（GR）试剂，其余为分析纯（AR）试剂。

（2）配制硫酸铈铵溶液时，需在 0.2 mol/L 硫酸介质中配制，防止发生水解呈混浊。

（3）反应器应清洁干净，转子位置和速度都必须加以控制。

（4）电位测量一般取 0~2 V 档，可根据实验需要选用 0~20 V 档。

（5）若跟电脑连接时，需用专用通讯线将仪器的串行口与电脑串行口相接，在相应软件下工作。

（6）若电位测量过程中显示 OUL，需换量程到 20 V。

五、SWC–LGB 自冷式凝固点测定仪

固体溶剂与溶液平衡时的温度称为溶液的凝固点。通常测量凝固点的方法是将已知浓度的溶液逐渐冷却成过冷溶液，然后使溶液结晶。当晶体生成时，放出的凝固热使体系（溶液）温度回升，当放热与散热达到平衡时，温度不再变化，固液两相达到平衡的温度即为溶液的凝固点。

SWC–LGB 自冷式凝固点测定仪采用半导体制冷，金属浴全包围结构，降温快且恒温均匀。使用自动搅拌，使样品温度均匀下降且凝固点恒定时间长。

（1）技术指标和使用条件。

样品温度测量范围：−50~150 ℃；温度分辨率：0.001 ℃；制冷温度测量范围：−50~150 ℃；温度稳定度：±0.1 ℃；输出信号：USB2.0 接口；自动垂直搅拌：分档可调；电源：~220 V±10%，50 Hz；环境：温度−5~50 ℃，湿度≤85%。

（2）仪器结构。

图 3-6-10 和图 3-6-11 分别是仪器的前、后面板示意图。

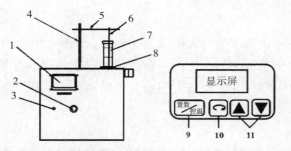 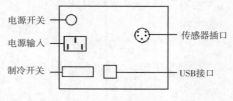

1—显示屏；2—搅拌速率调节；3—制冷指示灯；4—搅拌杆；5—搅拌横杆；6—搅拌杆；7—样品管；8—金属浴；9—置数/控温转换键；10—置数循环移位键；11—数字调节增减键

图 3-6-10　前面板示意图　　　　图 3-6-11　后面板示意图

（3）使用方法。

①插入电源线，打开 SWC-LGB 自冷式凝固点测定仪后面板的电源开关（注意：制冷电源开关保持关闭）。

②打开制冷电源开关，制冷指示灯亮，此时面板"状态"显示为"置数"，通过调节"〇"和"▲▼"按键，设置仪器的"冷浴值"，将"状态：置数"的定时时间设置为"00 s"。按下"置数/控温"按键，进入控温状态，仪器将自动实施数字控温。

③用移液管准确移取一定量的溶剂于洗净、干燥的样品管中，待仪器温度稳定后放入带塞搅拌杆和温度传感器，把样品管放入金属浴管中。

④将搅拌杆插入到搅拌横杆中，用橡胶圈固定样品管，将搅拌速率置于慢档。

⑤观察温度下降情况，记录液固平衡温度（或回升平台温度）。

⑥停止搅拌，取出样品管。将样品管内固体融化后，再次放入金属浴中，重复上述步骤，测量回升平台温度共 3 次，取平均值。

⑦在分析天平上准确称取一定量的溶质，加入大试管中，等完全溶解后，按照步骤④、⑤，测量凝固点，重复测量 3 次，计算平均值，记录为溶液的凝固点。

注：若样品降温过快，可将金属浴中铝夹套取出。样品管内壁有结冰时，一定要手动搅拌将其刮落融化。

（4）注意事项。

①实验过程中一般用慢档搅拌，只有在过冷时，晶体大量析出的情况下采用快档搅拌，以促使体系快速达到热平衡。

②实验的环境气氛和溶剂、溶质的纯度都会直接影响实验的效果。

③金属浴温度应低于溶剂、溶液凝固点 4 ℃为佳。

④传感器和仪表必须配套使用，以保证检测的准确度。

⑤由于慢速搅拌时，阻力较大，不容易启动，因此先拨到"快"档搅拌，启动后再拨到"慢"档搅拌。

六、DP-AW-Ⅱ 表面张力实验装置

液体表面张力是表征液体性质的一种重要参数。表面张力是液体分子间的相互作用力，是液体表面上的分子受到内部分子吸引力而产生的一种性质，当溶液中溶有其他物质时，其表面张力即发生变化。DP-AW-Ⅱ 表面张力实验装置采用最大泡压法测定表面张力。

（1）仪器结构。

图 3-6-12 、图 3-6-13 和图 3-6-14 分别是仪器的前、后面板示意图和仪器三通连接示意图。

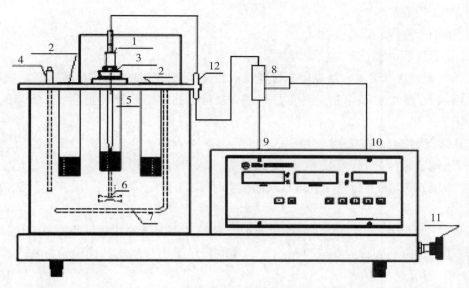

1—毛细管活塞；2—待测样品管；3—样品管紧固螺栓；4—温度传感器；5—样品管；6—搅拌器；7—加热器；
8—三通；9—压力传感器；10—微压调节输出接嘴；11—微压调节阀；12—毛细管活塞转接嘴

图 3-6-12　前面板示意图

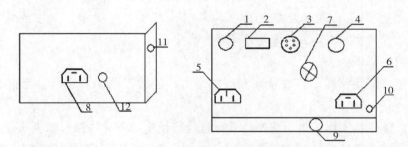

1—电源开关；2—USB接口：与计算机连接（选配件）；3—传感器插座：将温度传感器航空插头插入
此插座；4—压力接口：被测压力的引入接口；5—电源插座带10A保险丝：与～220V相接；6—三芯插
座：加热搅拌输出，与水浴罩三芯插座对接；7—风扇；8—水浴罩三芯插座 9—微压调节输出接口；
10—风扇电源接口：与水浴罩风扇电源接口对接；11—加热强、弱开关；12—水浴罩风扇电源接口

图 3-6-13　后面板示意图

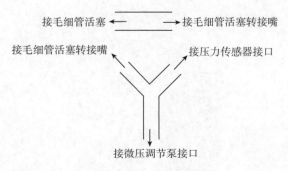

图 3-6-14　三通连接示意图

（2）使用方法。

①毛细管洗净、烘干备用。

②接通仪器电源，开启仪器开关。

③ 在置数状态设置水浴温度，设置完成后仪器切换到加热状态，水浴开始加热。

④向样品管中加入样品，安装并固定样品管，插入毛细管，使毛细管管口刚好与液面相切。

⑤ 微压调压阀向内旋紧，恒温 5 min 后，按"采零"键。塞紧毛细管上端的活塞。打开微压调压阀（向内旋为关闭，向外旋为打开），控制"压力显示"窗口显示数值变化幅度小于 0.1 kPa，当毛细管口有气泡产生时，关闭微压调节阀，若压差计数值基本稳定，表示体系不漏气。

⑥ 打开微压调节阀，控制"压力显示"窗口显示数值变化幅度小于 0.003 kPa/s，使气泡缓慢地由毛细管尖端成单泡逸出。读取显示屏上显示的压力峰值，每个样品测量 5 次取平均值。

⑦按上述方法测量不同溶液或不同浓度样品的最大气泡峰值。

⑧实验完毕，取出毛细管上端的活塞，关闭电源，洗净玻璃仪器。

注：①起始出泡峰值可能不太稳定。②由于是微压测量，管路稍有晃动会影响系统压力。③本装置微压调节阀非常精密和灵敏，调节时要缓慢，不可大幅度调节。④管路里不能有异物和液体，必须清洁干燥。

（3）维护注意事项。

①表面张力实验仪器不宜放置在潮湿的地方，应置于阴凉、通风、无腐蚀性气体的场所。

②为了保证仪器工作正常，请勿打开机盖进行检修，不允许调整和更换元件。

③乳胶管与玻璃仪器、压力计等相互连接时，接口与乳胶管必须插牢，保证实验系统的气密性。

④清洗毛细管时，须注意不能有清洗液残留在毛细管内，可用洗耳球直接从毛细管顶部吹一下，再用待测溶液润毛细管，重复几次即可。

第四部分　附　录

国际单位是 1960 年第 11 届国际计量大会通过的国际间统一的单位制，其符号为 SI。国际单位由 7 个基本单位，2 个辅助单位，19 个具有专门名称和符号的导出单位以及 16 个用来构成十进制倍数和分数单位的词头组成。

表 4-1　部分常用 SI 基本单位和具有专门名称的导出单位

量的名称	单位名称	单位符号	单位属性
长度	米	m	SI 基本单位
质量	千克	kg	SI 基本单位
时间	秒	s	SI 基本单位
物质的量	摩尔	mol	SI 基本单位
热力学温度	开尔文	K	SI 基本单位
摄氏温度	摄氏度	℃	SI 导出单位
压力	帕斯卡	Pa	SI 导出单位
功率	瓦特	W	SI 导出单位
能量	焦耳	J	SI 导出单位
电导	西门子	S	SI 导出单位
电阻	欧姆	□	SI 导出单位
电容	法拉	F	SI 导出单位
电荷	库仑	C	SI 导出单位
电压/电位	伏特	V	SI 导出单位

表 4-2　物理量的常用单位间的换算

物理量	常用单位			
力	牛顿/N	达因/dyn	千克力/kgf	
	$1 \text{ N} = 1 \times 10^{-5} \text{ dyn} = 0.101972 \text{ kgf}$			
压力	帕斯卡/Pa	毫米汞柱/mmHg	标准大气压/atm	巴/bar
	$1 \text{ atm} = 1.01325 \times 10^5 \text{ Pa} = 760 \text{ mmHg}$			
	$1 \text{ bar} = 10^5 \text{ Pa} = 10^6 \text{ dyn} \cdot \text{cm}^{-2}$			
能量	焦耳/J	卡/cal	千瓦时/kW · h	
	$1 \text{ cal} = 4.1868 \text{ J} = 1.16300 \times 10^{-6} \text{ kW} \cdot \text{h}$			
黏度	帕斯卡 · 秒/Pa · s	泊/P	厘泊/cP	
	$1 \text{ Pa} \cdot \text{s} = 1 \text{ N} \cdot \text{s} \cdot \text{m}^{-2} = 1 \text{ P} = 1 \times 10^3 \text{ cP}$			

表 4-3　部分物理化学常用数据及单位

常数	符号	数值	单位
阿伏伽德罗常数	L	6.0221367×10^{23}	mol^{-1}
摩尔气体常数	R	8.314510	$J \cdot K^{-1} \cdot mol^{-1}$
基本电荷	e	$1.60217733 \times 10^{-19}$	C
法拉第常数	F	9.6485309×10^{4}	$C \cdot mol^{-1}$
普朗克常数	h	$6.6260755 \times 10^{-34}$	$J \cdot s$
玻尔兹曼常数	k	1.380658×10^{-23}	$J \cdot K^{-1}$

表 4-4　不同温度下水的密度（不含空气）

$t/℃$	$\rho/(kg \cdot m^{-3})$	$t/℃$	$\rho/(kg \cdot m^{-3})$	$t/℃$	$\rho/(kg \cdot m^{-3})$
0	999.84	26	996.78	60	983.20
2	999.94	27	996.52	62	982.16
4	999.97	28	996.23	64	981.09
6	999.94	29	995.95	66	980.01
8	999.85	30	995.65	68	978.90
10	999.70	31	995.35	70	977.77
11	999.61	32	995.03	72	976.61
12	999.50	33	994.71	74	975.44
13	999.38	34	994.37	76	974.24
14	999.24	36	993.69	78	973.03
15	999.10	38	992.97	80	971.79
16	998.94	40	992.22	82	970.53
17	998.78	42	991.44	84	969.26
18	998.60	44	990.63	86	967.96
19	998.41	46	989.79	88	966.65
20	998.20	48	988.93	90	965.31
21	997.99	50	988.04	92	963.96
22	997.77	52	987.12	94	962.59
23	997.54	54	986.18	96	961.20
24	997.30	56	985.21	98	959.79
25	997.05	58	984.22	100	958.36

＊表中数据为 101 325 Pa 下不含空气的纯水的密度。温度为 3.98 ℃时纯水的密度达到最大。

表 4-5 不同温度下水的折射率、黏度和表面张力

温度/℃	折射率/n_D	黏度/$(mN \cdot s \cdot m^{-2})$	表面张力/$(mN \cdot m^{-1})$
0	1.33395	1.783	75.83
5	1.33388	1.521	75.09
10	1.33369	1.307	74.36
15	1.33339	1.135	73.62
20	1.33300	1.002	72.88
25	1.33250	0.8903	72.14
30	1.33194	0.7977	71.40
35	1.33131	0.7190	70.66
40	1.33061	0.6532	69.92
50	1.32904	0.5470	68.45
60	1.32725	0.4665	66.97
70	1.32511	0.4040	65.49
80		0.3544	64.01
90		0.3145	62.54
100		0.2818	61.07

＊1 厘泊（cP）＝ 1 mN · s · m^{-2}＝1 10^{-3} N · s · m^{-2}＝1 10^{-3} Pa · s

＊＊本表数据摘自"兰氏化学手册"第二版

表 4-6 水的饱和蒸汽压(p/mmHg)

t/℃	p/mmHg	t/℃	p/mmHg	t/℃	p/mmHg	t/℃	p/mmHg
0.0	4.579	23.6	21.845	38.2	50.231	72.0	254.6
0.5	4.750	23.8	22.110	38.4	50.774	72.5	260.2
1.0	4.926	24.0	22.387	38.6	51.323	73.0	265.7
1.5	5.107	24.2	22.648	38.8	51.879	73.5	271.5
2.0	5.294	24.4	22.922	39.0	52.442	74.0	277.2
2.5	5.486	24.6	23.198	39.2	53.009	74.5	283.2
3.0	5.685	24.8	23.476	39.4	54.580	75.0	289.1
3.5	5.889	25.0	23.756	39.6	54.156	75.5	295.3
4.0	6.101	25.2	24.039	39.8	54.737	76.0	301.4
4.5	6.318	25.4	24.326	40.0	55.324	76.5	307.7
5.0	6.543	25.6	24.617	40.5	56.81	77.0	314.1
5.5	6.775	25.8	24.912	41.0	58.34	77.5	320.7
6.0	7.013	26.0	25.209	41.5	59.90	78.0	327.3
6.5	7.259	26.2	25.509	42.0	61.50	78.5	334.2

（续表）

$t/℃$	$p/mmHg$	$t/℃$	$p/mmHg$	$t/℃$	$p/mmHg$	$t/℃$	$p/mmHg$
7.0	7.513	26.4	25.812	42.5	63.13	79.0	341.0
7.5	7.775	26.6	26.117	43.0	64.80	79.5	348.1
8.0	8.045	26.8	26.426	43.5	66.51	80.0	355.1
8.5	8.323	27.0	26.739	44.0	68.26	80.5	362.4
9.0	8.609	27.2	27.055	44.5	70.05	81.0	369.7
9.5	8.905	27.4	27.374	45.0	71.88	81.5	377.3
10.0	9.209	27.6	27.696	45.5	73.74	82.0	384.9
10.5	9.521	27.8	28.021	46.0	75.65	82.5	392.8
11.0	9.844	28.0	28.349	46.5	77.61	83.0	400.6
11.5	10.176	28.2	28.680	47.0	79.60	83.5	408.7
12.0	10.518	28.4	29.015	47.5	81.64	84.0	416.8
12.5	10.870	28.6	29.354	48.0	83.71	84.5	425.2
13.0	11.231	28.8	29.697	48.5	85.85	85.0	433.6
13.5	11.604	29.0	30.043	49.0	88.02	85.5	442.3
14.0	11.987	29.2	30.392	49.5	90.24	86.0	450.9
14.5	12.382	29.4	30.745	50.0	92.51	86.5	459.8
15.0	12.788	29.6	31.102	50.5	94.86	87.0	468.7
15.2	12.953	29.8	31.461	51.0	97.20	87.5	477.9
15.4	13.121	30.0	31.824	51.5	99.65	88.0	487.1
15.6	13.290	30.2	32.191	52.0	102.09	88.5	496.6
15.8	13.461	30.4	32.561	52.5	104.65	89.0	506.1
16.0	13.634	30.6	32.934	53.0	107.20	89.5	515.9
16.2	13.809	30.8	33.312	53.5	109.86	90.0	525.76
16.4	13.987	31.0	33.695	54.0	112.51	90.5	535.83
16.6	14.166	31.2	34.082	54.5	115.28	91.0	546.05
16.8	13.347	31.4	34.471	55.0	118.04	91.5	556.44
17.0	14.530	31.6	34.864	55.5	120.92	92.0	566.99
17.2	14.715	31.8	35.261	56.0	123.80	92.5	577.71
17.4	14.903	32.0	35.663	56.5	126.81	93.0	588.60
17.6	15.092	32.2	36.068	57.0	129.82	93.5	599.66
17.8	15.284	32.4	36.477	57.5	132.95	94.0	610.90
18.0	15.477	32.6	36.891	58.0	136.08	94.5	622.31
18.2	15.673	32.8	37.308	58.5	139.34	95.0	633.90
18.4	15.871	33.0	37.729	59.0	142.60	95.2	638.59

（续表）

$t/℃$	$p/mmHg$	$t/℃$	$p/mmHg$	$t/℃$	$p/mmHg$	$t/℃$	$p/mmHg$
18.6	16.071	33.2	38.155	59.5	145.99	95.4	643.30
18.8	16.272	33.4	38.584	60.0	149.38	95.6	648.05
19.0	16.477	33.6	39.018	60.5	152.91	95.8	652.82
19.2	16.685	33.8	39.457	61.0	156.43	96.0	657.62
19.4	16.894	34.0	39.898	61.5	160.10	96.2	662.45
19.6	17.105	34.2	40.344	62.0	163.77	96.4	667.31
19.8	17.319	34.4	40.796	62.5	167.58	96.3	672.20
20.0	17.535	34.6	41.251	63.0	171.38	96.8	677.12
20.2	17.753	34.8	41.710	63.5	175.35	97.0	682.07
20.4	17.974	35.0	42.175	64.0	179.31	97.2	687.04
20.6	18.197	35.2	42.644	64.5	183.43	97.4	692.05
20.8	18.422	35.4	43.117	65.0	187.54	97.6	697.10
21.0	18.650	35.6	43.595	65.5	191.82	97.8	702.17
21.2	18.880	35.8	44.078	66.0	196.09	98.0	707.27
21.4	19.113	36.0	44.563	66.5	200.53	98.2	712.40
21.6	19.349	36.2	45.054	67.0	204.96	98.4	717.56
21.8	19.587	36.4	45.549	67.5	209.57	98.6	722.75
22.0	19.827	36.6	46.050	68.0	214.17	98.8	727.98
22.2	20.070	36.8	46.556	68.5	218.95	99.0	733.24
22.4	20.316	37.0	47.067	69.0	223.73	99.2	738.53
22.6	20.565	37.2	47.582	69.5	228.72	99.4	743.85
22.8	20.815	37.4	48.102	70.0	233.7	99.6	749.20
23.0	21.068	37.6	48.627	70.5	238.8	99.8	754.58
23.2	21.324	37.8	49.157	71.0	243.9	100.0	760.00
23.4	21.583	38.0	49.692	71.5	249.3		

注：表中数值是 0～103 ℃水与其自身蒸汽共存时的蒸汽压。若水与空气在 t ℃时共存，此值须进行如下修正：

当 $t \leqslant 40$ ℃，校正值 $= p(0.775 - 0.000313t)/100$

当 $t > 40$ ℃，校正值 $= p(0.0652 - 0.0000875t)/100$

＊＊本表数据摘自"兰氏化学手册"第二版

表 4-7　不同水的电导率

水的种类	特纯水	优质蒸馏水	普通蒸馏水	最优天然水	优质灌溉水	劣质灌溉水	海水
电导率/$(\mu S \cdot m^{-1})$	$10^{-2} \sim 10^{-1}$	$10^{-1} \sim 1$	$1 \sim 10$	$10 \sim 10^2$	$10^2 \sim 10^3$	$10^3 \sim 10^4$	$10^4 \sim 10^5$

表 4-8　不同温度下几种常用液体的密度 ($\rho/\mathrm{g \cdot cm^{-3}}$)

温度/℃	乙醇	苯	环己烷*	醋酸
0	0.80625		0.798	1.0718
5	0.80207		0.793	1.0660
10	0.79788	0.887	0.788	1.0603
11	0.79704			1.0591
12	0.79620			1.0580
13	0.79535			1.0568
14	0.79451			1.0557
15	0.79367	0.883	0.783	1.0546
16	0.79283	0.882	0.782	1.0534
17	0.79198	0.882	0.782	1.0523
18	0.79114	0.881	0.781	1.0512
19	0.79029	0.880	0.780	1.0500
20	0.78945	0.879	0.779	1.0489
21	0.78860	0.879	0.778	1.0478
22	0.78775	0.878	0.777	1.0467
23	0.78691	0.877	0.776	1.0455
24	0.78606	0.876	0.775	1.0444
25	0.78522	0.875	0.774	1.0433
26	0.78437			1.0422
27	0.78352			1.0410
28	0.78267			1.0399
29	0.78182			1.0388
30	0.78097	0.869	0.769	1.0377
31	0.78012			
32	0.77927			
33	0.77841			
34	0.77756			
35	0.77671			

* $\rho_{环己烷} = 0.79768 - 9.51 \times 10^{-4} \ t/℃$

表 4-9　不同温度下乙醇和乙酸乙酯的折射率 n_D

温度/℃	$n_{乙醇/99.8\%}$	$n_{乙酸乙酯}$
20	1.36048	1.3723
22	1.35967	
24	1.35885	
26	1.35803	
28	1.35721	
30	1.35639	
32	1.35557	
34	1.35474	
36	1.35390	
38	1.35306	
40	1.35222	

* 参考 Robert C. Weast, CRC Handbook of Chemistry and Physics. 69th ed. (1988-1989), E-382

表 4-10　部分纯液体的电导率

液体	温度/℃	电导率/S·m^{-1}
纯水	18	4×10^{-6}
乙酸乙酯	25	1×10^{-7}
乙酸	0	5×10^{-7}
乙醇	25	1.35×10^{-7}
乙酸甲酯	25	3.4×10^{-4}
甲酸	18	5.6×10^{-3}
甲醇	18	4.4×10^{-5}

* 本表数据摘自"兰氏化学手册"第二版

表 4-11　不同温度下 KCl 溶液的电导率 $\kappa/(S·m^{-1})$

温度/℃	$c_{KCl}=0.0100\ mol·dm^{-3}$	$c_{KCl}=0.1000\ mol·dm^{-3}$	$c_{KCl}=1.000\ mol·dm^{-3}$
10	0.1020	0.933	8.319
11	0.1045	0.956	
12	0.1070	0.979	
13	0.1095	1.002	
14	0.1021	1.025	
15	0.1147	1.048	9.252
16	0.1173	1.072	9.411
17	0.1199	1.095	9.631

（续表）

温度/℃	$c_{KCl} = 0.0100$ mol·dm^{-3}	$c_{KCl} = 0.1000$ mol·dm^{-3}	$c_{KCl} = 1.000$ mol·dm^{-3}
18	0.1225	1.119	9.822
19	0.1251	1.143	10.014
20	0.1278	1.167	10.207
21	0.1305	1.191	10.400
22	0.1332	1.215	10.594
23	0.1359	1.239	10.789
24	0.1386	1.264	10.984
25	0.1411	1.288	11.180
26	0.1441	1.313	11.377
27	0.1468	1.337	11.574
28	0.1496	1.362	
29	0.1524	1.387	
30	0.1552	1.412	
31	0.1581	1.437	
32	0.1609	1.462	
33	0.1638	1.488	
34	0.1667	1.513	

表 4-12　几种常用溶剂的凝固点降低常数 k_f 和沸点升高常数 k_b 值

溶剂	水	苯	醋酸	四氯化碳	奈	环己烷	苯酚
凝固点/℃($p^{\square}$)	0	5.5	16.6		80.35	6.5	
k_f/K·mol^{-1}·kg	1.86	5.12	3.90	30	6.94	20.0	7.27
k_b/K·mol^{-1}·kg	0.51	2.53	3.07	4.95	5.8		3.04

表 4-13　一些有机化合物的标准摩尔燃烧焓（298.15 K，$p^{\theta} = 100$ kPa）

物质名称	化学式	$\Delta_c H_m^{\theta}/$ (kJ·mol^{-1})	物质名称	化学式	$\Delta_c H_m^{\theta}/$ (kJ·mol^{-1})
甲烷	$CH_4(g)$	890.31	丙烷	$C_3H_8(g)$	2219.9
甲醇	$CH_3OH(l)$	726.51	丙酸	$C_2H_5COOH(l)$	1527.3
甲醛	$HCHO(g)$	570.78	丙二酸	$CH_2(COOH)_2(s)$	861.15
甲酸	$HCOOH(l)$	254.6	环丁烷	$C_4H_8(l)$	2720.5
乙炔	$C_2H_2(g)$	1299.6	正戊烷	$C_5H_{12}(l)$	3509.5

（续表）

物质名称	化学式	$\Delta_c H_m^\theta/$ $(kJ \cdot mol^{-1})$	物质名称	化学式	$\Delta_c H_m^\theta/$ $(kJ \cdot mol^{-1})$
乙烯	$C_2H_4(g)$	1411.0	正己烷	$C_6H_{14}(l)$	4163.1
乙烷	$C_2H_6(g)$	1559.8	苯	$C_6H_6(l)$	3267.5
乙醛	$CH_3CHO(l)$	1166.4	苯甲酸	$C_6H_5COOH(s)$	3226.9
乙醇	$C_2H_5OH(l)$	1366.8	苯甲醛	$C_6H_5CHO(l)$	3527.9
乙酸	$CH_3COOH(l)$	874.54	苯甲酸甲酯	$C_6H_5COOCH_3(l)$	3957.6
乙酸酐	$(CH_3CO)_2O(l)$	1806.2	苯酚	$C_6H_5OH(s)$	3053.5
二乙醚	$(C_2H_5)_2O(l)$	2751.1	萘	$C_{10}H_8(s)$	5153.9
丙酮	$(CH_3)_2O(l)$	1790.4	蔗糖	$C_{12}H_{22}O_{11}(s)$	5640.9
丙醛	$C_2H_5CHO(l)$	1816.3	尿素	$(NH_2)_2CO(s)$	631.66

表 4-14　一些物质的标准摩尔生成焓、标准摩尔熵和标准摩尔生成吉布斯自由能 ($p^\theta = 100$ kPa)

物质	$\Delta_f H_m^\theta(298.15K)$ $/(kJ \cdot mol^{-1})$	$S_m^\theta(298.15K)$ $/(J \cdot mol^{-1} \cdot K^{-1})$	$\Delta_f G_m^\theta(298.15K)$ $/(kJ \cdot mol^{-1})$	$C_p^\theta(298.15K)$ $/(J \cdot K^{-1} \cdot mol^{-1})$
$H_2(g)$	0	130.684	0	28.824
$O_2(g)$	0	205.138	0	29.355
$O_3(g)$	142.7	238.93	163.2	39.20
$N_2(g)$	0	191.61	0	29.12
$Br_2(l)$	0	152.213	0	75.689
$Br_2(g)$	30.907	245.463	3.110	36.02
$Cl_2(g)$	0	223.066	0	33.907
$CO(g)$	−110.525	197.674	−137.168	29.142
$CO_2(g)$	−393.509	213.74	−394.359	37.11
$HF(g)$	−271.1	173.779	−273.2	29.12
$HBr(g)$	−36.40	198.695	−53.45	29.142
$HCl(g)$	−92.307	186.908	−95.299	29.12
$HI(g)$	26.48	206.594	1.70	29.158
$I_2(s)$	0	116.135	0	54.438
$I_2(g)$	62.438	260.69	19.327	36.90
C(s, 石墨)	0	5.740	0	8.527
C(s, 金刚石)	1.895	2.377	2.900	6.113
$Ag(s)$	0	42.55	0	25.351
$AgO(s)$	−31.05	121.3	−11.20	65.86
$AgBr(s)$	−100.37	107.1	−96.90	52.38
$AgCl(s)$	−127.068	96.2	−109.789	50.79
$AgI(s)$	−61.84	115.5	−66.19	56.82

（续表）

物质	$\Delta_f H_m^\theta(298.15K)$ /(kJ·mol^{-1})	$S_m^\theta(298.15K)$ /(J·mol^{-1}·K^{-1})	$\Delta_f G_m^\theta(298.15K)$ /(kJ·mol^{-1})	$C_p^\theta(298.15K)$ /(J·K^{-1}·mol^{-1})
$AgNO_3(s)$	−124.39	140.92	−33.41	93.05
$CuO(s)$	−157.3	42.63	−129.7	42.30
$Cu_2O(s)$	−168.6	93.14	−146.0	63.64
$CuSO_4(s)$	−771.36	109.0	−661.8	100.0
$ZnO(S)$	−348.28	43.64	−318.30	40.25
$FeO(s)$	−272.0			
$Fe_2O_3(s)$	−824.2	87.40	−742.2	103.85
$Fe_3O_4(s)$	−1118.4	146.4	−1015.4	143.43
$FeS_2(s)$	−178.2	52.93	−166.9	62.17
$HgCl_2(s)$	−224.3	146.0	−178.6	
$Hg_2Cl_2(s)$	−265.22	192.5	−210.745	
$Hg_2SO_4(s)$	−743.12	200.66	−625.815	131.96
$HgO(s，正交)$	−90.83	70.29	−58.539	44.06
$KCl(s)$	−436.747	82.59	−409.14	51.30
$KNO_3(s)$	−494.63	133.05	−394.86	96.40
$HNO_3(l)$	−174.10	155.60	−80.71	109.87
$H_2SO_4(l)$	−813.989	156.904	−690.003	138.91
$H_2O(l)$	−285.830	69.91	−237.129	75.291
$H_2O(g)$	−241.818	188.825	−228.572	33.577
$H_2O_2(l)$	−187.78	109.6	−120.35	89.1
$H_2O_2(g)$	−136.31	232.7	−105.57	43.1
$NaOH(s)$	−425.609	64.455	−379.494	59.54
$C_6H_6(l)苯$	49.04	173.26	124.45	
$C_6H_6(g)苯$	82.93	269.31	129.73	81.67
$C_7H_8(l)甲苯$	12.01	220.96	113.89	
$C_7H_8(g)甲苯$	50.00	320.77	122.11	103.64
$C_{10}H_8(s)萘$	78.07	166.90	201.17	
$C_{10}H_8(g)萘$	150.96	335.75	223.69	132.55
$C_6H_{12}(g)环己烷$	−123.14	298.35	31.92	106.27
$CH_4O(l)甲醇$	−238.66	126.8	−166.27	81.6
$CH_4O(g)甲醇$	−200.66	239.81	−161.96	43.89
$C_2H_6O(l)乙醇$	−277.69	160.7	−174.78	111.46
$C_2H_6O(g)乙醇$	−235.10	282.70	−168.49	65.44
$CH_2O_2(l)甲酸$	−424.72	128.95	−361.35	99.04
$CH_2O_2(g)甲酸$	−378.57			

（续表）

物质	$\Delta_f H_m^\theta(298.15K)$ /(kJ·mol^{-1})	$S_m^\theta(298.15K)$ /(J·mol^{-1}·K^{-1})	$\Delta_f G_m^\theta(298.15K)$ /(kJ·mol^{-1})	$C_p^\theta(298.15K)$ /(J·K^{-1}·mol^{-1})
$C_2H_4O_2(l)$乙酸	−484.5	159.8	−389.9	124.3
$C_2H_4O_2(g)$乙酸	−432.25	282.5	−374.0	66.53
$C_2H_4O_2(l)$甲酸甲酯	−379.07			121
$C_2H_4O_2(g)$甲酸甲酯	−350.2			
$C_4H_8O_2(l)$乙酸乙酯	−479.03	259.4	−332.55	
$C_4H_8O_2(g)$乙酸乙酯	−442.93	362.86	−327.27	113.64

表 4-15 IUPAC 推荐的五种缓冲溶液的 pH 值

温度/℃	pH$_{溶液1}$	pH$_{溶液2}$	pH$_{溶液3}$	pH$_{溶液4}$	pH$_{溶液5}$
0		4.003	6.984	7.534	9.464
5		3.999	6.951	7.500	9.395
10		3.998	6.923	7.472	9.332
15		3.999	6.900	7.448	9.276
20		4.002	6.881	7.429	9.225
25	3.557	4.008	6.865	7.413	9.180
30	3.552	4.015	6.853	7.400	9.139
35	3.549	4.024	6.844	7.389	9.102
40	3.547	4.035	6.838	7.380	9.068
45	3.547	4.037	6.834	7.373	9.038
50	3.549	4.060	6.833	7.367	9.011

注：溶液 1：25 ℃的饱和酒石酸氢钾溶液（$c=0.0341$ mol·dm^{-3}）；
    溶液 2：0.05 mol·kg^{-1} 邻苯二甲酸氢钾溶液；
    溶液 3：0.025 mol·kg^{-1}KH$_2$PO$_4$ 溶液/0.025 mol·kg^{-1} Na$_2$HPO$_4$ 溶液；
    溶液 4：0.008695 mol·kg^{-1}KH$_2$PO$_4$ 溶液/0.03043 mol·kg^{-1}Na$_2$HPO$_4$ 溶液；
    溶液 5：0.01 mol·kg^{-1}Na$_2$B$_4$O$_7$ 溶液。

表 4-16 298.15K 水溶液中离子的无限稀释摩尔电导率 Λ_m^∞

阳离子	$\Lambda_{m,+}^\infty \times 10^4$ /(S·m^2·mol^{-1})	阴离子	$\Lambda_{m,-}^\infty \times 10^4$ /(S·m^2·mol^{-1})
H$^+$	349.82	OH$^-$	198.0
Na$^+$	50.11	NO$_3^-$	71.44
K$^+$	73.52	CH$_3$COO$^-$	40.9
NH$_4^+$	73.4	Cl$^-$	76.34
Ag$^+$	61.92	Br$^-$	78.4
$\frac{1}{2}$Ca^{2+}	59.50	I$^-$	76.8
$\frac{1}{2}$Mg^{2+}	53.06	$\frac{1}{2}$SO$_4^{2-}$	79.8

表 4-17　常用参比电极的电势及温度系数（298K 氢标还原电极电势）

电极名称	体系组成	E/V	$(\mathrm{d}E/\mathrm{d}T)/$ $\mathrm{V} \cdot \mathrm{K}^{-1}$
标准氢电极（NHE）	$\mathrm{Pt} \mid \mathrm{H}_2(p^\theta) \mid \mathrm{H}^+(\alpha_{\mathrm{H}^+}=1)$	0.0000	0
饱和甘汞电极（NCE）	$\mathrm{Hg(s)} \mid \mathrm{Hg}_2\mathrm{Cl}_2\mathrm{(s)} \mid \mathrm{KCl}(饱和)$	0.2412	-7.61×10^{-4}
标准甘汞电极	$\mathrm{Hg(s)} \mid \mathrm{Hg}_2\mathrm{Cl}_2\mathrm{(s)} \mid \mathrm{KCl}(\alpha=1.0\ \mathrm{mol} \cdot \mathrm{dm}^{-3})$	0.2800	-2.75×10^{-4}
0.1mol · dm^{-3} 甘汞电极（0.1NCE）	$\mathrm{Hg(s)} \mid \mathrm{Hg}_2\mathrm{Cl}_2\mathrm{(s)} \mid \mathrm{KCl}(\alpha=0.1\ \mathrm{mol} \cdot \mathrm{dm}^{-3})$	0.3337	-8.75×10^{-4}
银-氯化银电极	$\mathrm{Ag(s)} \mid \mathrm{AgCl(s)} \mid \mathrm{KCl}(\alpha=0.1\ \mathrm{mol} \cdot \mathrm{dm}^{-3})$	0.290	-3.0×10^{-4}
氧化汞电极	$\mathrm{Hg(s)} \mid \mathrm{HgO(s)} \mid \mathrm{KOH}(\alpha=0.1\ \mathrm{mol} \cdot \mathrm{dm}^{-3})$	0.165	
硫酸亚汞电极	$\mathrm{Hg(s)} \mid \mathrm{Hg}_2\mathrm{SO}_4(\alpha=1.0\ \mathrm{mol} \cdot \mathrm{dm}^{-3})$	0.6758	
硫酸铜电极	$\mathrm{Cu(s)} \mid \mathrm{CuSO}_4(饱和)$	0.316	-7.0×10^{-4}

表 4-18　标准电池及甘汞电极的电动势（电极电位）与温度的关系

电池/极	$E(\varphi)/V$
饱和 Weston 标准电池	$1.01845 - 4.05 \times 10^{-5}(t-20) - 9.5 \times 10^{-7}(t-20)^2 - 1 \times 10^{-8}(t-20)^3$
饱和甘汞电极	$0.2412 - 6.61 \times 10^{-4}(t-25) - 1.75 \times 10^{-6}(t-25)^2 - 9 \times 10^{-10}(t-25)^3$
标准甘汞电极	$0.2801 - 2.75 \times 10^{-4}(t-25) - 2.50 \times 10^{-6}(t-25)^2 - 4 \times 10^{-10}(t-25)^3$
0.1 mol · dm^{-3} 甘汞电极	$0.3337 - 8.75 \times 10^{5}(t-25) - 3 \times 10^{-6}(t-25)^2$

表 4-19　298.15K 时几种常见类型强电解质的平均活度因子

$m/(\mathrm{mol} \cdot \mathrm{kg}^{-1})$	0.005	0.01	0.05	0.10	0.50	1.00
HCl	0.928	0.904	0.830	0.795	0.757	0.810
KOH	0.927	0.901	0.810	0.795	0.671	0.679
NaCl	0.928	0.904	0.829	0.789	0.683	0.659
KNO$_3$	0.927	0.899	0.794	0.724	0.543	0.449
$\gamma_\square$ 计算值*	0.926*	0.900*	0.809*	0.756*	0.618*	0.559*
溶液离子强度	0.005	0.01	0.05	0.10	0.50	1.00
MgSO$_4$	0.572	0.471	0.262	0.195	0.091	0.067
CuSO$_4$	0.560	0.444	0.230	0.164	0.066	0.044
$\gamma_\square$ 计算值*	0.562*	0.460*	0.238*	0.165*	0.066*	0.045*
溶液离子强度	0.02	0.04	0.20	0.40	2.00	4.00
BaCl$_2$	0.781	0.725	0.556	0.496	0.396	0.399
K$_2$SO$_4$	0.781	0.715	0.529	0.441	0.262	0.210
$\gamma_\square$ 计算值*	0.562*	0.460*	0.238*	0.165*	0.066*	0.045*
溶液离子强度	0.02	0.04	0.20	0.40	2.00	4.00

（续表）

$m/(mol \cdot kg^{-1})$	0.005	0.01	0.05	0.10	0.50	1.00
$BaCl_2$	0.781	0.725	0.556	0.496	0.396	0.399
K_2SO_4	0.781	0.715	0.529	0.441	0.262	0.210
$\gamma_\pm$ 计算值*	0.776*	0.710*	0.523*	0.439*	0.274*	0.229*
溶液离子强度	0.015	0.03	0.15	0.30	1.50	3.00

* 计算公式：$\lg\gamma_\pm = -A\left|z_+z_-\right|\dfrac{\sqrt{I}}{1+\sqrt{I}}$

表 4-20　298.15K 和标准压力下（$p^\ominus = 100\ kPa$），水溶液中电极的标准氢标还原电极电势 $\varphi^\ominus$

电极反应	$\varphi^\ominus/V$	电极反应	$\varphi^\ominus/V$
$Li^+ + e^- \rightarrow Li$	−3.05	$Fe^{3+} + e^- \rightarrow Fe^{2+}$	+0.77
$K^+ + e^- \rightarrow K$	−2.93	$Hg_2^{2+} + 2e^- \rightarrow 2Hg$	+0.79
$Rb^+ + e^- \rightarrow Rb$	−2.93	$Ag^+ + e^- \rightarrow Ag$	+0.80
$Cs^+ + e^- \rightarrow Cs$	−2.92	$Hg^{2+} + 2e^- \rightarrow Hg$	+0.86
$Ra^{2+} + 2e^- \rightarrow Ra$	−2.92	$2Hg^{2+} + 2e^- \rightarrow Hg_2^{2+}$	+0.92
$Ba^{2+} + 2e^- \rightarrow Ba$	−2.91	$Au^{3+} + 3e^- \rightarrow Au$	+1.40
$Sr^{2+} + 2e^- \rightarrow Sr$	−2.89	$Ce^{4+} + e^- \rightarrow Ce^{3+}$	+1.61
$Ca^{2+} + 2e^- \rightarrow Ca$	−2.87	$Pb^{4+} + 4e^- \rightarrow Pb^{2+}$	+1.67
$Na^+ + e^- \rightarrow Na$	−2.71	$Au^+ + e^- \rightarrow Au$	+1.69
$La^{3+} + 3e^- \rightarrow La$	−2.52	$Co^{3+} + e^- \rightarrow Co^{2+}$	+1.81
$Ce^{3+} + 3e^- \rightarrow Ce$	−2.48	$Ag^{2+} + e^- \rightarrow Ag^+$	+1.98
$Mg^{2+} + 2e^- \rightarrow Mg$	−2.36	$2H_2O + 2e^- \rightarrow H_2 + 2OH^-$	−0.83
$Al^{3+} + 3e^- \rightarrow Al$	−1.66	$Cd(OH)_2 + 2e^- \rightarrow Cd + 2OH^-$	−0.81
$Ti^{2+} + 2e^- \rightarrow Ti$	−1.63	$PbSO_4 + 2e^- \rightarrow Pb + SO_4^{2-}$	−0.36
$V^{2+} + 2e^- \rightarrow V$	−1.19	$AgI + e^- \rightarrow Ag + I^-$	−0.15
$Mn^{2+} + 2e^- \rightarrow Mn$	−1.18	$AgBr + e^- \rightarrow Ag + Br^-$	+0.07
$Cr^{2+} + 2e^- \rightarrow Cr$	−0.91	$AgCl + e^- \rightarrow Ag + Cl^-$	+0.22
$Zn^{2+} + 2e^- \rightarrow Zn$	−0.76	$Hg_2Cl_2 + 2e^- \rightarrow 2Hg + 2Cl^-$	+0.27
$Cr^{3+} + 3e^- \rightarrow Cr$	−0.74	$[Fe(CN)_6]^{3-} + e^- \rightarrow [Fe(CN)_6]^{4-}$	+0.36
$In^{3+} + e^- \rightarrow In^{2+}$	−0.49	$ClO_4^- + H_2O + 2e^- \rightarrow ClO_3^- + 2OH^-$	+0.36
$In^{3+} + 2e^- \rightarrow In^+$	−0.44	$O_2 + 2H_2O + 4e^- \rightarrow 4OH^-$	+0.40
$Fe^{2+} + 2e^- \rightarrow Fe$	−0.44	$Ag_2CrO_4 + 2e^- \rightarrow 2Ag + CrO_4^{2-}$	+0.45
$Cr^{3+} + e^- \rightarrow Cr^{2+}$	−0.41	$NiOOH + H_2O + e^- \rightarrow Ni(OH)_2 + OH^-$	+0.49
$In^{2+} + e^- \rightarrow In^+$	−0.40	$Mn^{3+} + e^- \rightarrow Mn^{2+}$	+1.51
$Cd^{2+} + 2e^- \rightarrow Cd$	−0.40	$MnO_4^- + e^- \rightarrow MnO_4^{2-}$	+0.56
$Ti^{3+} + e^- \rightarrow Ti^{2+}$	−0.37	$MnO_4^{2-} + 2H_2O + 2e^- \rightarrow MnO_2 + 4OH^-$	+0.60

（续表）

电极反应	$\varphi^{\ominus}/V$	电极反应	$\varphi^{\ominus}/V$
$Tl^+ + e^- \rightarrow Tl$	-0.34	$Hg_2SO_4 + 2e^- \rightarrow 2Hg + SO_4^{2-}$	$+0.62$
$In^{3+} + 3e^- \rightarrow In$	-0.34	$BrO^- + H_2O + 2e^- \rightarrow Br^- + 2OH^-$	$+0.76$
$Co^{2+} + 2e^- \rightarrow Co$	-0.28	$MnO_2 + 4H^+ + 2e^- \rightarrow Mn^{2+} + 2H_2O$	$+1.23$
$Ni^{2+} + 2e^- \rightarrow Ni$	-0.23	$ClO_4^- + 2H^+ + 2e^- \rightarrow ClO_3^- + H_2O$	$+1.23$
$Sn^{2+} + 2e^- \rightarrow Sn$	-0.14	$O_2 + 4H^+ + 4e^- \rightarrow 2H_2O$	$+1.23$
$In^+ + e^- \rightarrow In$	-0.14	$Cr_2O_7^{2-} + 14H^+ + 6e^- \rightarrow 2Cr^{3+} + 7H_2O$	$+1.33$
$Pb^{2+} + 2e^- \rightarrow Pb$	-0.13	$Cl_2 + 2e^- \rightarrow 2Cl^-$	$+1.36$
$Fe^{3+} + 3e^- \rightarrow Fe$	-0.04	$MnO_4^- + 8H^+ + 5e^- \rightarrow Mn^{2+} + 4H_2O$	$+1.51$
$2H^+ + 2e^- \rightarrow H_2$	0	$2HBrO + 2H^+ + 2e^- \rightarrow Br_2 + 2H_2O$	$+1.60$
$Sn^{4+} + 2e^- \rightarrow Sn^{2+}$	$+0.15$	$2HClO + 2H^+ + 2e^- \rightarrow Cl_2 + H_2O$	$+1.63$
$Cu^{2+} + e^- \rightarrow Cu^+$	$+0.16$	$H_2O_2 + 2H^+ + 2e^- \rightarrow 2H_2O$	$+1.78$
$Cu^{2+} + 2e^- \rightarrow Cu$	$+0.34$	$S_2O_8^{2-} + 2e^- \rightarrow 2SO_4^{2-}$	$+2.05$
$Cu^+ + e^- \rightarrow Cu$	$+0.52$	$O_3 + 2H^+ + 2e^- \rightarrow O_2 + H_2O$	$+2.07$
$I_2 + 2e^- \rightarrow 2I^-$	$+0.54$	$F_2 + 2e^- \rightarrow 2F^-$	$+2.87$

第五部分　实验报告

基础化学实验中心学生实验安全承诺书

为保障学生个人和实验室的安全，学生进入基础化学实验中心实验室之前，须仔细阅读并签订《学生实验安全承诺书》：

1. 做实验前，根据所做实验的安全要求做必要的准备和充分的预习，在得到教师允许的情况下进入实验室，开始实验；

2. 进入实验室穿实验服，不穿短裤、裙子、高跟鞋、拖鞋、凉鞋等进入实验室；

3. 在实验室内不吸烟、不饮食、不接听手机、不大声喧哗及追逐打闹，不随意离开实验室；

4. 实验时思想集中，按照实验步骤认真操作，认真记录实验现象，未经允许，不随意改动实验操作前后次序；

5. 严格按照要求取用各种化学试剂，不浪费化学试剂，按规定回收或将废弃物倒入指定容器，不得将实验室内物品带出实验室；

6. 严格遵从指导老师对危险化学品的使用操作要求，未经许可，不随意更改；

7. 爱护实验仪器设备，严格按照使用说明操作仪器；除指定使用的仪器外，不随意乱动其他设备，实验用品不挪作它用；

8. 实验结束后，清洗所使用的仪器，清理桌面，打扫卫生，关闭门、窗、水、电、气等阀门，经指导教师检查认可后，再离开实验室。

本人已认真阅读了《基础化学实验中心学生实验安全承诺书》上的条款，并承诺履行。若因违背上述承诺造成意外人身伤害事故，后果本人自负。

学生签名：

时间：　　　年　　　月　　　日

液体饱和蒸气压的测定

姓　　名：_____　学　　号：_____

实验时间：_____　实验台号：_____

原始数据记录：

液体饱和蒸汽压实验数据记录表

室温：_____　　大气压力：_____

编号	压力差 $\Delta p/\text{kPa}$	沸点 $t/\ ℃$	$p = p_外 + \Delta p/\text{kPa}$	$\ln p$	$\dfrac{1}{T/K}$
1					
2					
3					
4					
5					
6					

　*绘制 $\ln p$　$1/T$ 图，由直线斜率计算出乙醇在实验温度区间的平均摩尔汽化焓。

指导教师签字：_____

 思考题

1. 克劳修斯–克拉贝龙方程式的使用条件是什么?

2. 实验中若有空气倒入 a 管中应如何处理?

凝固点降低法测溶质的摩尔质量

姓　　名：＿＿＿＿＿＿＿　　学　　号：＿＿＿＿＿＿＿

实验时间：＿＿＿＿＿＿＿　　实验台号：＿＿＿＿＿＿＿

原始数据记录：

表1　溶液和纯溶剂凝固点测量数据记录表

室温：＿＿＿＿＿＿＿　　环己烷温度：＿＿＿＿＿＿＿

温度	第一次	第二次	第三次	平均值
t_0/℃				
t_f/℃				
环己烷体积/mL:			萘的质量/g:	

指导教师签字：＿＿＿＿＿＿＿

附：环己烷质量的计算

表2　不同温度下环己烷的密度

温度/℃	ρ/(g·cm^{-3})	温度/℃	ρ/((g·cm^{-3}))
5	0.793	20	0.779
10	0.788	21	0.778
15	0.783	22	0.777
16	0.782	23	0.776
17	0.782	24	0.775
18	0.781	25	0.774
19	0.780	30	0.769

* $\rho_{环己烷} = 0.79768 - 9.51 \times 10^{-4} \, t/℃$

 **思考题**

1. 凝固点降低公式的适用条件是什么? 将此公式应用于电解质溶液时, 计算结果是否是化学式的摩尔质量? 为什么?

2. 为什么会产生过冷现象, 溶液冷却时过冷严重会产生什么现象, 原因是什么?

二元液固平衡相图的绘制

姓　　名：＿＿＿＿＿＿＿　　学　　号：＿＿＿＿＿＿＿

实验时间：＿＿＿＿＿＿＿　　实验台号：＿＿＿＿＿＿＿

原始数据记录：

实验数据记录表

室温：＿＿＿＿＿＿＿℃

编号	Bi 百分含量/%	第一转折温度/℃	第二转折温度/℃	第三转折温度/℃
1	0		/	/
2	23			/
3	30			/
4	40			/
5	58	/		/
6	80			/
7	85			/
8	100		/	/
9	5.3	225	205	60
10	11.6	216	189	100
11	21.0	202	135	/

指导教师签字：＿＿＿＿＿＿＿

 **思考题**

1. 为什么混合物冷却曲线有两个转折点，而纯物质只有一个？

2. 样品降温时若冷却速度过快会带来何影响？

二元液系平衡相图的绘制

姓　　名：＿＿＿＿＿＿　　　学　　号：＿＿＿＿＿＿

实验时间：＿＿＿＿＿＿　　　实验台号：＿＿＿＿＿＿

原始数据记录：

表1　标准曲线绘制数据表

室温：＿＿＿＿＿＿　　恒温槽温度：＿＿＿＿＿＿

$x_{乙醇}$	0.0	0.5	1.0
折光率			

表2　乙醇—乙酸乙酯双液系沸点–组成表

室温：＿＿＿＿　　恒温槽温度：＿＿＿＿＿＿　　大气压力：＿＿＿＿

序号	原液组成		沸点温度/℃	气相(冷凝液) 折光率	液相 折光率
	$V_{乙醇}$/mL	$V_{乙酸乙酯}$/mL			
1	1	30			
2	3	30			
3	6	30			
4	11	30			
5	30	32			
6	30	21			
7	30	12			
8	30	5			

指导教师签字：＿＿＿＿＿＿

**思考题**

1. 加入沸点仪中的乙醇-乙酸乙酯溶液，其浓度是否必须精确标定？

2. 如何判定气液相已达平衡状态？

电导率法测醋酸电离反应的平衡常数

姓　　名：_____　　学　　号：_____

实验时间：_____　　实验台号：_____

原始数据记录：

实验数据记录表 1

室温：_____　　$c_{NaOH 标准溶液}$：_____

$V_{待测液}/\text{mL}$			
$V_{NaOH 标准溶液}/\text{mL}$			

实验数据记录表 2

$t_{KCl 溶液}$：_____ ℃　电导池常数 K：_____

$c_{HAc}/(\text{mol} \cdot \text{dm}^{-3})$			
电导率 $\kappa/(\mu\text{S} \cdot \text{cm}^{-1})$			

指导教师签字：_____

 **思考题**

1. 在本实验中，如需准确配制 1 升 0.001 mol · dm^{-3} HAc 溶液，能否通过直接称取冰醋酸稀释后得到？为什么？

2. 温度相同时，实验所得三个溶液的电离平衡常数结果不同，是否仅由实验误差造成？为什么？

电池电动势的测定与应用

姓　　名：＿＿＿＿＿＿＿＿　　学　　号：＿＿＿＿＿＿＿＿

实验时间：＿＿＿＿＿＿＿＿　　实验台号：＿＿＿＿＿＿＿＿

原始数据记录：

实验数据记录表

室温：＿＿＿＿＿＿＿＿　电解质溶液温度：＿＿＿＿＿＿＿＿

电池电动势	E_1/V	E_2/V	E_3/V	平均值/V
电池（A）				
电池（B）				
电池（C）				

指导教师签字：＿＿＿＿＿＿＿＿＿

 **思考题**

1. 可逆电池应满足什么条件？应如何操作才能做到？

2. 长时间接通测量线路，对标准电池的标准性以及待测电池的电动势值有无影响？

电动势法测定化学反应的 $\Delta_r G_m$、$\Delta_r H_m$ 和 $\Delta_r S_m$

姓　　名：＿＿＿＿＿＿＿　　学　　号：＿＿＿＿＿＿＿

实验时间：＿＿＿＿＿＿＿　　实验台号：＿＿＿＿＿＿＿

原始数据记录：

实验数据记录表

室温：＿＿＿＿＿＿＿

序号	恒温槽温度/℃	E_1/V	E_2/V	E_3/V	平均值/V

指导教师签字：＿＿＿＿＿＿＿＿＿

 **思考题**

1. 用此方法测定反应的热力学函数变化值时，为什么电池内进行的化学反应必须是可逆的？

2. 如何将一个化学反应设计成电池？

过氧化氢催化分解反应速率常数的测定

姓　　名：＿＿＿＿＿＿＿　　学　　号：＿＿＿＿＿＿＿

实验时间：＿＿＿＿＿＿＿　　实验台号：＿＿＿＿＿＿＿

原始数据记录：

实验数据记录表

室温：＿＿＿＿＿＿　恒温槽温度：＿＿＿＿＿＿＿　Δp_∞：＿＿＿＿＿＿

时间/min	Δp_t/ kPa	$\Delta p_\infty - \Delta p_t$/ kPa	$\ln(\Delta p_\infty - \Delta p_t)$

指导教师签字：＿＿＿＿＿＿＿

 **思考题**

1. KI 溶液初始浓度对反应速率常数 k' 和活化能 E_a 是否有影响，如何影响？

2. 实验开始前，H_2O_2 已分解释放一部分氧气，所以最终得到的 p 小于理论值，是否会影响实验结果？

乙酸乙酯皂化反应速率常数的测定

姓　　名：_____　　学　　号：_____

实验时间：_____　　实验台号：_____

原始数据记录：

实验数据记录表

室温：_____

序号	恒温槽温度：		恒温槽温度：	
	反应时间 t/(　　)	溶液电导率/(　　)	反应时间 t/(　　)	溶液电导率/(　　)
1				
2				
3				
4				
5				
6				
7				
8				
9				
10				
11				
12				
13				
14				
15				

指导教师签字：_____

 **思考题**

1. 被测物质的电导是哪些离子贡献的？反应过程中溶液的电导为何发生变化？

2. 为什么要使两种反应物初始浓度相等？

恒温技术与黏度的测定

姓　　名：＿＿＿＿＿＿　　学　　号：＿＿＿＿＿＿＿

实验时间：＿＿＿＿＿＿　　实验台号：＿＿＿＿＿＿＿

原始数据记录：

表1　恒温槽温度控制质量测定

室温：＿＿＿＿＿＿　　　　目标温度：＿＿＿＿＿＿

观察项目	最高温度/℃	最低温度/℃
温度观察值		
平均值		
恒温槽平均温度		
恒温槽温度波动*		

* 例如写成 30.05±0.05 ℃. 其中 30.05 为恒温槽平均温度；±0.05 ℃ 为温度波动范围。

表2　液体黏度测定

室温：＿＿＿＿＿＿　　　　恒温槽温度：＿＿＿＿＿＿

待测液体	去离子水	无水乙醇
液体流经毛细管的时间		
平均值		

指导教师签字：＿＿＿＿＿＿＿＿＿＿

 **思考题**

1. 本实验中奥氏黏度计的毛细管参数是如何处理的？

2. 实验中为什么控制水与无水乙醇的体积相同？

溶液中的等温吸附

姓　　名：＿＿＿＿＿＿＿＿＿　学　　号：＿＿＿＿＿＿＿＿＿

实验时间：＿＿＿＿＿＿＿＿＿　实验台号：＿＿＿＿＿＿＿＿＿

原始数据记录：

实验数据记录表

室温：＿＿＿＿＿＿＿＿＿　分光光度计工作波长：＿＿＿＿＿＿＿＿＿

待测液	2ppm	3ppm	4ppm	5ppm	6ppm	原始溶液	平衡溶液 1	平衡溶液 2
吸光度								
活性炭质量/g	□	□	□	□	□	□		

指导教师签字：＿＿＿＿＿＿＿＿＿

 **思考题**

1. 为什么亚甲基蓝原始溶液浓度要控制0.2 wt%左右,吸附平衡后,亚甲基蓝溶液浓度不低于0.1 wt%? 若吸附后,浓度太低,在实验中操作应如何改动?

2. 用分光光度计测量亚甲基蓝溶液浓度时,为什么要将溶液浓度稀释到ppm级,才进行测量?

最大泡压法测定溶液的表面张力

姓　　名：_____　　　学　　号：_____

实验时间：_____　　　实验台号：_____

原始数据记录：

表1　待测溶液的配制

无水乙醇温度：_____

样品编号	1	2	3	4	5	6	7	8
无水乙醇/mL	0	0.3	0.6	1.2	1.8	2.4	3.0	4.0
体积/mL	100	100	100	100	100	100	100	100
浓度/(mol·dm^{-3})								

表2　不同浓度溶液的压力峰值测量

室温：_____　　　恒温槽温度：_____　　　水的表面张力：_____

样品编号		1	2	3	4	5	6	7	8
压力峰值/kPa	1								
	2								
	3								
	4								
	5								
	平均值								

指导教师签字：_____

思考题

1. 实验中为何要求毛细管管口恰好与液面相切？如果毛细管端口进入液面有一定深度，对实验数据有何影响？

2. 最大泡压法为什么要求读最大压力差？如果气泡逸出很快或者几个气泡一起逸出，对实验结果有何影响？